周期表

10	11	12	13	14	15			周期
							2 **He** ヘリウム 4.003	1
			5 **B** ホウ素 10.81	6 **C** 炭素 12.01	7 **N** 窒素 14.01	8 **O** 酸素 16.00	9 **F** フッ素 19.00	10 **Ne** ネオン 20.18	2
			13 **Al** アルミニウム 26.98	14 **Si** ケイ素 28.09	15 **P** リン 30.97	16 **S** 硫黄 32.07	17 **Cl** 塩素 35.45	18 **Ar** アルゴン 39.95	3
28 **Ni** ニッケル 58.69	29 **Cu** 銅 63.55	30 **Zn** 亜鉛 65.38	31 **Ga** ガリウム 69.72	32 **Ge** ゲルマニウム 72.63	33 **As** ヒ素 74.92	34 **Se** セレン 78.97	35 **Br** 臭素 79.90	36 **Kr** クリプトン 83.80	4
46 **Pd** パラジウム 106.4	47 **Ag** 銀 107.9	48 **Cd** カドミウム 112.4	49 **In** インジウム 114.8	50 **Sn** スズ 118.7	51 **Sb** アンチモン 121.8	52 **Te** テルル 127.6	53 **I** ヨウ素 126.9	54 **Xe** キセノン 131.3	5
78 **Pt** 白金 195.1	79 **Au** 金 197.0	80 **Hg** 水銀 200.6	81 **Tl** タリウム 204.4	82 **Pb** 鉛 207.2	83 **Bi*** ビスマス 209.0	84 **Po*** ポロニウム (210)	85 **At*** アスタチン (210)	86 **Rn*** ラドン (222)	6
110 **Ds*** ダームスタチウム (281)	111 **Rg*** レントゲニウム (280)	112 **Cn*** コペルニシウム (285)	113 **Nh*** ニホニウム (284)	114 **Fl*** フレロビウム (289)	115 **Mc*** モスコビウム (288)	116 **Lv*** リバモリウム (293)	117 **Ts*** テネシン (293)	118 **Og*** オガネソン (294)	7

63 **Eu** ユウロピウム 152.0	64 **Gd** ガドリニウム 157.3	65 **Tb** テルビウム 158.9	66 **Dy** ジスプロシウム 162.5	67 **Ho** ホルミウム 164.9	68 **Er** エルビウム 167.3	69 **Tm** ツリウム 168.9	70 **Yb** イッテルビウム 173.1	71 **Lu** ルテチウム 175.0
95 **Am*** アメリシウム (243)	96 **Cm*** キュリウム (247)	97 **Bk*** バークリウム (247)	98 **Cf*** カリホルニウム (252)	99 **Es*** アインスタイニウム (252)	100 **Fm*** フェルミウム (257)	101 **Md*** メンデレビウム (258)	102 **No*** ノーベリウム (259)	103 **Lr*** ローレンシウム (262)

Guide to Materials Science and Engineering

物質工学入門シリーズ

基礎からわかる
電気化学
[第2版]

ELECTRO
CHEMISTRY

泉 生一郎
石川 正司
片倉 勝己
青井 芳史
長尾 恭孝
[共著]

森北出版株式会社

シリーズ編集者

笹本　忠　神奈川工科大学名誉教授　工学博士
高橋　三男　東京工業高等専門学校物質工学科教授　理学博士

執筆者

泉　生一郎
第 2 章，第 4 章，第 5 章，第 6 章，第 7 章，第 12 章，第 13 章
実験・測定編：A，B，C，D，E，F，G，H，I

石川　正司
第 3 章，第 8 章，第 9 章，第 10 章，第 11 章
実験・測定編：J，L

片倉　勝己
序章，第 2 章，第 4 章，第 16 章
実験・測定編：K

青井　芳史
第 1 章，第 14 章，第 15 章，第 16 章

長尾　恭孝
第 3 章，第 8 章，第 9 章，第 10 章，第 11 章
実験・測定編：J，L

● 本書のサポート情報を当社Webサイトに掲載する場合があります．下記のURLにアクセスし，サポートの案内をご覧ください．

https://www.morikita.co.jp/support/

● 本書の内容に関するご質問は，森北出版 出版部「(書名を明記)」係宛に書面にて，もしくは下記のe-mailアドレスまでお願いします．なお，電話でのご質問には応じかねますので，あらかじめご了承ください．

editor@morikita.co.jp

● 本書により得られた情報の使用から生じるいかなる損害についても，当社および本書の著者は責任を負わないものとします．

■ 本書に記載している製品名，商標および登録商標は，各権利者に帰属します．

■ 本書を無断で複写複製（電子化を含む）することは，著作権法上での例外を除き，禁じられています．複写される場合は，そのつど事前に(一社)出版者著作権管理機構（電話03-5244-5088, FAX03-5244-5089, e-mail:info@jcopy.or.jp）の許諾を得てください．また本書を代行業者等の第三者に依頼してスキャンやデジタル化することは，たとえ個人や家庭内での利用であっても一切認められておりません．

シリーズまえがき

　いつの時代でも，大学・高専で行われる教育では，教科書の果たす役割は重要である．編集者らは，長年にわたって化学の教科を担当してきたが，その都度，教科書の選択には苦慮し，また実際に使ってみて不具合の多いことを感じてきた．

　欧米の教科書の翻訳書には，内容が詳細・豊富で丁寧に書かれた良書が多数存在するが，残念なことにそのほとんどの本が，日本の大学や高専の講義用の教科書に使うには分量が多すぎる．また，日本の教科書には分量がほどよく，使いやすい教科書が多数あるが，その多くは刊行されてからかなりの時間がたっており，最近の成果や教育内容の変化を考慮すると，これもまた現状に合わない状態にある．

　このような状況のもとで教科書の内容の過不足を感じていたときに，大学・高専の物質工学系学科のための標準的な基礎化学教科書シリーズの編集を担当することとなった．この機会に教育経験の豊富な先生方にご執筆をお願いし，編集者らが日頃求めている教科書づくりに携わることにした．

　編集者らは，よりよい教育を行うためには，『よき教育者』と『よき教科書』が基本的な条件であり，『よき教科書』というのは，わかりやすく，順次読み進めていけば無理なく学力がつくように記述された学習書のことであると考えている．私どもは，大学生・高専生の教科書離れが生じないよう，彼らに親しまれる教科書となることを念頭の第一におき，大学の先生と高専の先生との共同執筆とし，物質工学系の大学生・高専生のための物質工学の基礎を，大学生・高専生が無理なく理解できるように懇切丁寧に記述することを編集方針とした．

　現在，最先端の技術を支えているのは，幅広い領域で基礎力を身につけた技術者である．基礎力が集積されることで創造性が育まれ，それが独創性へと発展してゆくものと考えている．基礎力とは，樹木に喩えると根に相当する．大きな樹になるためには，根がしっかりと大地に張り付いていないと支えることができない．根が吸収する養分や水にあたるものが書物といえる．本シリーズで刊行される各巻の教科書が，将来も『座右の書』としての役割を果たすことを期待している．

シリーズ編集者
笹本　忠・高橋三男

改訂にあたって

　2009年4月に本書を送り出してから6年を迎えた．この間，諸先生方からのご叱責・ご助言を受けながら刷を重ね，大学・高専の学生の教材として，さらには初学者の自習書として，多くの方々に利用いただいてきたことに感謝したい．

　電気化学は，物理化学の重要な基礎分野の一つであるとともに，その応用技術は社会基盤の構築とも密接に関係しており，低炭素社会や持続可能な社会の実現に向けて大きな役割を担っている．本書を執筆してわずか6年であるが，この間にも電気化学関連分野における技術革新には目ざましいものがあり，新しい素材や技術が生み出され，夢として語られていた技術の一部はすでに実用化されている．時代を切り開く学問として世界から熱い注目を浴び続けている分野といえよう．本書は，物質工学入門シリーズとして，電気化学の基礎から電気化学関連分野における次世代を見すえたホットでタイムリーな話題に至るまでを，初学者に提供することを重要な役割としている．基礎から学べる時代に即した教材としての使命を鑑み，基礎部分の見直しをはかるとともに進展の早い今日の先端技術を支える物質にもスポットをあて，今回の改訂に至った次第である．

　今回の改訂の柱は，『次世代を見すえた電気化学の新たな展開』と『基礎分野の充実』であり，おおむね以下の点について加筆，修正を行った．

(1) カーボンナノチューブ・グラフェンといった新炭素材料やこれまでの電解質の概念を大きく変える可能性のあるイオン性液体など，電気化学分野と関係の深い新素材とその役割に言及（1章，9章）．

(2) 商用燃料電池自動車の登場など，研究段階から実用段階へステップアップした燃料電池や，リチウムイオン電池をしのぐ容量やエネルギー密度を有する革新型二次電池の開発など，エネルギー関連分野における技術革新と今後の展望に言及（8章，9章，10章）．

(3) 紙面の都合上，電気化学基礎分野のなかにも初版では説明が不足していた電解質溶液の性質（1章）や，割愛していた液間起電力（2章），バイオセンサー（14章），電着塗装（16章）なども新たに加え，大幅な紙面の増強をはかった．

　また，本書の改訂にあたり，初版に加えて多くの他書を参考にさせていただいた．ここに，これらの著者に謝意を表したい．

2015年10月

執筆者一同

　電気化学は電子化学ともよばれ，電子の移動をともなう化学的事象を扱う学問である．また，エネルギー変換，環境浄化，材料創製，センサー・分析技術などさまざまな応用分野を有する学際領域の学問でもある．すでに多くの先達により，優れた電気化学の教科書や参考書が刊行されているが，あえて類書を重ねるのは主に次の理由による．

(1) 本書が物質工学入門シリーズの一つとして編集されているように，今日の先端技術を支える物質にスポットをあて，電気化学のフィールドから解説するように努めている．

(2) 大学・高専での15週2単位の講義を想定し，1章分で1講義分の内容として組み立てた．本書は全16章からなっているので，シラバスの内容に応じて適宜取捨選択して教科書として利用できるようにした．本文の各章には代表的な例題を入れているので，できるかぎり講義中に解答して知識を確実なものにしていただきたい．また，自学自習の課題として章末問題を掲げている．

(3) 図表を多用し，わかりやすい表現で統一したので，学生や初学者向けの自学自習書としても適している．

(4) 必要な章に目を通すだけで理解できるような記述を心がけた．

(5) 大学・高専の電気化学実験と初学者および研究者の入門的な電気化学測定法について，実験・測定編として説明し，必要に応じて本文の第1章から第16章までを併せて利用できるように配慮した．

　本書の執筆にあたり，数多くの他書や大学・高専の実験書などを参考にさせていただいた．ここにこれらの著者に謝意を表したい．また，泉が分担執筆した章では松本雅至君に，青井が担当した章では藤澤麻由里さんに図表作成などでたいへんなお世話をお掛けした．併せて感謝の意を表したい．

2009年4月

執筆者一同

目 次

序章　電気化学の概要 — 1
序.1　電気化学の歴史 — 1
序.2　先端技術を支える電気化学 — 2
序.3　持続社会と電気化学 — 3

第1章　電解質溶液の性質 — 4
1.1　イオンの解離 — 4
1.2　電解質溶液の電気伝導率 — 5
1.3　イオンのモル電気伝導率 — 6
1.4　イオンの輸率と移動度 — 9
1.5　イオンの活量とイオン強度 — 12
演習問題1 — 14

第2章　電池の起電力と電極電位 — 15
2.1　電気分解と電池 — 15
2.2　電極電位と起電力 — 18
2.3　ギブズエネルギーと起電力 — 20
2.4　電池の起電力に対する濃度の影響 — 21
2.5　液間起電力と膜電位 — 23
演習問題2 — 26

第3章　電極と電解液界面の構造 — 27
3.1　電気二重層の基本概念 — 27
3.2　電気二重層の構造とモデル — 28
3.3　電気二重層のキャパシタンス（静電容量） — 29
3.4　絶縁性固体の電気二重層 — 30
3.5　界面動電現象とは — 30
演習問題3 — 32

第4章　電極反応の速度 — 33
4.1　ファラデーの法則 — 33
4.2　電極反応の速度 — 34
4.3　電荷移動過程における反応速度 — 35
4.4　物質移動過程における反応速度 — 38
演習問題4 — 40

第5章　光電気化学 — 41
5.1　半導体のバンド構造 — 41
5.2　半導体のフェルミ準位 — 42
5.3　ショットキー障壁とp-n接合 — 44
5.4　半導体電極による光吸収 — 46
演習問題5 — 49

第6章　電解合成の基礎 — 50
6.1　分解電圧とエネルギー効率 — 50
6.2　電解合成の特徴 — 51
6.3　水電解 — 52
6.4　食塩電解 — 54
6.5　電気透析による海水中の食塩の濃縮 — 55
演習問題6 — 56

第7章　電解合成の応用 — 57
7.1　無機電解合成 — 57
7.2　有機電解合成 — 59
7.3　溶融塩電解 — 62
7.4　金属の電解採取と電解精製 — 64
演習問題7 — 65

第8章　一次電池 — 66
8.1　一次電池とは — 66
8.2　一次電池の種類 — 67
演習問題8 — 72

第9章　二次電池 — 73
9.1　二次電池とは — 73
9.2　二次電池の種類 — 73
9.3　未来の二次電池 — 79
演習問題9 — 81

第10章　燃料電池 — 82
10.1　燃料電池とは — 82
10.2　燃料電池の歴史 — 83
10.3　燃料電池の種類 — 83
演習問題10 — 88

第11章　電気化学キャパシター — 89
11.1　電気化学キャパシター — 89
11.2　電気二重層キャパシター — 90
11.3　擬似キャパシター — 92
11.4　未来の電気化学キャパシター — 93
演習問題11 — 94

第12章　光触媒 — 95
12.1　光触媒の原理 — 95
12.2　光触媒の応用 — 99
演習問題12 — 102

第13章　湿式太陽電池 — 103
- 13.1　湿式太陽電池 — 103
- 13.2　色素増感太陽電池 — 104
- 演習問題13 — 107

第14章　化学センサー — 108
- 14.1　pHセンサー — 108
- 14.2　イオンセンサー — 109
- 14.3　イオン感応性電界効果トランジスター — 110
- 14.4　ガスセンサー — 111
- 14.5　バイオセンサー — 113
- 演習問題14 — 114

第15章　金属の腐食と防食 — 115
- 15.1　金属の腐食 — 115
- 15.2　電位-pH図 — 117
- 15.3　不動態 — 118
- 15.4　金属の防食 — 119
- 演習問題15 — 120

第16章　表面処理 — 121
- 16.1　電気めっきと無電解めっき — 121
- 16.2　電着塗装 — 125
- 16.3　プラズマを利用した表面処理技術と材料加工技術 — 125
- 演習問題16 — 128

実験・測定編

A　pH測定による酸-塩基中和滴定 — 129
- A.1　塩酸の水酸化ナトリウムによる中和滴定 — 129
- A.2　酢酸の水酸化ナトリウムによる中和滴定 — 130

B　電気伝導率測定と電気伝導率滴定 — 131
- B.1　酢酸水溶液の電気伝導率測定 — 131
- B.2　塩酸と酢酸水溶液の水酸化ナトリウム水溶液による中和滴定 — 132

C　酸化還元電位差滴定 — 133
- C.1　電位差滴定による鉄（Ⅱ）イオンおよび過酸化水素の定量 — 133

D　分解電圧の測定 — 134
- D.1　2電極法による分解電圧の測定 — 134
- D.2　電極電位法による分解電圧の測定 — 135

E　電気分解とファラデーの法則 — 136
- E.1　硫酸水溶液の電気分解 — 136

F　化学電池の起電力と電流変化の測定 — 137
- F.1　濃淡電池 — 137
- F.2　ボルタ電池 — 137
- F.3　ダニエル電池 — 138

G　電極反応速度論の実験 — 139
- G.1　酸性水溶液中，白金電極での水素発生反応 — 139

H　定電流電解と定電位電解 — 140
- H.1　定電流電解 — 140
- H.2　定電位電解 — 141

I　サイクリックボルタンメトリー — 142
- I.1　サイクリックボルタンメトリーの測定 — 142
- I.2　サイクリックボルタンメトリーからの知見 — 142

J　クロノアンペロメトリーとクロノポテンショメトリー — 143
- J.1　クロノアンペロメトリー — 143
- J.2　クロノポテンショメトリー — 144

K　コンダクトメトリー — 145
- K.1　液体の電気伝導率測定 — 145
- K.2　固体の電気伝導率測定 — 146
- K.3　電気伝導率測定の応用技術 — 147

L　交流インピーダンス測定 — 148
- L.1　交流インピーダンス測定の意義 — 148
- L.2　電極-電解質溶液界面の構造と電気的等価回路 — 149
- L.3　インピーダンスの複素平面プロット — 149
- L.4　インピーダンス測定上の注意点 — 151

演習問題解答 — 152
参考文献 — 158
さくいん — 161

序章
電気化学の概要

1930年頃，バグダッド近郊のホイヤットラブヤ遺跡から鉄棒が入った銅製の筒を納めた壺が発掘された．紀元前200年頃につくられたとみられるこの壺を再現すると電池として作動することから「バグダッド電池」とよばれている．当時，本当に電池として利用されていたかどうかは不明であるが，仮にそうであれば最古の電池である．

バグダッド電池から2000年ほど経過した18世紀最後，イタリアの物理学者ボルタが，現代電池のひな型を世に送り出したのが電気化学の始まりである．以来，電気化学は，元素の分離やイオンの発見，溶液化学，化学結合論，化学熱力学の確立など，化学の本質となる学問の進展に大いに貢献してきた．また，われわれにとってかけがえのない革新的な技術が次々と生み出されてきた．地球環境の維持と持続可能な社会の構築に，電気化学が果たす無限の可能性と役割を実感してほしい．

序.1 電気化学の歴史

1.1 電池の発明

1791年，イタリアの解剖学者ガルバーニ（L. Galvani）[*1]は，金属片をカエルの筋肉にあてるとけいれんすることを発見し，動物電気説を唱えていた．しかし，1800年，イタリアの物理学者ボルタ（A. Volta）[*2]は，"On the Electricity Excited by the Mere Contact of Conducting Substances of Different Kinds."[*3]というタイトルの論文で，2種類の金属を塩水で湿らせた紙や布を隔てて接触させると電気の流れができること（ボルタ電池）を見い出し，動物電気説を否定するとともにボルタ列とよばれる金属元素の序列を発表した．

ボルタの偉業は，電気分解による元素の発見や電気化学の基礎の確立に大きく貢献した．

1.2 電気分解と元素の発見

ボルタ電池の発見後，カーライズ（A. Carlisle）（英）とニコルソン（W. Nicholson）（英）らによって水H_2Oの電気分解がなされ，水素H_2と酸素O_2が単離された．また，1807年，イギリスの化学者デービー（H. Davy）[*4]は，化合は電気的引力による結合であり，この電気的引力に勝る電気力を与えると分解すると考え，"On Some Chemical Agencies of Electricity"[*5]という化

[*1] 解剖学者（1737–1798）．p.16を参照．
[*2] 物理学者（1745–1827）．p.16を参照．
[*3] 『異種導電性物質の単純な接触によって発生する電気に関して』（著者訳）
[*4] 英王立研究所教授（1778–1829）．主な業績：笑気ガスの麻酔作用，K, Na, Mg, Sr, Ca, Baの6元素の発見．
[*5] 『電気的な特徴を有する化学的作用に関して』（著者訳）

結合の本質に触れる論文を発表し，ボルタ電池によって真の元素の発見に至ることを予期した．

そして，同年，水酸化カリウム KOH の小片から金属カリウム K，炭酸ナトリウム Na_2CO_3 から金属ナトリウム Na，さらには金属マグネシウム Mg，ストロンチウム Sr，カルシウム Ca，バリウム Ba などの金属を単離することに次々と成功した．クリスマスレクチャーで有名な電気化学当量の発見者であるファラデー（M. Faraday）*6 も，デービーの下で研究に取り組んでいた研究者の一人である．また，現在脚光を浴びている燃料電池をグローブ卿（W. R. Grove, 英）が発見したのは，ボルタが電池を発表してからわずか39年後の，1839年のことであった．このように，1800年代初頭は，電気化学の幕開けを飾るにふさわしい数々の発見があり，科学界に大きな影響を与えた．

1.3 電気化学の発展

その後も，アレニウス（S. A. Arrhenius）*7 による水溶液の電気伝導機構の解明，ネルンスト（W. H. Nernst）*8 による熱力学的知見に基づく電極電位に関するネルンストの式の提唱など電気化学に関する数多くの発見が続いた．近年では，光電気化学という新たな分野を築いた本多健一・藤嶋昭両博士による光触媒発見など，電気化学に関係した貴重な発見を歴史の中に数多く見つけることができる．

これらの発見が，物理化学をはじめとする多くの学問の発展に貢献してきたことや，われわれの普段の生活から先端産業に至る広範囲の中でさまざまな形で息づいていることをぜひ学んでほしい．また，近年重要視されている『持続可能な社会』を実現する基盤技術として，また，将来の先端技術を支える基本的な技術・学問としても，電気化学の可能性に期待が寄せられている．

序.2 先端技術を支える電気化学

2.1 電気化学の裾野

電気化学は電子の移動をともなう化学的事象を扱う基礎的な学問であり，熱力学，平衡論，化学結合論，反応速度論，酸化と還元，溶液論といった物理化学や無機化学の一分野として重要な位置を占めてきた．また，近年では電気化学が取り扱う範囲は水溶液系にとどまらず，非水電解質溶液系*9 や固体電解質系*10，さらにはプラズマなどの電離気体へとその適用分野も広がっている．さらに，生体系での電子移動反応を取り扱う生物電気化学や光電気化学といった新しい分野も展開している．応用面でも，エネルギー変換，環境浄化，材料創製，センサーおよび分析技術などさまざまな分野に及んでおり，光学，電磁気学，材料学などをはじめとした広範な学問領域とも密接に関係している．

2.2 先端技術と電気化学

IT産業など，産業の高度化にともない原料の高純度化が要求されるなか，電気化学技術は高純度材料の合成において重要な役割を果たしている．たとえば，高純度銅 Cu，アルミニウム Al，シリコン Si，チタン Ti などの金属材料の精製や，海水からの水酸化ナトリウム NaOH や塩素 Cl_2 の製造，さらには海水の淡水化システムや水からの水素製造分野でも，電解やその応用技術が使用されている．

材料合成だけでなく先端加工技術にも電気化学

---

*6 化学・物理学者（1886-1917）．主な業績：電磁誘導・電気分解の法則，ベンゼンの発見．著書『ろうそくの科学』でも有名．
*7 物理化学者（1859-1927）．主な業績：酸・塩基の定義，電解質の解離の発見でノーベル化学賞を受賞．アレニウス式を提唱した．
*8 化学者（1864-1941）．主な業績：熱力学第三法則，熱化学の研究でノーベル化学賞を受賞，ネルンストの式を提唱した．
*9 有機系溶媒に電解質を溶解させた系や溶融塩系など
*10 イオン導電性を有する固体高分子や酸化物

は深く関わっている．高性能電子機器を構成する半導体やプリント回路作製には，先端的な電気化学関連技術である機能性めっき技術が使用されているし，半導体のリードフレームや積層プリント板の三次元配線技術，音楽やデータ用DVD，映像用BDの原盤，転写スタンパー，さらにはマイクロ部品なども電気化学技術によって作製することが可能となった．

また，化学センサーや携帯エネルギー源など，先端技術に関係した構成要素にもその技術は及んでいる．固体電解質を用いた電気化学センサーは化学物質の検出やその濃度測定に威力を発揮しているし，実験室や工場だけでなく一般家庭で使用される電子レンジやガス検知器などに組み込まれている．

また，酵素反応を電気化学的に検出することで飛躍的に分析物の選択性を高めたバイオセンサーは，食品産業や医療分野で重要な役割を果たしている．

さらに，3V以上の端子電圧を有するリチウムイオン二次電池が，携帯可能な高エネルギー密度電源として，コンピューター，携帯電話，ビデオカメラなどの携帯機器に革命をもたらしていることは，周知のことであろう．

序.3 持続社会と電気化学

電気化学反応系は，カルノーサイクル[*11]から計算される熱効率には依存しない高エネルギー変換効率の反応系を構成できるという優れた特徴をもっている．これは，熱を介さずに反応の自由エネルギー変化が電気エネルギーに直接変換されることに基づいており，この特長を最大に活かした技術が燃料電池である．

また，二酸化チタンTiO_2を代表とする光半導体触媒電極は，環境浄化や光化学反応の画期的な触媒であり，太陽光エネルギーの変換技術としても注目されている．これらの技術は，脱石油や温室効果ガス排出抑制など，『持続可能な開発と社会』を支える基盤技術として，注目度の高い研究分野である．

このように，電気化学はエネルギー供給から材料合成および環境浄化や廃棄物処理に至るまでの一連の技術を担っており，われわれの目に直接見える箇所から見えない基盤技術に至るまで，さまざまなところで近代産業を支えている．

われわれの豊かな生活は電気化学の技術に大きく依存しており，今後も多くの先端的研究分野や産業分野で重要な学問かつ技術として，その貢献度はますます高まるであろう．

[*11] 理想熱機関の一つで，①高温熱源からのエネルギーによる等温可逆膨張と②それに引き続く断熱可逆膨張によって仕事を行い，低温熱源へのエネルギー排出による等温可逆圧縮と断熱可逆圧縮によって最初の状態に戻る一連のサイクルを繰り返すことで，熱エネルギーを仕事に変換する．

第1章
電解質溶液の性質

電解質とは，特定の溶媒に溶かしたときに，その溶液が電気伝導性をもつようになる物質のことであり，そのような物質が溶けている溶液が電解質溶液である．電解質溶液中で電解質はイオンに解離しており，その電気伝導性は溶液中に存在する帯電粒子であるイオンに基づく性質である．電解質溶液は電気化学系のもっとも重要な構成要素の一つであり，本章では，この電解質溶液の諸特性について，その電気伝導性を中心に説明する．

KEY WORD

| イオン | 電離 | 溶媒和 | 水和 | 電気伝導率 |
| 移動度 | 輸率 | 活量 | イオン強度 | |

1.1 イオンの解離

イオン結合性の結晶である固体の塩化ナトリウム NaCl を水に溶かすと，Na-Cl 間の結合が切れて，ナトリウムイオン Na^+ と塩化物イオン Cl^- に解離（dissociation）する．このように，溶液中において解離によりイオン（ion）が生成することを電離（ionization）という．また，溶液中で電離する物質のことを電解質（electrolyte）といい，強酸である塩酸 HCl や硫酸 H_2SO_4，弱酸である酢酸 CH_3COOH やリン酸 H_3PO_4，強塩基である水酸化ナトリウム NaOH，弱塩基であるアンモニア NH_3，そして，これらの酸と塩基の中和反応により生成する塩がある．

電解質溶液中では，電離により生成したイオンはそのまわりに溶媒分子を引き寄せて，溶媒和（solvation）（溶媒が水の場合は水和（hydration）[*1]）することにより安定化されている．つまり，溶媒和（水和）により解離したほうが結合を保ったままでいるよりもエネルギー的に安定となるため電離が起こるのである．溶媒和は，イオンの電荷と溶媒分子との間の相互作用に基づいてい

★1 Na^+ の水和の様子：

水和イオンの構造は核磁気共鳴（NMR）法，X線回折法，X線吸収微細構造（EXAFS）法などにより研究されている．

るため，誘電率*2 の高い物質（大きな双極子*3 をもつ物質）ほど溶媒和の効果は大きくなる．水は誘電率が非常に大きいため，電解質の良溶媒である．電解質がどれだけ電離したかの割合は電離度 α で表される．電離度は電解質自体の性質により異なるが，通常，同じ電解質であれば誘電率の高い溶媒のほうが電離度は大きくなる．ある特定の溶媒中で電離度 α が1，すなわち完全に電離する電解質は強電解質とよばれ，$\alpha \ll 1$ でほとんど電離しない電解質は弱電解質とよばれる．

一般に，酸を HA で表したとき，酸の電離平衡は次のように表すことができる．

$$HA \rightleftharpoons H^+ + A^- \tag{1.1}$$

ここで，HA の初期濃度を c，電離度を α $(0<\alpha<1)$ とすると，電離平衡に達したあとの電解質溶液中の各成分の濃度は次のようになる

$$[HA] = (1-\alpha)c \tag{1.2}$$
$$[H^+] = [A^-] = \alpha c \tag{1.3}$$

したがって，式(1.1)の平衡定数 K は，式(1.4)のように表される．

$$K = \frac{[H^+][A^-]}{[HA]} = \frac{\alpha c \cdot \alpha c}{(1-\alpha)c} = \frac{\alpha^2 c}{1-\alpha} \tag{1.4}$$

この式よりわかるように，HA の初期濃度 c が低くなると，電離度 α は1に近づき，$c \to 0$ で $\alpha = 1$ となる．この $c \to 0$ を無限希釈という．

1.2 電解質溶液の電気伝導率

電解質が溶液中で電離してイオンが生成すると，これらのイオンは電解質溶液中に浸された2枚の電極間の電位差により移動し，電気伝導性が生じる．

電解質溶液の電気抵抗は，金属などの電気抵抗と同様にオームの法則*4 が成立し，式(1.5)で与えられる．

$$I = \frac{V}{R} \tag{1.5}$$

ここで，I は電極間に流れる電流，V は電極間の電位差である．R は電解質溶液の電気抵抗であり，断面積が A [m²] で長さが l [m] の円柱状の電解質溶液を考えると，式(1.6)で与えられる．

$$R = \rho \frac{l}{A} \tag{1.6}$$

ここで，ρ [Ω m] は抵抗率（比抵抗：specific resistance）である．また，抵抗率の逆数 $(1/\rho)$ は，比電気伝導率（specific conductance）とよ

ばれ，κ [S*5 m⁻¹ = Ω⁻¹ m⁻¹] で表される．また，電気伝導率（conductance）G (S = Ω⁻¹) を用いて，

$$G = \frac{1}{R} = \frac{1}{\rho} \frac{A}{l} = \kappa \frac{A}{l} \tag{1.7}$$

と書くことができる．

図1.1に典型的な電気伝導率測定セルを示す．電極には，セルの分極*6 の影響を少なくするため

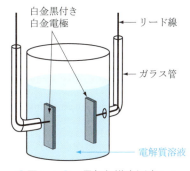

●図1.1● 電気伝導率測定セル

---

*2 電場によって物質にどのくらいの電気分極が誘導されるかの目安となる量である．物質の誘電率と真空の誘電率の比は，比誘電率とよばれる．水の比誘電率は78.3 (25 ℃)，メタノールは32.6 (25 ℃)，ヘキサンは1.9 である．
*3 有限の距離を離れた等しい大きさの正負の電荷の対のことである．電気双極子．
*4 導体を流れる電流の大きさ I はその両端における電位差 E に比例し，$I = E/R$ と表される．これをオームの法則といい，R を電気抵抗という．
*5 ジーメンスと読む．
*6 電流が流れているときの電極電位や電池の端子間電圧が，電流が流れていないときと異なる値になる現象を分極という．

白金黒をめっきした白金電極[*7]を用いる．溶液の電気伝導率の測定には，測定セルにあらかじめ電気伝導率が既知の溶液（たとえば，表1.1に示す塩化カリウム KCl 水溶液など）を入れて，その抵抗率を測定し，セルに固有のセル定数（l/A）を求めておき，このセル定数を用いて被測定溶液の電気伝導率を求める．

■表1.1■　塩化カリウム KCl 水溶液の比電気伝導率（25 ℃）

濃度 [mol dm^{-3}]	κ [S m^{-1}]
1.0	11.132
0.1	1.2853
0.01	0.14085

電気伝導率を測定する際に，直流電源を用いた場合，電流を流すことにより，電解質自体の抵抗が加わったり，電極での電極反応による分極の影響や電極反応による電解質溶液の組成変化が起こったりすることにより，正確な測定ができないおそれがある．そこで，実際の測定では 1 ～ 10 kHz の交流が用いられる．交流を用いることにより，電極上での電極反応が，周期的に逆転することになり，直流での測定の際に問題となるような影響が抑えられる．

電解質溶液の電気伝導率を測定するための基本的な回路を図1.2に示す．この回路は，コールラウシュブリッジとよばれる．ブリッジの4辺はそれぞれ電気伝導率測定セル，可変抵抗および可変コンデンサー，ブリッジの抵抗線の二つの部分から構成される．抵抗 R_1 を測定セルの大きさ程度に定め，ブリッジの抵抗線の可変接点を動かし，検流計に電流が流れなくなる平衡点を測定することにより，式(1.8)より電気伝導度測定セルの抵抗値が求められる．

$$R_x = \frac{R_1 \cdot R_2}{R_3} \tag{1.8}$$

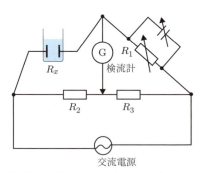

●図1.2●　コールラウシュブリッジ

例題 1.1　ある電気伝導率測定セルを用いて，25 ℃ で濃度 1.0 mol dm^{-3} の塩化カリウム KCl 水溶液の抵抗を測定したところ 22.5 Ω であった．次に，このセルで濃度 0.5 mol dm^{-3} の水酸化カリウム KOH 水溶液の抵抗を測定したところ 22.2 Ω であった．この水酸化カリウム水溶液の比電気伝導率 κ を求めよ．

解答　式(1.7)よりセル定数は，
$$\frac{l}{A} = R \cdot \kappa = 22.5 \times 11.132 = 250.5 \text{ m}^{-1}$$
となる．したがって，濃度 0.5 mol dm^{-3} の水酸化カリウム水溶液の比電気伝導率 κ は，次式のようになる．
$$\kappa = \frac{250.5}{22.2} = 11.3 \text{ S m}^{-1}$$

1.3　イオンのモル電気伝導率

電解質の比電気伝導率は，電解質の濃度により変化する．そこで，比電気伝導率を電解質濃度 c [mol m^{-3}] で割ることにより，電解質 1 mol あたりの比電気伝導率をモル電気伝導率 Λ（ラムダ）として定

[*7]　電気伝導率測定の電極には，実際の表面積を大きくするために白金黒をめっきした白金が用いられる．白金黒とは，白金の上に白金微粒子がめっきされたものであり，表面が黒色に見えるため白金黒とよばれる．

義する．

$$\Lambda = \frac{\kappa}{c} \tag{1.9}$$

図1.3に，いくつかの電解質のモル電気伝導率と濃度の平方根との関係を示す．

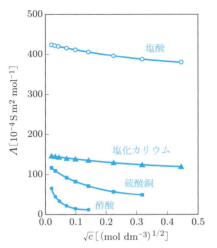

●図1.3● 電解質水溶液のモル電気伝導率と電解質濃度の平方根の関係（25℃）

塩酸 HCl[*8]のように Λ と濃度の平方根の間に直線関係が成立する場合，この電解質は**強電解質**であり，酢酸 CH_3COOH のように濃度の増加とともに急激に Λ が減少する場合，この電解質は**弱電解質**である．

図1.3において，濃度0に外挿して求められる Λ，つまり $c \to 0$ のときの Λ を**無限希釈におけるモル電気伝導率** Λ^∞ という．強電解質において，モル電気伝導率 Λ と濃度の平方根の間には，式(1.10)のような関係が成立する．

$$\Lambda = \Lambda^\infty - k\sqrt{c} \tag{1.10}$$

この式は**コールラウシュ（F. W. G. Kohlrausch）の平方根則**とよばれ，濃度の低い領域でよく成立する．k は定数である．

コールラウシュは，種々の強電解質の Λ^∞ の値を比較した結果，共通イオンをもつ一対の電解質の Λ^∞ の値の差がほぼ一定であることを見い出した．表1.2に種々の強電解質の Λ^∞ の値を示す．共通のカチオンをもつ塩の Λ^∞ の値の差は，アニオンの違いによらずほぼ同じである．また，共通のアニオンをもつ塩の Λ^∞ の値の差は，カチオンの違いによらずほぼ同じ値となる．このことは，無限希釈では共存イオンの種類には無関係に，個々のイオンは独立に移動するということを示している．

■表1.2■ 共通イオンをもつ一対の塩の水溶液の25℃における Λ^∞ [10^{-4} S m² mol⁻¹]

	Λ^∞		Λ^∞	差
KCl	149.86	KI	150.38	0.52
NaCl	126.45	NaI	126.94	0.49
差	23.41	差	23.44	

無限希釈では，1.1節で示したように電離度 $\alpha=1$ であり，すべての電解質は完全に電離していると考えられる．また，イオンのまわりはすべて溶媒のみとなり，イオン間相互作用（Step up 参照）が無視でき，個々のイオンが移動する際に，ほかのイオンの影響を受けることはないと考えられる．そのため，個々のイオンは独立に移動することができる．

一般に，ν_+ 個のカチオンと ν_- 個のアニオンに電離する ν_+ 価-ν_- 価型の電解質（$M_{\nu_+}^{z_+} X_{\nu_-}^{z_-}$）のアニオンとカチオン[*9]の無限希釈におけるモル電気伝導率を λ_+^∞，λ_-^∞ とすると，次の関係が成立する．

$$\Lambda^\infty = \nu_+ \lambda_+^\infty + \nu_- \lambda_-^\infty \tag{1.11}$$

この関係は，**コールラウシュのイオン独立移動の法則**とよばれる．表1.3に，代表的な一価のイオンの無限希釈におけるモル電気伝導率の値を示す．

図1.3のように強電解質において，すべての電解質が完全に電離しているにも関わらず，濃度の増加にともない Λ が式(1.10)に従って減少するのは，イオン間相互作用によるものである．無限

[*8] 塩化水素 HCl の水溶液のことを塩酸という．
[*9] カチオンとは陽イオンのことであり，正の電荷をもつイオンである．アニオンとは陰イオンのことであり，負の電荷をもつイオンのことである．

■表1.3■ 無限希釈におけるイオンのモル電気伝導率（25℃）

カチオン	λ_+^∞ [10^{-4} S m^2 mol^{-1}]	アニオン	λ_-^∞ [10^{-4} S m^2 mol^{-1}]
H$^+$	349.82	OH$^-$	198.6
Li$^+$	38.69	F$^-$	54.4
Na$^+$	50.11	Cl$^-$	76.35
K$^+$	73.5	Br$^-$	78.1
Rb$^+$	77.8	I$^-$	76.8
Ag$^+$	61.9	NO$_3^-$	71.4
NH$_4^+$	73.5	CH$_3$COO$^-$	40.9

無限希釈になると，すべての電解質は完全に電離していると考えられる．この無限希釈におけるモル電気伝導率 Λ^∞ には，生成可能な全イオンが寄与している．また，ある濃度におけるモル電気伝導率 Λ には，その濃度において電離して存在しうるイオンが寄与している．したがって，Λ^∞ と Λ の比はイオンの電離の割合，つまり，**電離度** α と等しくなる．

$$\frac{\Lambda}{\Lambda^\infty} = \alpha \tag{1.12}$$

式(1.4)に式(1.12)の α を代入することにより，式(1.13)が得られる．

$$K = \frac{\alpha^2 c}{1-\alpha} = \frac{\left(\dfrac{\Lambda}{\Lambda^\infty}\right)^2 c}{1 - \dfrac{\Lambda}{\Lambda^\infty}} = \frac{\Lambda^2 c}{\Lambda^\infty(\Lambda^\infty - \Lambda)} \tag{1.13}$$

希釈ではイオンのまわりはすべて溶媒のみと考えることができるが，濃度が高くなると，あるイオンのまわりに，反対の電荷をもつイオンが存在する確率が高くなり，イオン間相互作用の影響が増加する．一方，弱電解質において，濃度の増加にともない急激に Λ^∞ が減少するのは，電離度 α が小さいことが主な原因である．

弱電解質において，電解質の濃度が薄くなり，

式(1.13)より求めた平衡定数は，M$^{z_+}$X$^{z_-}$（$z_+ = |z_-|$）で表される弱電解質の希薄溶液については，ほぼ実験的に正しい．

例題1.1の結果より，濃度 0.5 mol dm^{-3} の水酸化カリウム KOH 水溶液のモル電気伝導率 Λ を求めよ．

解答 式(1.9)より，$\Lambda = \dfrac{\kappa}{c} = \dfrac{11.3}{500} = 226 \times 10^{-4}$ S m^2 mol^{-1}

25℃における塩化カリウム KCl，塩化ナトリウム NaCl，ヨウ化カリウム KI の無限希釈時のモル電気伝導率 Λ^∞ は，それぞれ 149.86×10^{-4}，126.45×10^{-4}，150.38×10^{-4} S m^2 mol^{-1} である．これらの値より，ヨウ化ナトリウム NaI の無限希釈におけるモル電気伝導率を求めよ．

解答 式(1.11)より，

$$\Lambda^\infty(\text{NaI}) = \Lambda^\infty(\text{NaCl}) + \Lambda^\infty(\text{KI}) - \Lambda^\infty(\text{KCl})$$
$$= \lambda^\infty(\text{Na}^+) + \lambda^\infty(\text{Cl}^-) + \lambda^\infty(\text{K}^+) + \lambda^\infty(\text{I}^-) - \lambda^\infty(\text{K}^+) - \lambda^\infty(\text{Cl}^-)$$
$$= \lambda^\infty(\text{Na}^+) + \lambda^\infty(\text{I}^-)$$

となるので，

$$\Lambda^\infty(\text{NaI}) = \Lambda^\infty(\text{NaCl}) + \Lambda^\infty(\text{KI}) - \Lambda^\infty(\text{KCl})$$
$$= (126.45 + 150.38 - 149.86) \times 10^{-4}$$
$$= 126.97 \times 10^{-4} \text{ S m}^2 \text{ mol}^{-1}$$

例題 1.4 25℃における，水の比電気伝導率を差し引いて求めた難溶性塩である塩化銀 AgCl の飽和水溶液の比電気伝導率 κ は，1.89×10^{-4} S m^{-1} であった．この値と，表1.3を用いて AgCl の水に対する溶解度積 K_{sp} を求めよ．

> **解答** 難溶性塩の場合，飽和溶液中のイオン濃度が非常に低いため，飽和溶液を無限希釈と仮定して考えることができる．
> 表1.3より，AgClの無限希釈におけるモル電気伝導度 $\Lambda^\infty(\mathrm{AgCl})$ は，
> $$\Lambda^\infty(\mathrm{AgCl}) = \lambda^\infty(\mathrm{Ag^+}) + \lambda^\infty(\mathrm{Cl^-}) = (61.9+76.4)\times 10^{-4} = 138.3\times 10^{-4}\,\mathrm{S\,m^2\,mol^{-1}}$$
> AgClは難溶性の塩であるので，その飽和溶液の Λ は Λ^∞ とみなせる．式(1.9)より，
> $$c = \frac{\kappa}{\Lambda} = \frac{\kappa}{\Lambda^\infty} = \frac{1.89\times 10^{-4}}{138.3\times 10^{-4}} = 1.37\times 10^{-2}\,\mathrm{mol\,m^{-3}} = 1.37\times 10^{-5}\,\mathrm{mol\,dm^{-3}}$$
> これより，AgClの溶解度積は次のようになる．
> $$K_{\mathrm{sp}} = [\mathrm{Ag^+}][\mathrm{Cl^-}] = (1.37\times 10^{-5})^2 = 1.88\times 10^{-10}\,(\mathrm{mol\,dm^{-3}})^2$$
> このような取り扱いは，電解質が単純なイオン解離をし，イオン対や錯イオンの形成などがない場合に限られる．

1.4 イオンの輸率と移動度

イオンは電荷を有しているので電解質溶液中に浸した2枚の電極板の間に電位差をかけると移動する．電解質溶液中にはカチオンとアニオンが存在しており，それぞれが移動することにより電流が流れる．全電流のうち，ある特定のイオンによって運ばれる電流の割合をそのイオンの**輸率 (transport number)** t という．無限希釈におけるカチオンおよびアニオンの輸率 t_+^∞, t_-^∞ は次のように与えられる．

$$t_+^\infty = \frac{\lambda_+^\infty}{\Lambda^\infty} \tag{1.14}$$

$$t_-^\infty = \frac{\lambda_-^\infty}{\Lambda^\infty} \tag{1.15}$$

$$t_+^\infty + t_-^\infty = 1 \tag{1.16}$$

25°Cにおいて，塩化カリウムKCl水溶液の $t_+ = 0.49$, $t_- = 0.51$, 硝酸カリウムKNO₃水溶液の $t_+ = 0.51$, $t_- = 0.49$, 塩化アンモニウムNH₄Cl水溶液の $t_+ = 0.49$, $t_- = 0.51$ で，これらのカチオンとアニオンの輸率はほぼ等しいが，塩酸HClでは $t_+ = 0.82$, $t_- = 0.18$, 塩化リチウムLiCl水溶液では $t_+ = 0.33$, $t_- = 0.67$ とカチオンとアニオンの輸率には差がある．

イオンの輸率の測定には，図1.4で示す**ヒットルフ法**がよく用いられる．これは，電解質溶液中に浸した2枚の電極板の間をイオンが移動することによって起こる電極付近のイオンの濃度変化か

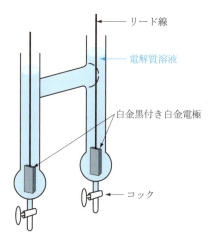

●図1.4● ヒットルフ法の輸率測定セル

ら輸率を測定するものである．

ヒットルフ法による輸率の測定原理について，HClを例として考えてみる．ヒットルフ法の輸率測定セルは，図1.5に示すようにアノード部，中央部，カソード部の三つの部分に分けて考えることができる．HClで満たされた輸率測定セルの電極を結ぶ導線に1 molの電子が流れると考える．このとき，電解質溶液内でのイオンの移動を考えると，中央部からカソード部へ t_+ mol の H⁺ が移動し，アノード部から中央部へ同じく t_+ mol の H⁺ が移動する．一方，Cl⁻については，カソード部から中央部へ，そして中央部からアノード部へ t_- mol 移動する．このとき，$t_+ + t_- = 1$ mol であり，中央部でのイオンの存在量には変化がない．

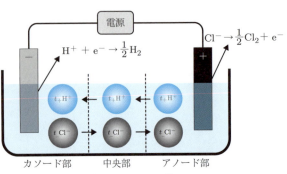

●図1.5● ヒットルフ法による HCl の輸率の測定原理

また，カソード上では以下の反応により 1 mol の H^+ が電極反応により 1/2 mol の水素ガスとなる．

$$H^+ + e^- \longrightarrow \frac{1}{2}H_2 \quad (1.17)$$

アノード上では，1 mol の Cl^- が酸化反応により以下のように 1/2 mol の Cl_2 ガスとなる．

$$Cl^- \longrightarrow \frac{1}{2}Cl_2 + e^- \quad (1.18)$$

以上のことから，1 mol の電子が流れることによるカソード部での化学種の量的変化は，

(H^+のモル数変化) =
 (イオンの移動分) + (電極反応分)
$$= (t_+) + (-1) = t_+ - 1$$
$$= -t_- \text{ mol} \quad (1.19)$$

(Cl^-のモル数変化) =
 (イオンの移動分) + (電極反応分)
$$= (-t_-) + (0) = -t_- \text{ mol} \quad (1.20)$$

つまり，カソード部では t_- mol の HCl が減少することになる．
　一方，アノード部では，

(H^+のモル数変化) =
 (イオンの移動分) + (電極反応分)
$$= (-t_+) + (0) = -t_+ \text{ mol} \quad (1.21)$$

(Cl^-のモル数変化) =
 (イオンの移動分) + (電極反応分)
$$= (t_-) + (-1)$$
$$= t_- - 1 = -t_+ \text{ mol} \quad (1.22)$$

となり，t_+ mol の HCl が減少することになる．
　このように，ヒットルフ法では，各部の体積をあらかじめ測っておき，濃度のわかっている電解質溶液を満たし，ある電気量を通電後のカソード部およびアノード部の化学種のモル数変化（濃度変化）を測定することにより，各イオン種の輸率を測定することができる．

例題 1.5 ヒットルフ法の輸率測定セル中に硫酸銅(II) $CuSO_4$ 水溶液を入れ，1 mol の電子が流れたときのカソード部，アノード部での化学種のモル数変化はどのようになるか．Cu^{2+} の輸率を t_+，SO_4^{2-} の輸率を t_- として求めよ．

 カソードでは，$1/2Cu^{2+} + e^- \to 1/2Cu$，アノードでは，$1/2H_2O \to H^+ + 1/4O_2 + e^-$ の反応がそれぞれ起こる．したがって，カソード部，アノード部での化学種の量的変化は次のようになる．

（カソード部）

(Cu^{2+}のモル数変化) = (イオンの移動分) + (電極反応分)
$$= \left(\frac{1}{2}t_+\right) + \left(-\frac{1}{2}\right) = -\frac{1}{2}t_- \text{ mol}$$

(SO_4^{2-}のモル数変化) = (イオンの移動分) + (電極反応分)
$$= \left(-\frac{1}{2}t_-\right) + (0) = -\frac{1}{2}t_- \text{ mol}$$

（アノード部）

(Cu^{2+}のモル数変化) = (イオンの移動分) + (電極反応分)
$$= \left(-\frac{1}{2}t_+\right) + (0) = -\frac{1}{2}t_+ \text{ mol}$$

(SO$_4^{2-}$のモル数変化) = (イオンの移動分) + (電極反応分)
$$= \left(\frac{1}{2}t_-\right) + (0) = \left(\frac{1}{2} - \frac{1}{2}t_+\right) \text{mol}$$

(H$^+$のモル数変化) = (イオンの移動分) + (電極反応分)
$$= (0) + (1) = 1 \text{ mol}$$

つまり，カソード部では CuSO$_4$ が $1/2\,t_-$ mol 減少し，アノード部では CuSO$_4$ が $1/2\,t_+$ mol 減少し，H$_2$SO$_4$ が $1/2$ mol 増加する．

電解質溶液中に浸した2枚の電極板の間に電位差をかけると，カチオンとアニオンがそれぞれ移動し電流が流れる．このときの各イオンの単位電場あたりの移動速度をイオンの**移動度**（mobility, u_+ および u_-．添字の + と − は，それぞれカチオン，アニオンを表す）という．イオンの移動度はイオンの動きやすさの尺度といえる．

図1.6のように，その両端に断面積 A [m^2] の電極が備えられた，断面積が A [m^2] で，長さが l [m] の円柱型のセルを考える．このセル中に，電離度が α の ν_+ 価-ν_- 価型の電解質（M$_{\nu_+}^{z_+}$A$_{\nu_-}^{z_-}$）溶液が入れられている．この電解質溶液の濃度を c [mol m^{-3}] とすると，溶液中のカチオンおよびアニオンの濃度は $\alpha\nu_+ c$ と $\alpha\nu_- c$ [mol m^{-3}] となる．このセルの両電極間に V [V] の電位差が加えられると，電流 I [A] が流れる．このとき，溶液中のカチオンとアニオンがそれぞれの電極に向かって移動するが，そのときのカチオン，アニオンの速度を v_+ [m s^{-1}]，v_- [m s^{-1}] とする．セル中に，電流の流れる方向と垂直な平面を考えると，この平面を Δt [s] の間に，右側から左側に通過することのできるカチオン，および左側から右側に通過できるアニオンは，この平面から $\Delta t v_+$ [m] および $\Delta t v_-$ [m] の距離内に存在していたものだけである．したがって，Δt [s] の間にこの平面を通過するカチオンおよびアニオンの量は，面積 A [m^2]，長さ $\Delta t v_+$ [m] および $\Delta t v_-$ [m] の円柱の中に存在するカチオンおよびアニオンの量に等しく，以下のようになる．

Δt [s] の間に平面を通過するカチオンの量
$$= \alpha c N_A \nu_+ A \Delta t v_+ \quad (1.23)$$

Δt [s] の間に平面を通過するアニオンの量
$$= \alpha c N_A \nu_- A \Delta t v_- \quad (1.24)$$

したがって，Δt [s] の間にこれらの平面を通過したカチオンおよびアニオンにより運ばれる電荷は，次のようになる．

Δt [s] の間に平面を通過するカチオンによって運ばれる電荷
$$= \alpha c e N_A \nu_+ z_+ A \Delta t v_+ \quad (1.25)$$

Δt [s] の間に平面を通過するアニオンによって運ばれる電荷
$$= \alpha c e N_A \nu_- |z_-| A \Delta t v_- \quad (1.26)$$

単位時間あたりに流れた電荷が電流であるので，カチオンおよびアニオンによって運ばれた電流

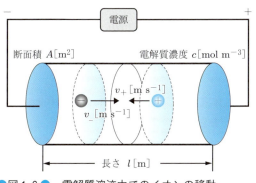

●図1.6● 電解質溶液中でのイオンの移動

（I_+ および I_-）は次式で表される．

$$I_+ = \alpha c e N_A \nu_+ z_+ A v_+ \tag{1.27}$$

$$I_- = \alpha c e N_A \nu_- |z_-| A v_- \tag{1.28}$$

セルを流れる全電流は $I = I_+ + I_-$ であり，さらに $eN_A = F$ であるので，

$$I = \alpha c F A (\nu_+ z_+ v_+ + \nu_- |z_-| v_-) \tag{1.29}$$

となる．ここで，単位面積あたりの電流を電流密度 i とすると，$i = I/A$ なので，

$$i = \alpha c F (\nu_+ z_+ v_+ + \nu_- |z_-| v_-) \tag{1.30}$$

となる．

ところで，電流密度 i は，式(1.5)，(1.6)，(1.7)，(1.9)から次のように書くことができる．

$$i = \frac{\kappa V}{l} = \frac{c \Lambda V}{l} = c \Lambda X \tag{1.31}$$

ここで，$X = V/l$ で，単位長さあたりの電位差，つまり電場である．式(1.30)と，式(1.31)より，Λ は次のように示される．

$$\Lambda = \frac{i}{cX} = \alpha F \left(\frac{\nu_+ z_+ v_+}{X} + \frac{\nu_- |z_-| v_-}{X} \right) \tag{1.32}$$

ここで，$u_+ = v_+/X$，$u_- = v_-/X$ とすると，

$$\Lambda = \alpha F (\nu_+ z_+ u_+ + \nu_- |z_-| u_-) \tag{1.33}$$

となる．

u_+ および u_- は，濃度 c [mol m^{-3}] のときの，単位電場あたりのカチオンおよびアニオンの速度であり，これをイオンの移動度という．

無限希釈においては，$\alpha = 1$ となり，次のように表される．

$$\Lambda^\infty = F(\nu_+ z_+ u_+^\infty + \nu_- |z_-| u_-^\infty) \tag{1.34}$$

したがって，式(1.11)より，次のような関係が得られる．

$$\lambda_+^\infty = F z_+ u_+^\infty, \qquad \lambda_-^\infty = F |z_-| u_-^\infty \tag{1.35}$$

表1.3の無限希釈における各種イオンのモル電気伝導率の表を見ると，水素イオン H^+ および水酸化物イオン OH^- の値がほかのイオンに比べて非常に大きいことがわかる．これは，H^+ と OH^- の移動度がほかのイオンと比べて大きいからである．H^+ は水溶液中ではオキソニウムイオン H_3O^+ として存在しており，オキソニウムイオンは1個の H^+ を隣りの水分子に渡し，順に移動していく．このような水溶液中でのプロトンの移動機構をプロトンジャンプ機構という．OH^- についても同様の機構で説明される．このように，H^+ および OH^- は，ほかのイオンのように水和したイオンが電場のもとで移動するのとは異なるため，その移動度は非常に大きくなる．

1.5 イオンの活量とイオン強度

電解質溶液中で電解質の解離により生成したイオンは，無限希釈時にはイオン間の相互作用が非常に小さく無視できるため，ラウールの法則に従う理想溶液として振る舞うが，濃度が高くなると溶液中のイオン間の距離が小さくなり，イオン間相互作用が無視できなくなり，理想溶液からはずれた挙動をとるようになる．つまり，濃度が高くなると，イオン間相互作用のため，あたかも実際の濃度よりも低い濃度のように，あるいは活性が低くなったかのように振る舞う．このとき，溶液中の成分iの化学ポテンシャルは式(1.36)のように表される．

$$\mu_i = \mu_i^0 + RT \ln a_i \tag{1.36}$$

ここで，μ_i^0 は成分iの標準化学ポテンシャル，R は気体定数，T は温度，a_i は濃度に代わって用いられる変数であり，活量（activity）[10] a_i とよばれる．この活量は，質量モル濃度 m_i と次のよ

---

[10] 十分希薄な溶液では活量と濃度はほぼ同じ値をとるが，濃度が高くなるにつれて相互にかなりの差が現れてくる．

うな関係にある．

$$a_i = \gamma_i m_i \tag{1.37}$$

ここで，γ_i は活量係数（activity coefficient）であり，イオン間の相互作用を表す尺度であるといえる．

電解質溶液の場合，カチオンとアニオンの活量をそれぞれ別々に分離して測定することはできない．そこで，カチオンの活量を a_+，アニオンの活量を a_- として，1価-1価型電解質の場合，電解質の活量 a は次のように表される．

$$a = a_+ a_- = a_\pm^2 \tag{1.38}$$

ただし，ここで $a_\pm$ はイオンの平均活量であり，式(1.39)のように定義される．

$$a_\pm \equiv \sqrt{a_+ a_-} \tag{1.39}$$

同様に，平均活量係数 $\gamma_\pm$ は，式(1.40)のように定義される．

$$\gamma_\pm \equiv \sqrt{\gamma_+ \gamma_-} \tag{1.40}$$

一般に，次のように解離する電解質の場合，電解質の活量 a は，式(1.41)のように表される．

$$M_{\nu_+} X_{\nu_-} \longrightarrow \nu_+ M^+ + \nu_- X^- \tag{1.41}$$

$$a = a_+^{\nu_+} a_-^{\nu_-} = a_\pm^{\nu_+ + \nu_-} = a_\pm^{\nu} \tag{1.42}$$

ただし，$\nu_+ + \nu_- = \nu$ である．この場合，イオンの活量係数 $a_\pm$ および平均活量係数 $\gamma_\pm$ は，それぞれ式(1.43)，(1.44)のようになる．

$$a_\pm = (a_+^{\nu_+} a_-^{\nu_-})^{\frac{1}{\nu}} \tag{1.43}$$

$$\gamma_\pm = (\gamma_+^{\nu_+} \gamma_-^{\nu_-})^{\frac{1}{\nu}} \tag{1.44}$$

このように，電解質溶液は濃度が高くなると，イオン間相互作用のため，理想溶液からはずれた挙動をとるようになる．イオン間相互作用は，イオン間の静電的効果によるものであるので，イオンの電荷が大きいほど大きくなるはずである．そこで，このイオン間相互作用の大きさである強度を表す量として，イオン強度（ionic strength）I が，式(1.45)のように定義される．

$$I = \frac{1}{2} \sum m_i z_i^2 \tag{1.45}$$

ここで，m_i，z_i は，それぞれ溶液中のイオン i の質量モル濃度と電荷数である．デバイ（P. J. W. Debye）とヒュッケル（E. A. A. J. Hückel）はイオンの相互作用について研究し，z_+ の電荷をもつカチオンと z_- の電荷をもつアニオンからなるイオン種の平均活量係数 $\gamma_\pm$ とイオン強度 I との間に次のような関係があることを示した．

$$\log \gamma_\pm = A|z_+ z_-| I^{\frac{1}{2}} \tag{1.46}$$

この関係は，デバイ-ヒュッケルの極限式とよばれ，ごく低濃度の領域において実測値と理論値がよく一致する．

Step up　イオン間相互作用

無限希釈においては，イオンは互いに無限に離れており，相互作用はまったくなく，各イオンが完全に独立して移動すると考えられる．しかし，濃度が高いと，あるイオンのまわりには静電相互作用によってその反対の電荷をもつイオンが存在する確率が高くなる．このように，中心イオンのまわりには，中心イオンとは反対の電荷をもつイオンを多く含むイオン雰囲気が形成される．

このような状態のもとで電場が加えられると，中心イオンは移動するが，そのときにまわりのイオン雰囲気は逆の方向に移動し，イオン雰囲気は非対称にひずむ．その後，新たなイオン雰囲気が形成されるのであるが，このイオン雰囲気の再構成はすみやかには起こらず，時間的な遅れが生じる．そのため，中心イオンが移動する際に，非対称にひずんだイオン雰囲気との間の静電引力により，その移動が妨害されることになる．この効果は非対称効果あるいは緩和効果とよばれる．また，イオン雰囲気を形成している各イオンは溶媒和しており，中心イオンが移動するとき，反対方向へ移動する溶媒の粘性抵抗を受けることにもなる．そのため中心イオンの移動が妨害されることになる．この効果は電気泳動効果とよばれる．

Step up イオン液体

この章では，電解質溶液について考えてきたが，溶媒を含まず，イオンだけから構成されている液体も存在する．イオンから構成されている塩の多くは，強いクーロン相互作用のため室温付近では結晶（固体）であることが多い．たとえば，NaCl の場合，融点は 801°C で，これ以上の温度でなければ，イオンだけから構成されている液体（溶融塩）となりえない．しかし，1990 年台初頭に，室温付近という低温において液体状態であり，空気や水に対して安定な塩が合成された．このように，イオンのみから構成され，常温で液体である化合物群は「イオン液体」とよばれる．イオン液体は，その構成成分であるカチオンもしくはアニオン，あるいはその両者が有機物であり，構成イオンのかさ高さや，非対称なイオン構造のためクーロン相互作用が弱くなり，融点が低くなる．イオン液体は，高イオン伝導率，広い電位窓，不揮発性，不燃性，物性や機能のデザインが可能，といった特徴を有しており，電気化学をはじめとするさまざまな分野で応用が期待されている．イオン液体を構成するカチオン，アニオンには以下のようなものがある．

カチオン

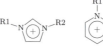

イミダゾリウム系　ピリジニウム系　ピロリジニウム系　ピペリジニウム系

アニオン
BF_4^-, PF_6^-, $CF_3SO_3^-$, $(CF_3SO_2)_2N^-$, $(CF_3SO_2)_3C^-$

演・習・問・題・1

1.1 25°C において，濃度 $0.1\ mol\ dm^{-3}$ の塩化カリウム KCl 水溶液を満たした電気伝導率測定セルの抵抗が 130 Ω であった．このセルで濃度 $0.2\ mol\ dm^{-3}$ の臭化カリウム KBr 水溶液の抵抗を測定したところ 65.8 Ω であった．この臭化カリウム水溶液の比電気伝導率およびモル電気伝導率を求めよ．

1.2 濃度 $0.1\ mol\ dm^{-3}$ の酢酸 CH_3COOH 水溶液の比電気伝導率は 25°C で $5.2 \times 10^{-2}\ S\ m^{-1}$ である．また，水素イオン H^+ および酢酸イオン CH_3COO^- の無限希釈時における 25°C でのモル電気伝導率は，それぞれ $349.82 \times 10^{-4}\ S\ m^2\ mol^{-1}$，$40.90 \times 10^{-4}\ S\ m^2\ mol^{-1}$ である．濃度 $0.1\ mol\ dm^{-3}$ の酢酸の電離度および電離の平衡定数を求めよ．

1.3 電離平衡が $B_2A \rightleftharpoons 2B^+ + A^{2-}$ と表される弱電解質の平衡状態下での電離度が α であるとき，平衡定数はどのように示されるか．

1.4 25°C における KCl，塩化リチウム LiCl，硝酸カリウム KNO_3 の無限希釈時のモル電気伝導率は，それぞれ 149.86×10^{-4}，115.03×10^{-4}，$144.96 \times 10^{-4}\ S\ m^2\ mol^{-1}$ である．これらの値より，硝酸リチウム $LiNO_3$ の無限希釈時におけるモル電気伝導率を求めよ．

1.5 表 1.3 の値を用い，Li^+，Na^+，K^+ の無限希釈における移動度を求めよ．

1.6 白金電極を備えたヒットルフ法の輸率測定セルに硝酸銀 $AgNO_3$ 水溶液を入れ電解した結果，アノード室で Ag^+ の濃度が $5.7\ g\ dm^{-3}$ 減少し，カソード室で $6.4\ g\ dm^{-3}$ 減少した．Ag^+ および NO_3^- の輸率を求めよ．ただし，アノード部，カソード部の液量は等しいものとする．

1.7 質量モル濃度 $7.0 \times 10^{-4}\ mol\ kg^{-1}$ の塩化カルシウム $CaCl_2$ と，$5.0 \times 10^{-4}\ mol\ kg^{-1}$ の硫酸アルミニウム $Al_2(SO_4)_3$ を含む水溶液の 25°C におけるイオン強度を求めよ．

第2章
電池の起電力と電極電位

電極と電解液との界面には電位差が生じ，それらが二組つながると電池となって起電力を発生する．この原理は熱力学を基礎とした理論によっており，なかでもギブズエネルギー変化の理解は重要で不可欠である．そうした点を考慮しつつ，本章では，電池とは逆の電子移動を行わせる電気分解を含めた電気化学セル全般について説明する．

KEY WORD

電子伝導	イオン伝導	電気化学セル	電解セル	ガルバニ電池
電気分解	アノード	カソード	ダニエル電池	起電力
半電池	標準水素電極	標準電極電位	ギブズエネルギー	ファラデー定数
ネルンストの式	液間起電力			

2.1 電気分解と電池

2.1.1 電気化学セル

たいていの金属は電子が金属格子中を比較的自由に動くので，電気の伝導体である．このような電気の伝導のしかたは電子伝導（electronic conduction）によるものであり，金属伝導とよばれる．

一方，電解質を含む溶液[*1]は，電気を運ぶ自由電子はないが電気を通す．この場合，電解質溶液の中に二つの電極を置き電場をかけると，正の電荷をもつカチオンは負極へ移動し，負の電荷をもつアニオンは正極に移動する．このようなイオン電荷の動きによる電気の流れはイオン伝導（ionic conduction）によるものであり，電解伝導とよばれる．

電気化学の分野ではおもに電解伝導を扱い，電極-電解質溶液-電解槽を組み合わせて電気化学セル（electrochemical cell）とよばれる（図2.1参照）．電解伝導が起こるとき，溶液中のイオンが電極と接触して化学反応が起こる．電子の欠損が生じている正極では，アニオンが電子を奪われて酸化され，電子が過剰に存在する負極では，カチオンが電子を受け取り還元される．このように電解伝導では正極で酸化反応，負極で還元反応が起きている．言い換えれば，これらの酸化還元反応が電極で起きている間は電気が流れる[*2]ことになる．つまり，電気化学セルでは，図2.1のよう

[*1] 水溶液中に電解質の食塩を溶かすと電気を通すが，砂糖のようなイオン電荷を生じない分子型化合物の水溶液では電気を通さない．
[*2] 電流が流れて電解が起こるのではなく，電極反応が起こって電流が流れるのである．

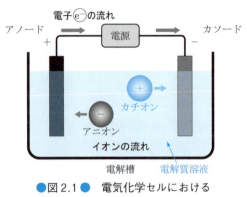

●図2.1● 電気化学セルにおけるイオン伝導と電子伝導

に，溶液中でイオンが移動するイオン伝導と，電極界面から外側導線部で電子が移動する電子伝導の組み合わせで電気が流れているのである．

電気化学セルでのイオンと電子の移動において，次のことに注意する必要がある．まず，イオンの移動がいつも電気的中性を保ちながら進行するということである．このことは溶液内の微小部分にもいえることで，アニオンが動き去るときにはいつでもカチオンが動き去るか，あるいは別のアニオンで置き換えられることになる．電極での電子の移動においても，同様に電気的中性が保持される．たとえば，負の電子が正極に加えられるときには，負極で必ず電子が奪われて電気的中性が保たれるのである．

電気化学セルは，電極-電解質溶液-電解槽の組み合わせで外部電源から電気エネルギーを与えて化学反応を起こさせる**電解セル**（electrolytic cell）と，自発的な酸化還元反応の結果として電気エネルギーを生じる**ガルバニ電池**（galvanic cell）に大別される．

2.1.2 電解セル

電解セルでは，電解質を含む溶液（電解液と略することが多い）内でのイオン伝導とともに，電極と電解液との界面で化学反応，すなわち**電気分解**（electrolysis）が起こる．たとえば，食塩を800℃以上に加熱すると溶融して液体となり，ナトリウムイオンNa^+と塩化物イオンCl^-に電離しているが，この溶融状態の食塩を電気分解（略して電解とよぶことが多い）すると，図2.2に示すようにNa^+は負極に，Cl^-は正極に移動する．

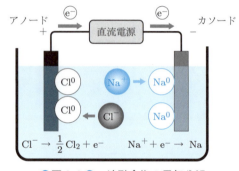

●図2.2● 溶融食塩の電気分解

この溶融食塩の電気分解における電極反応は，式(2.1)，(2.2)のような酸化還元反応で表される[*3]．ここで，両極で受け渡しされる電子の数は同じであることに注意する．

Coffee Break

電池の発明

北イタリアのボローニア大学解剖学教授で医学者であったガルバーニ（L. Galvani）は，静電気による筋肉の収縮について研究をしていた．たまたま金属（鉄と黄銅でできている）製の手術用メスでカエルの足を鉄格子に押し付けたとき，カエルの足がけいれんすることを発見した．ガルバーニはカエルの中にもともと電気があり，金属の接触で電気が流れて筋肉の収縮が起こったと考え，動物電気と名づけた．その後，1800年にはイタリアのパビア大学教授のボルタ（A. Volta）が，二つの金属の組み合わせで電気が流れ，その結果，カエルの足に電気が流れて筋肉の収縮が起こることを実験的に確かめ，ガルバーニの考えを訂正して，電池の発明につなげた．それまでは，摩擦で生じた静電気をライデン瓶という蓄電器に貯め，放電させるという電源しかなかったが，電池の発明によって，連続した電流が得られるようになった．ガルバーニとボルタがもたらした成果は，その後の科学技術の発展に計り知れない重要性をもたらした．

---

*3 反応式中の括弧内記号の意味…l: liquid（液体），g: gas（気体）

正極： $2Cl^-(l) \longrightarrow Cl_2(g) + 2e^-$ （酸化反応）
$$(2.1)$$
負極： $2Na^+(l) + 2e^- \longrightarrow 2Na(l)$ （還元反応）
$$(2.2)$$

ところで，アニオンが電子を奪われて酸化される電極はアノード（anode），カチオンが電子を受け取って還元される電極はカソード（cathode）とよばれる．つまり，アノードで酸化反応，カソードで還元反応*4 が起こるのである．

結局，溶融食塩の電気分解の全反応は，式(2.1)と式(2.2)を加え合わせることにより得られ，式(2.3)のように食塩のナトリウム金属と塩素ガスへの分解反応となる．

$$2Na^+(l) + 2Cl^-(l) \longrightarrow 2Na(l) + Cl_2(g) \quad (2.3)$$

食塩を水溶液として電気分解すると，溶媒である水の分解も加わるのでいくぶん複雑な反応となる．一般的に，電解質イオンが反応するか溶媒が反応するかは，それらの競争反応における相対的な起こりやすさに依存し，電極の種類にも関係するので，簡単に予測することはできない．

食塩水溶液の電気分解では，アノードで式(2.4), (2.5)のように Cl^- と水の酸化が競争する*5．高濃度の食塩水溶液では式(2.4)の塩素ガスの発生が優先し，食塩濃度が希薄になるにつれて式(2.5)の反応が競合して酸素ガスも発生するようになる．

$$2Cl^-(aq) \longrightarrow Cl_2(g) + 2e^- \quad (2.4)$$
$$2H_2O(l) \longrightarrow O_2(g) + 4H^+(aq) + 4e^- \quad (2.5)$$

カソードでは，水の還元が起こり水素ガスが発生する．このカソード近傍では，図2.3から予想できるように，Na^+ と OH^- とで水酸化ナトリウム NaOH が生成する．

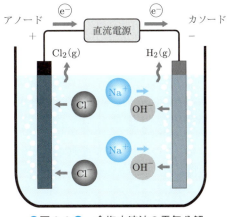

●図2.3● 食塩水溶液の電気分解

$$2H_2O(l) + 2e^- \longrightarrow H_2(g) + 2OH^-(aq) \quad (2.6)$$
$$2Na^+(aq) + 2OH^-(aq) \longrightarrow 2NaOH(aq) \quad (2.7)$$

結局，高濃度食塩水溶液の電気分解の全反応は，式(2.4), (2.6), (2.7)を加え合わせて，式(2.8)のように食塩と溶媒である水の分解からの塩素ガスおよび水素ガスの発生と水酸化ナトリウムの生成反応となる．

$$2Na^+(aq) + 2Cl^-(aq) + 2H_2O(l)$$
$$\longrightarrow 2NaOH(aq) + Cl_2(g) + H_2(g) \quad (2.8)$$

2.1.3 ガルバニ電池

前項で説明してきた電解セルでは，外部電源から電気エネルギーを加えることによって電気分解が起こる非自発的な化学反応であった．

これとは逆に外部電源なしに自発的な酸化還元反応が起こり，その結果として電子の流れ，すなわち電気エネルギーを生じるのがガルバニ電池である．一例として，歴史的によく知られているダニエル電池（Daniell cell）*6 を取り上げてみる．硫酸銅 $CuSO_4$ 水溶液の中に一片の金属亜鉛 Zn を置いてみると，亜鉛上に暗褐色の金属銅が析出し，

---

*4 アノードで酸化反応，カソードで還元反応が起こるのは，電解セルでもガルバニ電池でも同じである．日本語では電解セルでアノードを陽極，カソードを陰極と訳すのが一般的である．しかし，ガルバニ電池で同じ訳にすると，＋極で陰極（カソード），−極で陽極（アノード）となり，日常的な使い方と矛盾する．そこで，電池では，表2.1に示すようにカソードを正極，アノードを負極とよぶ．
*5 反応式中の括弧内記号のaq は aqua（水）の略で，その物質が溶けている水溶液（aqueous solution）を表している．
*6 歴史的に最初の二次電池と考えられる．

次第に溶液の青色が消えていくことがわかる．この現象は，式(2.9)の自発的な酸化還元反応によるものであり，熱を発生する．

$$Cu^{2+}(aq) + Zn(s) \longrightarrow Cu(s) + Zn^{2+}(aq) \tag{2.9}^{*7}$$

それを，電子の授受をともなう電気化学セルとして組み立てたのがダニエル電池で，次のような一対の酸化還元反応となる．

$$Cu^{2+}(aq) + 2e^- \longrightarrow Cu(s) \tag{2.10}$$

$$Zn(s) \longrightarrow Zn^{2+}(aq) + 2e^- \tag{2.11}$$

この自発的な電子の流れを，図2.4のように外部回路につなぐことにより電気エネルギーとして取り出すことができるのである．

ダニエル電池は電池式として式(2.12)のように表される．なお，記号 | は電池を構成する相の界面を示している．

$$\ominus \; Zn\,|\,Zn^{2+}\,||\,Cu^{2+}\,|\,Cu \; \oplus \tag{2.12}$$

電池式で正極となっている銅電極では式(2.10)にあるように還元反応が起こり，負極の亜鉛電極で式(2.11)の酸化反応が起こる．この場合の電極の正負は，溶融食塩の電気分解で示した酸化還元反応に対する式(2.1)および式(2.2)の電極の正負と逆になっている．電気エネルギーを与えて化学反応を行わせる電解セルでは外部電源の正負で電極の符号が決まるのに対して，自発的な電子の授受をともなう化学反応から電気エネルギーを生み出すガルバニ電池では，自らの電子の流れで電極の正負が決まり，電子の流れあるいは電流の流れが逆となる．いずれにしても，酸化反応が起こる電極はアノードであり，還元反応が起こる電極はカソードである．これらを表2.1にまとめて示す．

■表2.1■ 電解セルとガルバニ電池における電極の正負

	電解セル（電気分解）	ガルバニ電池（電池）
アノード（酸化反応）	陽極	負極
カソード（還元反応）	陰極	正極

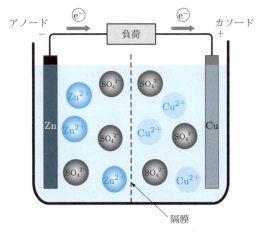

●図2.4● ダニエル電池

2.2 電極電位と起電力

ガルバニ電池からの電子が外部回路に流れるもとになる力は**起電力**（electromotive force）またはemfとよばれ，ボルト（volt, V）で表される．たとえば，1Vの起電力なら1クーロン（coulomb, C）の電荷の流れで1ジュール（joule, J）の仕事*8をすることができる．

この起電力は，反応に関与する物質が電極から電子を奪って還元する傾向の強いものと弱いものとの組み合わせによって生じるものである．そこで，溶液中のイオンなどの各物質に固有の還元される傾向を**還元電位***9として決めておけば，二種類の電極反応についてそれらの還元電位の差から起電力を求めることができる．電極反応としては，還元電位の高いものが電極から電子を奪って還元

---

*7 反応式中の括弧内記号のsは，solid（固体）の略．
*8 V・C=Jと覚えておけばよい．
*9 通常の電極電位の表し方は還元電位をもって表す．

され，還元電位の低いものが電極に電子を与えることになる．前項で記述したダニエル電池を例にとれば，銅イオン Cu^{2+} が還元反応を起こして銅 Cu となる銅電極のほうが，亜鉛 Zn が酸化反応を起こして亜鉛イオン Zn^{2+} となる亜鉛電極よりも還元電位は高い．したがって，ダニエル電池の起電力 ΔE は，式(2.12)の電池式で右側の銅電極の還元電位から左側の亜鉛電極の還元電位を差し引いた電位差で，式(2.13)のように表される．

$$\Delta E = E_右 - E_左 \tag{2.13}$$

ここで，右側の電極は $Cu^{2+}|Cu$ 電極，左側の電極は $Zn^{2+}|Zn$ 電極を表しており，これら二つの電極系が組み合わさってガルバニ電池を構成している．このことから，それぞれの電極系は<u>半電池（half cell）</u>ともよばれる．もし，還元電位が既知の半電池と組み合わせて電池を構成すれば，任意の半電池（電極系）の還元電位を起電力測定から求めることができる．もっとも好都合なのは標準とする半電池を決め，その電極系に 0 V の還元電位をあてがうことである．この標準電極として水素電極が適用され，この電極は，図2.5のように白金極を入れたガラス管内を 1 atm (101.3 kPa) で水素ガスを通し，水素イオン H^+ 濃度 $1.00\,\mathrm{mol\,dm^{-3}}$ の酸の水溶液に浸した電極系 $H^+(a_\pm=1)|H_2(1\,\mathrm{atm})|Pt$ からなっている．これを<u>標準水素電極（standard hydrogen electrode, normal hydrogen electrode, SHE または NHE</u>

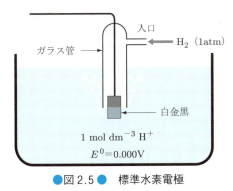

●図 2.5● 標準水素電極

と略される）とよび，還元電位は 0.000 V と定義されている．

この電極系の反応は式(2.14)で表される．

$$2H^+(aq) + 2e^- \rightleftarrows H_2(g) \tag{2.14}$$

標準水素電極の場合と同様に，電極電位を決定する反応に関与する化学種の活量がすべて 1 のときを標準状態といい，そのときの還元電位を E^0 で表して，<u>標準電極電位（standard electrode potential）</u>とよぶ．当然のことながら，水素イオンより還元されやすい物質は標準電極電位が正の値で，逆に H^+ より還元されにくい物質は負の値となる．

標準水素電極と組み合わせた式(2.15)の電池では，0.34 V の起電力が実測値として得られるので，式(2.16)から Cu^{2+} の Cu への標準電極電位は起電力と同じ値の 0.34 V となる．

$$\ominus\ \mathrm{Pt},\ H_2(1\,\mathrm{atm})|H^+(a_\pm=1)|Cu^{2+}|Cu\ \oplus \tag{2.15}$$

$$\begin{aligned}\Delta E &= E^0_右 - E^0_左 = E^0(Cu^{2+}|Cu) - E^0(H^+|H_2)\\ &= E^0(Cu^{2+}|Cu) - 0\end{aligned} \tag{2.16}$$

同様にして，式(2.15)の $Cu^{2+}|Cu$ 電極系を $Zn^{2+}|Zn$ 電極系で置き換え，起電力を測定すると $-0.76\,\mathrm{V}$[*10] が得られ，亜鉛イオン Zn^{2+} の Zn への標準電極電位は $-0.76\,\mathrm{V}$ となる．負の値となるのは，Zn^{2+} が H^+ より還元しにくいことを反映している．裏見返しの付表には，このようにして求めた各種電極系の標準電極電位を示している．

標準電極電位を用いて式(2.17)の酸化還元反応が自発的に進むことを確認してみよう．

$$Fe(s) + Ni^{2+}(aq) \longrightarrow Fe^{2+}(aq) + Ni(s) \tag{2.17}$$

まず，全反応を式(2.18)の還元反応と式(2.19)の酸化反応に分けて考えればよい．

$$Ni^{2+}(aq) + 2e^- \longrightarrow Ni(s) \tag{2.18}$$
$$Fe(s) \longrightarrow Fe^{2+}(aq) + 2e^- \tag{2.19}$$

---

*10 起電力がマイナス（−）の値となるような組合せでは自発的な反応は起こらず，外部電源を用い電解セルとして初めて反応が進行する．

ニッケルイオン Ni^{2+} と鉄イオン Fe^{2+} の標準電極電位は -0.25 V と -0.44 V なので，Ni^{2+} のほうが還元されやすい．これらを式(2.20)のようなガルバニ電池に組み立てることができる．すなわちニッケル Ni 電極をカソード（電池の正極）とし，鉄 Fe 電極をアノード（電池の負極）とすれば，電池の標準起電力は式(2.21)により正の値で 0.19 V となり，自発的に電池反応が進行する．

$$\ominus\ Fe|Fe^{2+}||Ni^{2+}|Ni\ \oplus \quad (2.20)$$

$$\begin{aligned}\Delta E^0 &= E^0(Ni^{2+}|Ni) - E^0(Fe^{2+}|Fe)\\ &= -0.25 - (-0.44)\\ &= 0.19\ V\end{aligned} \quad (2.21)$$

2.3 ギブズエネルギーと起電力

自発的な過程を判断するのに熱力学第二法則[*11]がある．それによると定温定圧下における自発的な変化は，ギブズエネルギー（Gibbs energy）[*12]変化 ΔG が負の値でなければならない．ΔG はエンタルピー[*13]変化 ΔH とエントロピー[*14]変化 ΔS の二つの熱力学的状態量を組み合わせて，式(2.22)で表される．ただし，T は絶対温度である．

$$\Delta G = \Delta H - T\Delta S \quad (2.22)$$

ΔH が負（発熱の変化）であり，しかも ΔS が正（変化にともなって乱雑さが増加）のとき，ΔG は負となり，どんな温度においても自発的に変化が起こる．ΔH が正（吸熱の変化）であっても，ΔS が正であれば温度が高くなると $\Delta G < 0$ となって自発的な変化になる場合があり，逆に ΔH が負であっても ΔS が負であれば温度が高くなった場合に $\Delta G > 0$ となることもある．

式(2.22)の ΔH は系の全エネルギー変化であるが，ΔG は，エントロピー補償熱 $T\Delta S$[*15]を引いた熱以外の仕事に変換可能なエネルギーである．

自発的な化学反応で減少した ΔG は，燃焼の例のように $T\Delta S$ を含めて燃焼熱の一部として生じた蒸気で機械的な仕事をしたり，乾電池や蓄電池のように電気的な仕事に有効に利用したりすることができる．また，電気分解では，化学反応に必要なエネルギーである ΔH のうち，ΔG を電気エネルギーとして供給することが可能である．しかし，現実の過程はいつも不可逆的なので，ΔG はあくまで可逆的な過程での電気的な最大仕事 W_{max} に相当する．すなわち，扱う過程が可逆的に近づくほど利用できる仕事量が大きくなる．化学反応から得られる有効仕事の最大量が ΔG[*16]なので，次のように表すことができる．

$$\Delta G = -W_{max} \quad (2.23)$$

いま，電気化学セルから得られる電気的な仕事に着目してみる．この電気的な仕事は，流れるクーロン数とクーロンあたりに得られるエネルギーとの積に等しい．流れるクーロン数は電気化学反応（酸化還元反応）に関与する電子のモル数 n とファラデー定数（Faraday constant. 電子 1 モルあたりのクーロン数．$F = 1.6 \times 10^{-19} \times 6.02 \times 10^{23}$ C）F との積であり，クーロンあたりのエネルギーは電池の起電力 ΔE に相当するので，電気的な最大仕事 W_{max} は，式(2.24)で表すことができる．

[*11] 循環過程で高温部から低温部に熱を移さずに，熱を仕事に変換することは不可能であるとする法則で，100%の効率の熱機関はつくれないとも表現される．
[*12] ギブズエネルギー G：$G = H - TS$ で定義され，一定温度では式(2.22)で表される．
[*13] エンタルピー H：$H = U + PV$ で定義され，定圧下での有限の変化に対するエンタルピー変化は，$\Delta H = \Delta U + P\Delta V$ で表される．
[*14] エントロピー S：温度 T での微小な可逆変化により吸収される熱量を δq_{rev} とすれば，エントロピーの増加 dS は，$dS = \delta q_{rev}/T$ と定義される．
[*15] $T\Delta S$ は，変化にともなって必然的に生じるエントロピー変化 ΔS を補償するために系と外部との間でやりとりされる熱エネルギーである．
[*16] 得られる自由エネルギーの一部しか利用することはできない．たとえば，生体系でグルコースを酸化して化学エネルギーを蓄える形（ATPなど）にする際には，利用できる自由エネルギーの40%くらいしか変換できない．

$$W_{max} = nF\Delta E \quad (2.24)$$
$$F = 9.648 \times 10^4 \text{ C mol}^{-1}$$

反応物質を単位濃度で表し，式(2.23)と式(2.24)を結びつけると，式(2.25)のような反応の標準ギブズエネルギー変化 ΔG^0 と標準起電力 ΔE^0 との関係式が得られる．

$$\Delta G^0 = -nF\Delta E^0 \quad (2.25)$$

既述のダニエル電池を例にとれば，起電力を測定するか，標準電極電位の値から，

$$Cu^{2+}(aq) + Zn(s) \longrightarrow Cu(s) + Zn^{2+}(aq)$$

の酸化還元反応の標準ギブズエネルギー変化 ΔG^0 を求めることができる．

$$\begin{aligned}\Delta G^0 &= -(2 \text{ mol})(96500 \text{ C mol}^{-1})(+1.10 \text{ V}) \\ &= -212000 \text{ J} \end{aligned} \quad (2.26)$$

2.4 電池の起電力に対する濃度の影響

ある化学種 i の 1 mol あたりのギブズエネルギー G_i[*17] には，次のような活量 a_i との関係がある．

$$G_i = G_i^0 + RT \ln a_i \quad (2.27)$$

ここで，G_i^0 は化学種 i の活量が 1 の場合，すなわち標準状態でのギブズエネルギーである．

次に，全電池反応が一般的に次の反応式で表されるものとする．

$$aA + bB \rightleftharpoons xX + yY \quad (2.28)$$

反応式中の A，B，X，Y の各化学種について式(2.27)を適用すると，ΔG と化学種の活量 a_A，a_B，a_X，a_Y との間には，式(2.29)が成立する．

$$\Delta G = \Delta G^0 + RT \ln \frac{a_X^x a_Y^y}{a_A^a a_B^b} \quad (2.29)$$

また，可逆的な過程における電池の起電力 ΔE とギブズエネルギー ΔG の減少量との間には式(2.30)の関係式があり，標準状態では式(2.25)となる．

$$\Delta G = -nF\Delta E \quad (2.30)$$

式(2.30)と式(2.25)を式(2.29)に代入して整理すると，式(2.31)が得られる．

$$\Delta E = \Delta E^0 - \frac{RT}{nF} \ln \frac{a_X^x a_Y^y}{a_A^a a_B^b} \quad (2.31)$$

この式(2.31)は 1889 年にネルンスト (W. Nernst) が最初に発展させたので，その名にちなんでネルンストの式（Nernst equation）とよばれている．なお，式(2.31)を常用対数で表す[*18]と $2.3RT/F$ が 25 ℃ で 0.059 となるので，25 ℃ でのネルンストの式は，式(2.32)のようになる．

$$\Delta E = \Delta E^0 - \frac{0.059}{n} \log \frac{a_X^x a_Y^y}{a_A^a a_B^b} \quad (2.32)$$

ΔG の増減が変化の方向を決定することは，前節ですでに述べた．それでは $\Delta G = 0$ でどうなのか．予想がつくとおり，平衡状態にある．また，式(2.29)の活量の項には，平衡状態におけるそれぞれの化学種の活量が入ることになる．つまりは反応の平衡定数で置き換えられて，次の熱力学の関係式が成り立つことになる．

$$\Delta G^0 = -RT \ln K \quad (2.33)$$

式(2.33)に式(2.25)を代入し整理すると，電池の標準起電力と電池反応の平衡定数との関係式(2.34)が得られる．

$$\Delta E^0 = \frac{RT}{nF} \ln K \quad (2.34)$$

[*17] 1 mol あたりのギブズエネルギーは，化学ポテンシャルともいわれ，次式の関係がある．
$$\mu_i = G_i = \left(\frac{\partial G}{\partial n_i}\right)_{T, P, n_{j \neq i}}$$

[*18] $\ln(x) = \log(x)/\log(e) = 2.3 \log(x)$ より，自然対数を常用対数の 2.3 倍となる．

次に，ネルンストの式の重要な応用例の一つとして，水溶液の水素イオン H^+ の濃度を求めて pH を測定する例について説明する．

式(2.15)の電池反応は，式(2.35)で表される．

$$Cu^{2+}(aq) + H_2(g) \longrightarrow Cu(s) + 2H^+(aq) \quad (2.35)$$

25℃でネルンストの式をあてはめると，式(2.36)のようになる．

$$\Delta E = \Delta E^0 - \frac{0.059}{n} \log \frac{[H^+]^2}{[Cu^{2+}] p_{H_2}} \quad (2.36)$$

ここで，水溶液中の銅イオン Cu^{2+} の濃度が $1\ mol\ dm^{-3}$ で，水素 H_2 の圧力が $1\ atm$ ならば，式(2.36)は，式(2.37)のようになる．

$$\Delta E = \Delta E^0 - \frac{0.059}{n} \log [H^+]^2 \quad (2.37)$$

ここで，$\Delta E^0 = 0.34$ であり，定義により $pH = -\log[H^+]$ である．これらを式(2.37)に適用すると，式(2.38)となる．

$$\begin{aligned}\Delta E &= 0.34 - \frac{(0.059)(2)}{n} \log [H^+] \\ &= 0.34 + \frac{(0.059)(2)}{n} pH \end{aligned} \quad (2.38)$$

すなわち，ガルバニ電池を構成し，その起電力を測定することにより溶液の pH を求めることができる．

例題 　ネルンストの式のもう一つの応用例として，難溶解性塩の溶解度積の算出がある．ここでは硫酸鉛 $PbSO_4$ を例にとってみる．

まず起電力測定のために，次のように鉛 Pb とスズ Sn を用いた電池を組み立てる．

$$\ominus Pb|Pb^{2+} \| Sn^{2+}(1\ mol\ dm^{-3})|Sn \oplus \quad (2.39)$$

鉛電極側には硫酸イオン SO_4^{2-} を加えて硫酸鉛を沈殿させ，硫酸イオン濃度を $1\ mol\ dm^{-3}$ に調節しておくと，この電池の起電力は測定によって 25℃で $+0.22\ V$ の値が得られる．硫酸鉛の溶解度積を求めよ．

解答　この電池反応は，式(2.40)で表される．なお，反応式中の括弧内記号の s は，solid（固体）を表す

$$Pb(s) + Sn^{2+}(1\ mol\ dm^{-3}) \longrightarrow Pb^{2+}(?\ mol\ dm^{-3}) + Sn(s) \quad (2.40)$$

ネルンストの式を適用すると式(2.41)となる．

$$\Delta E = \Delta E^0 - \frac{0.0592}{n} \log \frac{[Pb^{2+}]}{[Sn^{2+}]} \quad (2.41)$$

ΔE^0 に標準電極電位から計算した値（$-0.01\ V$[*19]），ΔE に測定起電力の値を代入し，さらに，この電池反応に関与する電子数 2 とスズイオン Sn^{2+} の濃度を代入すれば，$[Pb^{2+}] = 2 \times 10^{-8}\ mol\ dm^{-3}$ を求めることができる．

難溶解性塩の硫酸鉛は水溶液中で式(2.42)のような溶解平衡の状態にあるので，硫酸鉛の溶解度積 (solubility product) K_{sp} は，次のようになる．

$$K_{sp} = [Pb^{2+}][SO_4^{2-}] = (2 \times 10^{-8}) \times 1 = 2 \times 10^{-8}$$
$$PbSO_4(s) \rightleftharpoons Pb^{2+}(aq) + SO_4^{2-}(aq) \quad (2.42)$$

このように，ガルバニ電池を構成してネルンストの式を使えば，起電力測定から難溶解性塩の溶解度や溶解度積を算出することができる．

[*19] $\Delta E^0 = E_{Sn}^0 - E_{Pb}^0$
$= (-0.14) - (-0.13)$
$= -0.01\ V$
もし，スズイオン Sn^{2+} と鉛イオン Pb^{2+} の濃度がともに $1\ mol\ dm^{-3}$ ならば，式(2.40)の反応は左から右ではなく，右から左に自発的に進むことになる．

2.5 液間起電力と膜電位

2.5.1 液間起電力とネルンストの拡散電位式

2.3, 2.4節では,ギブズエネルギーと起電力との関係を,金属の酸化還元反応を中心に解説し,溶液中のイオン種の濃度と電池の起電力の関係について学んだ.次に,濃度が異なる二つの電解質溶液がイオン交換膜,寒天ゲル,多孔性膜などの隔膜を介して接触している状態を考えよう.ブドウ糖のような中性分子を溶質とする溶液を半透膜で仕切ると,両者の濃度差が緩和されるように濃度の低い相(I)から高い相(II)に溶媒分子が移動し,ファントホッフ式(2.43)によって示される大きさの浸透圧が生じることはよく知られている.ここで生じる浸透圧 π は,濃度差に基づくギブズエネルギーの差と釣り合っている.

$$\pi = (c_{\mathrm{II}} - c_{\mathrm{I}})RT \tag{2.43}$$

一方,図2.6に示すように,濃度が異なる電解質溶液を隔膜で隔てて接触させると,溶液間の濃度差を打ち消すように隔膜相の中をイオンが移動する.このとき,カチオンの移動度(u_+)とアニオンの移動度(u_-)に差があると隔膜両端に式(2.44)によって示される大きさの電位差(液間起電力)$\Delta\phi$ が発生する[*20].定常状態では,イオン種の濃度差によるギブズエネルギー差とイオンの移動度の差がこの電位差によって相殺され,系全体としてのエネルギーバランスが保たれることになる.

$$\Delta\phi = (\phi_{\mathrm{II}} - \phi_{\mathrm{I}}) = -\frac{(u_+ - u_-)}{(u_+ + u_-)} \frac{RT}{F} \ln \frac{c_{\mathrm{II}}}{c_{\mathrm{I}}} \tag{2.44}$$

カチオンおよびアニオンの輸率(t_+, t_-)を用いると,式(2.44)は,式(2.45)で表すこともできる.

$$\Delta\phi = -(t_+ - t_-) \frac{RT}{F} \ln \frac{c_{\mathrm{II}}}{c_{\mathrm{I}}} \tag{2.45}$$

2.5.2 塩橋と液間起電力

図2.7に示すように,塩化カリウムのような,カチオン輸率とアニオン輸率が等しい電解質の濃厚溶液を寒天のようなゲル状物質で固めて,濃度の異なる二つの電解液を接触させたとする[*21].ゲル中でのカチオンと,アニオンの輸率 t_+, t_- が等しいので,塩橋の左右相間の電位差は,式(2.46)のように0となり,液間起電力をなくすことができる.

$$\Delta\phi = -(t_+ - t_-) \frac{RT}{F} \ln \frac{c_{\mathrm{II}}}{c_{\mathrm{I}}} = 0 \tag{2.46}$$

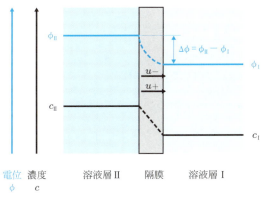

●図2.6● 隔膜を介した濃度の異なる二つの溶液相接触による電位差の発生

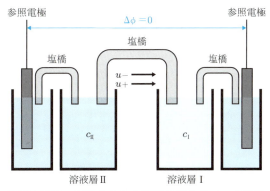

●図2.7● 塩橋を介した濃度の異なる二つの溶液の接触

[*20] ネルンストの拡散電位式とよばれる.
[*21] このような目的で2種類の電解液を電気的につなぐ役割のゲル状電解質を塩橋とよぶ.

2.5.3 ドナン膜電位

イオン交換膜のように，膜内に固定電荷が存在する系や，何らかの理由で特定のイオンが膜を透過できない場合，膜と電解液との界面（このような膜を介して2種類の液が接触している場合にはその両界面）に**ドナン電位（Donnan potential）**とよばれる電位差が生じる．ドナン電位の基本的な発生原理は液間起電力と同じであり，特定イオンの移動度が0，すなわち輸率が0として式(2.45)を考えればよい．たとえば，カチオン交換膜（$t_+=1$）の場合，式(2.47)が得られ，濃度が10倍違う一価イオンの電解質溶液を，カチオン交換膜を隔てて接触させると，膜の両端におよそ59 mVの電位差が発生する[*22]．

$$\Delta\phi = -\frac{RT}{F}\ln\frac{c_\mathrm{II}}{c_\mathrm{I}} \quad (2.47)$$

ガラス電極はプロトンのみが選択的に透過できるガラス薄膜でできた球の中に一定pHの液が満たされた構造をしている．検液にこのガラス球を浸漬すると，先の原理によってガラス球の内外にpH比に応じた電位差が発生するので，検液のpHが測定できる．

Step up ネルンスト–プランク式（Nernst-Planck equation）と拡散電位差

液間起電力の発生は，イオン粒子にはたらく力のバランスに基づいて輸送現象を取り扱うとわかりやすく説明できる．イオンの流束 J は，単位時間に単位面積の界面を通過するイオンの数であるから，溶液中の個々のイオンの速度と濃度の積で与えられる．

$$J\,[\mathrm{mol\,cm^{-2}\,s^{-1}}] = \text{イオンの速度}\,v\,[\mathrm{cm\,s^{-1}}]$$
$$\times \text{濃度}\,c\,[\mathrm{mol\,cm^{-3}}] \quad (2.48)$$

イオンの速度 v はイオンにはたらく力 f_N に比例するので，イオンのモル移動度を ω とおくと，式(2.49)で与えられる．

$$v = \omega f_N \quad (2.49)$$

1次元系において，x 軸上にある価数 z の荷電粒子1 mol あたりにはたらく力 f_N は式(2.50)で表される．ただし，力 f_N と流速 J の方向は x が大きくなる方向を正にとる．

$$f_N = \underbrace{-RT\frac{\mathrm{d}(\ln c)}{\mathrm{d}x}}_{\text{拡散項}} \underbrace{- zF\frac{\mathrm{d}\phi}{\mathrm{d}x}}_{\text{電気力}} \underbrace{- v_m\frac{\mathrm{d}P}{\mathrm{d}x}}_{\text{静水圧項}\,(v_m\text{はモル体積})} \quad (2.50)$$

f_N が場のポテンシャル $\tilde{\mu}$ の勾配によって生じていると考えると，

$$-\frac{\mathrm{d}\tilde{\mu}}{\mathrm{d}x} = f_N = -RT\frac{\mathrm{d}(\ln c)}{\mathrm{d}x} - zF\frac{\mathrm{d}\phi}{\mathrm{d}x} - v_m\frac{\mathrm{d}P}{\mathrm{d}x} \quad (2.51)$$

となり，化学ポテンシャル同様，**電気化学ポテンシャル $\tilde{\mu}$** を定義することができる．

$$\tilde{\mu} = \mu^0 + RT\ln c + zF\phi + v_m P \quad (2.52)$$

式(2.48)に式(2.49)，(2.51)を代入すると，**ネルンスト–プランク式**として知られる単一種に対する流束式(2.53)が得られる．

$$J = -\omega c\left(RT\frac{\mathrm{d}(\ln c)}{\mathrm{d}x} + zF\frac{\mathrm{d}\phi}{\mathrm{d}x} + v_m\frac{\mathrm{d}P}{\mathrm{d}x}\right) \quad (2.53)$$

静水圧項が小さい系では式(2.54)が，

$$J = -\omega c\left(RT\frac{\mathrm{d}(\ln c)}{\mathrm{d}x} + zF\frac{\mathrm{d}\phi}{\mathrm{d}x}\right) \quad (2.54)$$

電荷をもたない中性粒子では，式(2.55)がそれぞれ得られる．

$$J = -\omega cRT\frac{\mathrm{d}(\ln c)}{\mathrm{d}x} = -D\frac{\mathrm{d}c}{\mathrm{d}x} \quad (2.55)$$

拡散項だけを考えた式(2.55)は，フィックの拡散方程式と一致していることがわかる．ここで，$D = \omega RT$ は**ネルンスト–アインシュタイン式**とよばれる．

濃度 c_II と c_I の1-1価塩の水溶液が，厚さ δ の中間相を介して接触している系を考える．濃度 c の1-1価電解質溶液中のカチオンとアニオン濃度を c^+，c^- とおくと，電気的中性条件から $c = c^+ = c^-$ なので，式(2.54)より，それぞれのイオンの流束式は，次式のようになる．

$$J_+ = -\omega_+ c\left(RT\frac{\mathrm{d}(\ln c)}{\mathrm{d}x} + F\frac{\mathrm{d}\phi}{\mathrm{d}x}\right) \quad (2.56)$$

$$J_- = -\omega_- c\left(RT\frac{\mathrm{d}(\ln c)}{\mathrm{d}x} - F\frac{\mathrm{d}\phi}{\mathrm{d}x}\right) \quad (2.57)$$

この微分方程式を適当な仮定をおいて解けば，中間相におけるイオン分布と電位分布を決定することができる．

[*22] 濃度の異なる電解質溶液をカチオン交換膜（t_+ が1）を隔てて接触させると，膜の両端で膜電位が発生し，溶液間でのイオンの移動は起こらない．

電流が流れていない状態では，イオン移動が生じても溶液内で電気的中性条件が保たれなければならないため，カチオン流束とアニオン流束は等しくなる．

$$J = J_+ = J_-$$

よって，

$$\omega_+\left(RT\frac{d(\ln c)}{dx} + F\frac{d\phi}{dx}\right) = \omega_-\left(RT\frac{d(\ln c)}{dx} - F\frac{d\phi}{dx}\right)$$

であるから，

$$\frac{d\phi}{dx} = -\frac{(\omega_+ - \omega_-)}{(\omega_+ + \omega_-)}\frac{RT}{F}\frac{d(\ln c)}{dx} \tag{2.58}$$

となる．式(2.58)を $x = [0, \delta]$，$\phi = [\phi_\mathrm{I}, \phi_\mathrm{II}]$，$c = [c_\mathrm{I}, c_\mathrm{II}]$ の範囲で積分すると，式(2.59)となる

$$(左辺) = \int_0^\delta \frac{d\phi}{dx}dx = \int_{\phi_\mathrm{I}}^{\phi_\mathrm{II}} d\phi = \phi_\mathrm{II} - \phi_\mathrm{I} = \Delta\phi$$

$$(右辺) = \int_0^\delta \frac{(\omega_+ - \omega_-)}{(\omega_+ + \omega_-)}\frac{RT}{F}\frac{d(\ln c)}{dx}dx$$

$$= -\int_{c_\mathrm{I}}^{c_\mathrm{II}} \frac{(\omega_+ - \omega_-)}{(\omega_+ + \omega_-)}\frac{RT}{F} d(\ln c)$$

$$\therefore \Delta\phi = -\frac{(\omega_+ - \omega_-)}{(\omega_+ + \omega_-)}\frac{RT}{F}\ln\frac{c_\mathrm{II}}{c_\mathrm{I}} \tag{2.59}$$

モル移動度 ω ではなくイオン移動度 u（$= \omega z F$）を用いると，

$$\Delta\phi = -\frac{(u_+ - u_-)}{(u_+ + u_-)}\frac{RT}{F}\ln\frac{c_\mathrm{II}}{c_\mathrm{I}} \tag{2.60}$$

となる．

この式から，中間相中をイオンが動ける場合，アニオンとカチオンの移動度が等しければ，中間相の両端に電位差を生じることなく 2 相間の濃度差が拡散によって緩和されることが，一方，両者の移動度に差がある場合，濃度比の対数値に比例した液間電位差（拡散電位差）とよばれる電位差を生じることで 2 相間の濃度差に基づくポテンシャル差が緩和されることがそれぞれわかる．塩橋などの液絡として塩化カリウムや硝酸カリウム水溶液が使用されるのは，アニオンとカチオンの移動度がほぼ等しくすることで，液間起電力を無視できるようにするためである．

Step up　多成分系でのネルンスト-プランク流束式

一般に，多数のイオン種が存在する場合には，存在するすべてのイオン種に対してネルンスト-プランクの流束式を連立する必要があるため，何らかの仮定がないと解を得ることが困難である．電位勾配が一定であると仮定するゴールドマン（Goldman）の方法と，濃度勾配を一定，すなわち電気的中性条件が成立すると仮定するヘンダーソン（Henderson）の方法について簡単に述べる．

(a) ゴールドマンの定電場の式

膜中の電位勾配を一定と仮定してネルンスト-プランク式を解くとゴールドマンの式(2.61)が得られる．

$$\Delta\phi = -\frac{RT}{F}\ln\frac{\sum_j \omega_{j+} c_{j,\mathrm{II}} + \sum_k \omega_{k-} c_{k,\mathrm{I}}}{\sum_j \omega_{j+} c_{j,\mathrm{I}} + \sum_k \omega_{k-} c_{k,\mathrm{II}}} \tag{2.61}$$

(b) ヘンダーソンの定濃度勾配の式

一方，定濃度勾配を仮定（電気的中性条件と等価）してネルンスト-プランク式を解くとヘンダーソンの式(2.62)が得られる．

$$\Delta\phi = -\frac{RT}{F}\frac{\sum_j z_j \omega_j (c_{j\mathrm{II}} - c_{j\mathrm{I}})}{\sum_j z_j^2 \omega_j (c_{j\mathrm{II}} - c_{j\mathrm{I}})}\ln\frac{\sum_j z_j^2 \omega_j c_{j\mathrm{II}}}{\sum_j z_j^2 \omega_j c_{j\mathrm{I}}} \tag{2.62}$$

ヘンダーソンの式を 1-1 型電解質系にすると式(2.59)と一致する．

演・習・問・題・2

2.1 25℃で，Sn^{2+} ($1\,mol\,dm^{-3}$) と Sn^{4+} ($1\,mol\,dm^{-3}$) を含む水溶液に，白金電極を入れたときの酸化還元電位を求めよ．ただし，標準電極電位は 0.15 V とする．

2.2 標準電極電位の値を用いて，次の酸化還元反応が自発的に進むかどうかを判断し，25℃での平衡定数を求めよ．

$$Sn(s) + Ni^{2+} \longrightarrow Sn^{2+} + Ni(s)$$

2.3 次の電池のアノードおよびカソードでの電極反応と全電池反応を記し，25℃における標準起電力，電池反応の ΔG^0 および平衡定数を求めよ．なお，巻末の標準電極電位を参考のこと．

(1) $Fe|Fe^{2+}\|Ag^+|Ag$

(2) Pt，$H_2|H^+\|Cu^{2+}|Cu$

2.4 硫酸ナトリウム Na_2SO_4 水溶液を電気分解したときのアノードとカソードでの反応と全反応を記せ．なお，水は Na^+ より還元されやすく，硫酸イオン SO_4^{2-} よりも酸化されやすいことがわかっている．

2.5 水素電極二つを 25℃で希硫酸中に入れて電池とした．電池式の右側電極の水素の圧力を不活性気体と混ぜて 0.3 atm に，左側電極の水素の圧力を 0.9 atm にした場合，この電極濃淡電池の起電力はいくらか．

2.6 銅電極（Cu^{2+}($1\,mol\,dm^{-3}$)/Cu）と水素電極（H^+（未知試料）/H_2(1 atm)，Pt）を組み合わせて起電力を測定したところ，25℃で +0.48 V であった．この未知試料の pH を求めよ．

2.7 次の標準電極電位の値を用いて，25℃における塩化銀 AgCl の溶解度積を計算せよ．

$$AgCl(s) + e^- \longrightarrow Ag(s) + Cl^-(aq),$$
$$E^0 = 0.22\,V\,(25℃)$$
$$Ag^+(aq) + e^- \longrightarrow Ag(s),$$
$$E^0 = 0.80\,V\,(25℃)$$

第3章
電極と電解液界面の構造

電気化学とは，電極としてはたらくものと，電解質（電解液）の役割を果たすものの双方が存在し，それらの間での化学反応，すなわち「電荷（電子，イオン）の授受」という過程を経ることで，目的とする現象を発生させる学問である．本章では，その電極と電解液が接している界面領域の構造や界面現象について解説し，電気化学反応の基礎を学ぶことを目的とする．

KEY WORD

| 界面 | 電気二重層 | ヘルムホルツ | グイ-チャップマン | シュテルン |
| ボクリス-デバナサン-ミュラー | 電気二重層キャパシター | 電気浸透 | 電気泳動 | ゼータ電位 |

3.1 電気二重層の基本概念

ほとんどの電気化学反応に関連があり，実際に反応が起こる場所として重要なのは，電極と電解液の両者が接触している界面（interface）である．この電極と電解液の界面は，単に電極界面とよぶこともある．そうすると，この『界面』は，電極の『表面』と同じと考えてよいかというと，必ずしもそうではない．

『電極の表面』という言い方をする場合は，単純に二次元的な広がりをもつ面の意味をもっているが，『電極の界面』という場合は単純な表面や接触面という意味でなく，電極の表面の前後方向に，ある程度の厚みをもった範囲，つまり，三次元的な範囲を指している[*1]（図3.1参照）．

この理由は，たとえば電解液についてみてみると，この界面とよばれる領域に，電極から遠く離れた電解液中とは異なるイオンの振る舞いがあり，この振る舞いが起こる範囲にある程度の厚み[*2]があるからである．電極は電子が流れる場所であり，電解液はイオンが動く場である．そこでまったく物性の異なるこの両者が出合ったとき，接する付近では特別な振る舞いがみられるわけで，これが電気二重層（electric double layer）である．次節で，その構造を考えてみよう．

---

*1 この意味合いを強調するために，『界面層』あるいは『界面領域』という場合もある．
*2 この厚みは溶液側で最大 0.5 mm 程度（室温）といわれている．

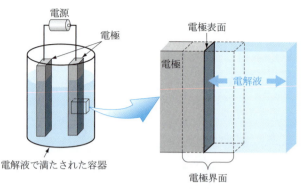

●図 3.1● 電極-電解液界面の概念図

3.2 電気二重層の構造とモデル

3.2.1 ヘルムホルツのモデル

歴史的に，もっとも初期で，もっとも単純な電気二重層のモデルは，ヘルムホルツ（H. L. F. von Helmholtz）によって提唱されたもので，ヘルムホルツのモデルとよばれる（図3.2 (a)）．このモデルでは電極側の表面に存在する電荷と同じ量の電荷をもつイオンが，電極表面に向かってずらりと並んでいる[*3]．

このとき，電圧は，電極の電荷存在面から電解液中のイオン存在面にかけて直線的に変化する．この電気二重層の静電容量（キャパシタンス）[*4]は，二重層にかかる電荷と電圧から予想できる．

3.2.2 グイ-チャップマンのモデル

このモデルのあと，イオンの統計的な分布を考慮したグイ-チャップマン（Gouy-Chapman）のモデルが提案された（図3.2 (b)）．

グイ-チャップマンのモデルでは，電極のそばでは電極の電荷と反対符号のイオンが多く存在するが，電極から離れるにつれて，イオンの分布が通常の分布，つまり，同数の反対符号のイオンが存在する分布へと変化する[*5]．電極の電荷とつりあっているのは，このような『過剰に』存在する反対符号のイオン全部である．電位の変化は直線的ではなく，図のように滑らかに変化している．

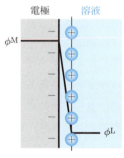
（a）ヘルムホルツのモデル

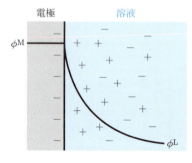
（b）グイ-チャップマンのモデル

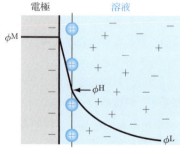
（c）シュテルンのモデル

●図 3.2● これまでに提案された電気二重層モデル（ϕ^M：電極の内部電位，ϕ^H：イオン存在面（ヘルムホルツ層）の電位，ϕ^L：電解液沖合の電位）

[*3] このイオンの集まった平面と，電極の電荷がつくる平面の両者をコンデンサーの両極に見立て，電気二重層とよばれるようになった．

[*4] 静電容量 C（単位：ファラド，記号 F）は電気量 Q（単位：クーロン，記号 C）を電圧 V（単位：ボルト，記号 V）で割ると得られる．すなわち $C=Q/V$ である．

[*5] 電極と反対電荷のイオンが，電極の最近傍だけに存在できないのは，溶液中に拡散しようとする力，熱的なゆらぎ，のためである．この部分を拡散二重層という．

このモデルはヘルムホルツのモデルより合理的で精密にも思えるが，実のところモデルから計算される静電容量は，実際の値よりはるかに大きく，ヘルムホルツのモデルによる計算値のほうが現実に近かった．この理由はグイ–チャップマンのモデルではイオンを点として扱っているため，とくに電極近傍での存在の予想に大きなずれがあったためである．

3.2.3 シュテルンのモデル

そこでシュテルン（Stern）のモデルではこれまでの二つのモデルを組み合わせ，電極近傍ではヘルムホルツのモデル，それより遠い溶液中ではグイ–チャップマンのモデルを採用している（図3.2（c））．電圧の変化は二つのモデルを組み合わせたものになっている．このあと，電気二重層モデルはさらに発展することになるが，いずれも，このシュテルンのモデルがもとになっている．

3.2.4 現代の電気二重層モデル

現在，もっとも代表的な電気二重層モデルは，ボクリス–デバナサン–ミュラー（Bockris-Devanathan-Müller）のモデルである（図3.3参照）．このモデルでは双極子をもつ溶媒が電極に吸着していて，その中に割り込むように特異吸着[*6]された陰イオンが吸着している．

この外側に溶媒和されたカチオンが存在している．先に述べた吸着アニオンの中心を結んだ面を

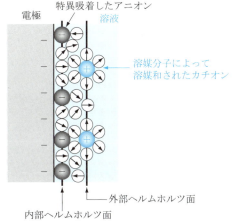

●図3.3● ボクリス–デバナサン–ミュラーのモデル

内部ヘルムホルツ面といい，その外側のカチオンの中心を結んだ面を外部ヘルムホルツ面という．

このモデルをみてわかる重要な点がいくつかある．それは，電気二重層内においても反対符号のイオン（この場合は陰イオン）の影響が無視できない[*7]こと，吸着やイオンへの溶媒和など，溶媒が実際の電気二重層の性質に大きな影響を与えていることである．

このような電気二重層に電荷が貯まる現象を，デバイスに応用したものが，電気二重層キャパシター（EDLC：electric double layer capacitor）[*8]である．これは電池と同じように電気を貯める機能をもっている．これについては第11章で述べる．

3.3　電気二重層のキャパシタンス（静電容量）

電気二重層のモデルで説明したように，電気二重層は電極表面に近いほうからヘルムホルツ二重層と拡散二重層に分けられる．それぞれがコンデンサーと等価と考えると，直列に二重層がつながっていることから，ヘルムホルツ二重層の容量を C_H，拡散二重層容量を C_D としたとき，全二重層容量 C [*9]は，

[*6] ハロゲン化物イオン，とくにヨウ化物イオンなどの大きな陰イオンで起こりやすく，カチオンはまれである．この特異吸着を含む二重層モデルはグラハム（T. Graham）によって初めて提案された．正に分極した場合，特異吸着イオンは陽イオンとなるが，陰イオンに比べてまれである．
[*7] たとえ特異吸着が起こらなくても，電気二重層内では両電荷のイオンが相当数存在する．
[*8] キャパシターは，日本では従来コンデンサーとよばれていた．したがって，電気二重層コンデンサーともよばれる．
[*9] C_H と C_D のうち小さいほうが C の値を主に支配する．キャパシターのような濃厚な電解液では，$C \approx C_H$ で近似できることが多い．

$$\frac{1}{C} = \frac{1}{C_H} + \frac{1}{C_D} \quad (3.1)$$

すなわち，

$$C = \frac{C_H C_D}{C_H + C_D} \quad (3.2)$$

となる．

なお，ヘルムホルツ層に蓄えられた電荷密度を σ，真空の誘電率を ε_0，電気二重層内の比誘電率を ε_r，向かい合った電荷間の距離を d とすると，

$$\sigma = \frac{\varepsilon_0 \varepsilon_r V}{d} \quad (3.3)$$

という関係がある．これを微分することで C_H が導かれる．

$$C_H = \frac{d\sigma}{dV} = \frac{\varepsilon_0 \varepsilon_r}{d} \quad (3.4)$$

また，C_D の理論式は複雑なためここでは扱わないが，イオン種の濃度が増加すると C_D は大きくなる傾向をもつ．

3.4 絶縁性固体の電気二重層

これまでの例は，電極が負（マイナス）に荷電した場合を中心に説明してきたが，電極が正（プラス）に帯電した場合も，当然，基本的にこれまでの考え方があてはまる．さらに重要なことは，電極を正や負に帯電させた場合だけでなく，電極を分極させずに単に電解液に浸漬させた場合でも電気二重層が形成されることである．この原因は単純ではないのだが，一番大きな理由は固体の表面に官能基があり，それが帯電していることによって固体表面に電荷が存在することが一番の原因である．

また，このような理由から，電気二重層は導電性固体物質の表面だけでなく，絶縁性の固体物質表面にも形成される（図3.4参照）．

このように，固体相と溶液相が出合う界面が存在すれば，電気二重層が形成される可能性があるといえるので，次節に示すようなさまざまな現象が起こるのである．

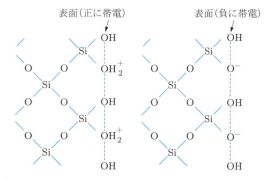

（a）酸性溶液中　　　（b）アルカリ性溶液中

●図 3.4 ● シリカガラスを電解液に浸漬したときの表面

3.5 界面動電現象とは

これまで見てきたように，電解液としてはたらく液体と電極などの固体が接する場，すなわち界面には電気二重層が形成される．ここは，界面に対して対向するように異符号の電荷が向かい合う，特別な領域である．そこでこの液体と固体のどちらかの相が移動するとき，界面で分離した電荷の影響により，特別な現象が起こる．これを界面動電現象といい，液相が動く場合と，固相が動く場合とで二つに大別される．本節では，この現象について説明しよう．

3.5.1 液相が動く場合—電気浸透—

溶液で満たされた毛管を電場の中に置くと，毛管内部の溶液が移動する．これは，電気浸透（electroosmosis）とよばれる現象である．その概要を図3.5に示す．

溶液と管の壁面が接している部分には電荷の分離が生じ，電気二重層が形成される．溶液と壁面のどちらが正に帯電しているかは系によって違うが，毛管がガラス製の場合，表面上のケイ素 Si と結合している水酸基 −OH が H^+ を解離するこ

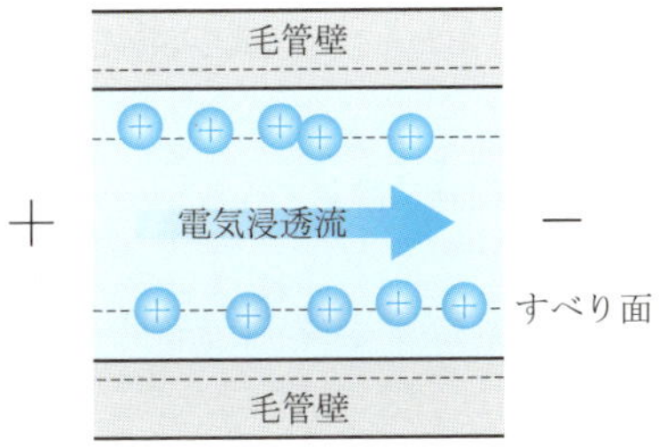

● 図 3.5 ● 電気浸透の模式図

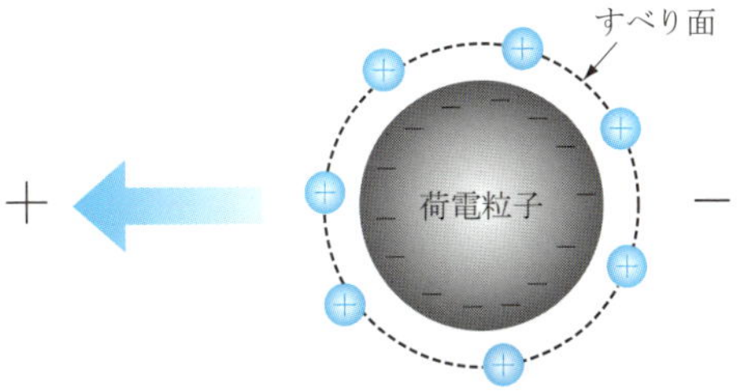

● 図 3.6 電気泳動の模式図

とで，壁面は負の電荷を帯びる．

この毛管に対して平行に電場をかけると，電気二重層中の正電荷は静電引力によって負極側へと引き寄せられる．このとき，溶媒和している溶液分子も同時に動き，結果として溶液の流れが起こる．この流れは電気浸透流とよばれる．このとき，管壁表面に接している数分子層の溶液は，壁に付着して離れることができず，表面から一定距離以上離れた領域の溶液のみが流れる．この，流速がゼロになる面をすべり面とよぶ．また，その面の溶液内部に対する電位は，界面動電電位あるいはゼータ電位（zeta（ζ）potential）とよばれ，実測できる電気二重層の電位である．

一方，電気浸透とは逆に，毛管内部に溶液を強制的に流動させると，溶液中の電荷が移動するため，流動電位とよばれる電位差が生じる．

3.5.2 固相が動く場合―電気泳動―

前節で説明した電気浸透とは逆の現象で，コロイドや高分子イオンなどの荷電粒子を含んだ溶液に対して電場を加えると，荷電粒子は静止している溶液中を移動する．この現象を電気泳動（electro-phoresis）とよぶ．この原理を図 3.6 に示す．

たとえば，負電荷をもった粒子の表面にはすべり面が形成され，その外側の溶液は正電荷をもつ．このとき，すべり面の内側の溶液と荷電粒子を合わせた正味の電荷は負になるため，荷電粒子は正極側へと移動する．このときの荷電粒子の移動速度（v）を測定することから，荷電粒子のゼータ電位（ζ）を知ることができる．すなわち，正負の電極間の距離を l，その間の電位差を V，溶液の比誘電率を ε_r，粘度を η とすると次式から求められる[*10]．

$$v = \frac{\varepsilon_0 \varepsilon_r}{\eta} \frac{V}{l} \zeta \quad (3.5)$$

ここでは，荷電粒子の速さ v は，電場による力と粘度による摩擦抵抗が釣り合って定常の速度になっている．コロイドやタンパク質といった生体高分子，あるいは細胞などの表面の電気二重層を知るうえで，ゼータ電位は多くの情報を与えてくれる．そのため，電気泳動法はとくに生化学の分野において，目的物質の分離や分析などに広く利用されている．

Step up 分極性電極

『理想分極性電極』という言葉があるが，これは電解液と電子のやりとりを起こしにくく，電極に与えた電荷はそのまま電極に貯まっていく電極のことである．したがって，電圧をかけてゆくと，電極界面の電気二重層にはどんどん電荷が蓄積され，反応が起こらないまま電極の電圧が上がってゆく．つまり，『分極』が起こりやすい電極であり，水銀 Hg やカーボン材料がこの性質を示す．よって，水系であれば水素や酸素が発生しにくい電極ともいえる（分極の限界があり，ある電圧を超えると発生する）．この章で議論している電気二重層はこのような電極の界面を想定している．この反対が『理想的"非"分極性電極』であり，電極での電子移動反応（ファラデー反応）が起こる舞台である．つまり，分極は起こりにくく，電解液との電子のやりとりは起こりやすい．

[*10] スモルコフスキーの式という．電気二重層の厚みより粒子半径が十分大きいときに成り立つ．

例題 電気二重層容量がそれぞれ 10 μF と 50 μF である二つの電極をもつセルの全電気二重層容量はいくらになるか.

解答 二つの電極は,全回路中では直列となるので,式(3.1)と同様に計算できる.
$$\frac{1}{C} = \frac{1}{10} + \frac{1}{50} \qquad C = \frac{50}{6} = 8.3\,\mu\text{F}$$

演・習・問・題・3

3.1 ヘルムホルツ,グイ–チャップマン,シュテルンのそれぞれが提案した電気二重層モデルの特徴を説明せよ.

3.2 図 3.3 で示したボクリス–デバナサン–ミュラーの電気二重層モデルにおける二重層内の電位変化を,図 3.2 の電位曲線を参考にして描け.

3.3 式(3.1)と式(3.2)を用い,C_D が C_H よりも 10 倍大きいとき,C はどのように表されるか示せ.

第4章
電極反応の速度

第3章で説明したように,電極と電解液との界面では電荷移動をともなう電極反応が起こる.電極反応の速度は電極電位とともに指数関数的に変化し,電極界面での物質移動過程が影響する.

したがって,通常の化学反応速度論や平衡論はもちろんのこと,拡散の理論も関係するので,それらの学習をしながら電極反応速度論を説明する.

KEY WORD

ファラデー定数	電流効率	交換電流密度	電荷移動過程	過電圧
バトラー–ボルマー式	ターフェルの式	分極抵抗	物質移動過程	拡 散
フィックの拡散の第一法則	拡散層	限界電流密度	濃度分極	濃度過電圧

4.1 ファラデーの法則

ファラデー(M. Faraday)は,電極と電解液との界面で電荷移動をともなう電極反応が進行するとき,電極反応で生じた化学物質の質量は電解槽を通過する電気量に比例し,同じ電気量では同じ物質量の変化が生じることを見い出した.これはファラデーの法則とよばれている.

たとえば,銅(Ⅱ)イオン Cu^{2+} の金属銅への還元では,式(4.1)で表すように1 mol の Cu^{2+} が2 mol の電子と反応して,1 mol,すなわち63.55 g の金属銅を生じる.

$$Cu^{2+}(aq) + 2e^- \longrightarrow Cu(s) \qquad (4.1)$$

言い換えれば,1 mol(63.55 g)の金属銅をカソードに析出させようとすれば,2 mol の電子が電解槽を通過しなければならない.すなわち,式(4.1)の金属銅の電析では,1 mol の電子で1/2 mol の化学変化が生じたことになる.

また,電気量(電荷)のSIはクーロン(coulomb, C)で表され,1 A の電流が1秒間流れたときの電気量が1 C に相当する.実験的に,1 mol の電子のもつ電気量[*1] は96487 C に等しく,有効数字3桁に丸めて96500 C であり,ファラデー定数(Faraday constant)F とよばれる.

式(4.1)で電極上に析出する金属銅の質量は,通じた電気量に比例する.この原理で電気量を測定する装置を電量計という.代表的なものは銅電量計[*2] だが,同様の原理による硝酸銀 $AgNO_3$ 溶

[*1] 1 mol の電子のもつ電気量はかつて1ファラデーとよばれていたが,SI単位系の導入で単位としては現在使われない.
[*2] 硫酸と少量のアルコールを含む水溶液中に2枚の銅電極を浸漬し,式(4.1)に従ってカソードに析出する金属銅の重量増加を秤量することにより,通電した電気量を測定する装置である.

液に白金 Pt 電極を浸漬した銀電量計などがあり，最近では電子回路を用いて電気量を測定するデジタルクーロンメーターも市販されている．

電気分解では，全通過電気量のうち実際に目的とする電極反応に使われた電気量の割合を知ることが重要である．この割合を電流効率（current efficiency）とよび，次のように求められる．

$$\text{電流効率} = \frac{\text{目的とする電極反応に使われた電気量}}{\text{全通過電気量}} \times 100 (\%) \quad (4.2)$$

なお，ファラデーの法則と電流の意味を理解すれば電流が電極反応の速度を表していることがわかる．電極反応の速度は電極の面積に比例して大きくなるので，電極単位面積あたりの物質の生成速度 v は，生成する物質の物質量を m とすると，式(4.3)のように表すことができる．

$$v = \frac{dm}{dt} = \frac{I}{nFA} = \frac{i}{nF} \quad (4.3)$$

ここで，A は電極面積，I は電流，i は電流密度であり，n は反応電子数である．この式から，電極反応による物質の生成速度は電流密度によって決定され，電流密度は，単位面積あたりの電極反応の速度を表していることがわかる．このように，電極反応には生成速度を電流で制御できるという，一般の化学反応とは異なる特徴がある．

例題 ニッケルイオン Ni^{2+} を含むめっき浴を用いて，10分間ニッケルめっきを行った．めっきを行ったあとの試料片の質量増加は 1.0 g であった．このときめっき浴と直列につないだ銅電量計のカソードの質量増加は 1.5 g であった．ニッケルめっきの電流効率はいくらか．ただし，ニッケル Ni の原子量は 58.7 とする．

解答 銅電量計のカソードには 2 電子反応で金属銅が析出する．1.5 g の金属銅は $(1.5/63.5) \times 2 = 0.0472$ mol の電子の電気量に相当する．ニッケルめっきにおいても 2 電子還元で，1.0 g は $(1.0/58.7) \times 2 = 0.0341$ mol の電子の電気量に相当する．したがって，電流効率は $(0.0341/0.0472) \times 100 = 72.2\%$ となる．

Coffee Break

デービーの最大の発見はファラデー

ファラデーは，1791年，ロンドン近郊の鍛冶職人の息子として生まれた．10人もの子供を抱える非常に貧しい家庭であったため，小学校しか卒業できず，13歳のときに製本工場の見習いとなった．ファラデーはとくに科学系の本に興味をもち，同僚の画家の卵にデッサンを教えてもらい，実験装置などをていねいに書き写した．それが偉大な化学者として有名だったデービーの目にとまり，強い関心を寄せられることとなった．直後，デービーの助手が病に倒れ，後任としてファラデーが実験助手に採用されることとなった．

その後のファラデーの活躍は目覚ましく，19世紀最大の科学者といわれるようになり，デービーに「私の最大の発見はファラデーである」といわしめた．

4.2 電極反応の速度

一般的な均一化学反応では，第 2 章で述べたように，生成系のギブズエネルギーの合計が反応系のそれより低ければ，自発的に反応が進行する．そのときの反応速度は，単位時間あたりの濃度変化として与えられ，一定温度では反応物質の濃度の整数乗に比例する．たとえば，式(4.4)のような一般化した化学反応では，反応速度 v は式(4.5)で表される．

$$aA + bB \longrightarrow cC + dD \quad (4.4)$$
$$v = k^0 [A]^a [B]^b \quad (4.5)$$

ここで，比例定数の k^0 は反応速度定数とよばれ，cm s^{-1} [(mol dm^{-3})$^{(a+b)}$] の次元をもち，化学反応速度論から頻度因子 A と活性化エネルギ

$-E_A$ によって式(4.6)のように書くことができ，活性化ギブズエネルギー $\Delta G^{\ddagger}$ を用いた表現に書き換えることもできる．

$$k^0 = A\exp\left(\frac{-E_A}{RT}\right) = A'\exp\left(\frac{-\Delta G^{\ddagger}}{RT}\right) \quad (4.6)$$

式(4.5)と式(4.6)から，反応速度 v は式(4.7)で表すことができる．

$$v = A'\exp\left(\frac{-\Delta G^{\ddagger}}{RT}\right)[A]^a[B]^b \quad (4.7)$$

一方，電極反応は，電極表面で進行する不均一反応であるから，その反応速度は単位面積あたりの反応物質量として表される．また，電極反応の速度は，式(4.3)ですでに示したように，電流密度で表すことができる．ただし，この電極反応による電流は電極面積が大きいほど大きくなるので，単位面積あたりの電流，すなわち電流密度で表すのがよい．したがって，電極反応の速度は式(4.3)と式(4.7)を結びつけて，式(4.8)のように表される．

$$\begin{aligned}i &= nFv \\ &= nFA'\exp\left(\frac{-\Delta G^{\ddagger}}{RT}\right)[A]^a[B]^b\end{aligned} \quad (4.8)$$

これまでに述べたことがらは，反応が非可逆の場合であって，逆反応が無視できないような反応系では，逆反応の速度も考慮する必要がある．このような場合，電極反応の正味の速度に相当する電流密度[*3]は，式(4.9)のように正反応（→）の電流密度と逆反応（←）の電流密度の差となる．

$$i = \vec{i} - \overleftarrow{i} \quad (4.9)$$

正味の電流密度 i は符号を含むが，$\vec{i}$ と $\overleftarrow{i}$ は，符号を含まず正の値である．平衡状態にあるとき，すなわち $\Delta G = 0$ のときには正味の電流密度は0となり，$\vec{i}$ と $\overleftarrow{i}$ は等しくなる．この電流密度が平衡時における電流密度，すなわち反応速度であり，交換電流密度（exchange current density）i_0 および交換反応速度とよばれる．

$$\vec{i} = \overleftarrow{i} = i_0 \quad (4.10)$$

4.3 電荷移動過程における反応速度

電極反応は固相と液相の界面で起こる不均一反応なので，一般に次のような過程から成り立っている．

① 溶液内から電極表面への反応物質の拡散（diffusion）
② 電極表面での反応
③ 電極表面から溶液内への生成物質の拡散

つまり，溶液内の反応物質が拡散して電極表面に接近しなければ電極反応は進行しない．普通，電極表面には溶液を撹拌しても 10^{-3} cm 程度の拡散層（diffusion layer）とよばれる付着層がある．図4.1に示すように，反応物質は外部ヘルムホルツ面まで達したあと，いわゆる電極表面で反応して生成物となる．

この電極表面での反応はさまざまで，外部ヘルムホルツ面（OHP：outer Helmholtz plane）に

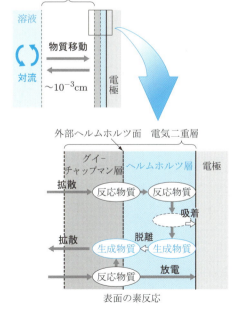

●図4.1● 電極反応の過程

[*3] 電流密度には方向性があり，本書では，$\vec{i}$（右矢印の電流密度）は正方向に反応が進行するときを正に，$\overleftarrow{i}$（左矢印の電流密度）は逆方向に反応が進行するときを正としている．正味の電流密度 i は，正方向に反応が進行するときに正となる．

達した反応物質が直接電荷移動を起こして生成物になったり，いったん電極上に吸着したあと，電荷移動や化学反応を起こして生成物となり，脱離するといった過程が含まれる．

もし，反応物質が気体の場合には，生成物は電極から脱離し，気泡として界面から離散する．しかし，金属析出などの場合には，析出した金属原子が結晶成長することによって，電極からの脱離や溶液内への拡散は起こらない．

このように，電極反応は主に拡散過程と電極表面での反応から成り立っている．ここでは，拡散過程は十分速く，反応速度が電極表面での反応に支配される場合，とくに電荷移動過程（charge transfer process）に着目して，式(4.11)の硝酸銀 $AgNO_3$ 水溶液から銀 Ag を析出させる電極反応を例にとって，電極反応速度を求めてみることにする．

$$Ag^+ + e^- \longrightarrow Ag \qquad (4.11)$$

電荷移動過程を進行させるためには，電位 E を平衡電位 E_{eq} からずらす必要があり，このことを分極させるという．また，この電荷移動過程を進行させるために必要な余分なエネルギーを過電圧（overpotential）とよび，η で表すと，式(4.12)のように表すことができる．

$$E = E_{eq} + \eta \qquad (4.12)$$

式(4.11)の右方向の反応，すなわちカソード還元で Ag を析出させるにはマイナス方向に電位をずらせばよく，これをカソード分極[*4]とよぶ．この場合，η は負の値となる．したがって，$F\eta$ に相当するポテンシャルエネルギー[*5]が，銀イオン Ag^+ が電子を受けとって Ag になる駆動力となっており，電子が移動する際のエネルギー障壁の山の高さ，すなわち活性化エネルギーを低くする．ただし，過電圧として加えられたエネルギーのうち Ag^+ の還元に寄与するのはその一部であって，すべてではない．残りのエネルギーは逆反応である Ag のアノード酸化に寄与することになる．このような分極による活性化エネルギーの変化を説明したのが図4.2である．

すなわち，正反応（この場合，カソード分極）の活性化エネルギー $\Delta \vec{G}_c^{\ddagger}$ は，平衡電位にあるときの活性化エネルギー $\Delta G_0^{\ddagger}$ より過電圧によって $-F\eta$ だけ小さくなる．しかし，$-\alpha F\eta$ 分は逆反応に寄与するため，式(4.13)のように表される．ここで，α は電荷移動係数[*6]とよばれる．

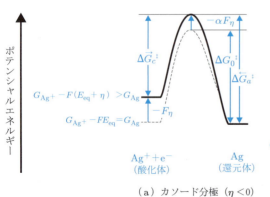 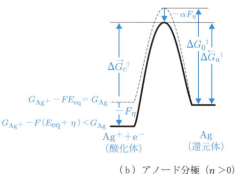

（a）カソード分極（$\eta < 0$） 　　　　　（b）アノード分極（$\eta > 0$）

●図4.2● 分極させたときの活性化エネルギーの変化

[*4] 電極電位を平衡電位から正の側に移動させたときは，アノード分極（anodic polarization）という．
[*5] 式(4.11)の反応は1電子反応なので $F\eta$ だが，n 電子反応では $nF\eta$ となる．C・V でエネルギー単位のJとなる（p.18参照）．
[*6] 酸化，還元両方向の反応に対する活性化状態が異なるような複雑な電極反応の場合には，カソード還元反応の移動係数とアノード酸化反応の移動係数の和は1とはならない．

$$\Delta \overleftarrow{G}_c^\ddagger = \Delta G_0^\ddagger + (-\alpha F\eta) - (-F\eta)$$
$$= \Delta G_0^\ddagger + (1-\alpha)F\eta \quad (4.13)$$

また，逆反応の活性化エネルギー $\overleftarrow{E_a}$ は，式 (4.14) のように表すことができる.

$$\Delta \overrightarrow{G}_a^\ddagger = \Delta G_0^\ddagger - \alpha F\eta \quad (4.14)$$

式 (4.9) の電流密度を用いて反応速度を表すと，式 (4.15) のようになる．ただし，今回の例では Ag^+ のカソード還元反応を正方向の反応としている関係で，正方向への正味の電流密度が負の値となるようにしている．

$$i = \overleftarrow{i} - \overrightarrow{i}$$
$$= F[Ag]A' \exp \frac{-[\Delta G_0^\ddagger - \alpha F\eta]}{RT}$$
$$- F[Ag^+]A' \exp \frac{-[\Delta G_0^\ddagger + (1-\alpha)F\eta]}{RT}$$
$$(4.15)$$

ここで，$F[Ag^+]A'\exp(-\Delta G_0^\ddagger/RT)$ は平衡電位での正方向と逆方向の電流密度，すなわち交換電流密度に相当し，式 (4.10) が成立するので，式 (4.16) が得られる．

$$i = i_0 \left\{ \exp \frac{\alpha F\eta}{RT} - \exp\left[-\frac{(1-\alpha)F\eta}{RT}\right] \right\} \quad (4.16)$$

この関係式を酸化体 Ox が還元体 Red に還元される電極反応に適用すると，式 (4.18) のように一般化することができる．この場合，正味の電流密度はアノード酸化電流 (i_+) とカソード還元電流 (i_-) の差で表される．

$$Ox + ne^- = Red \quad (4.17)$$
$$i = i_+ - i_-$$
$$= i_0 \left\{ \exp \frac{\alpha n F\eta}{RT} - \exp\left[-\frac{(1-\alpha)nF\eta}{RT}\right] \right\} \quad (4.18)$$

この関係式は，電荷移動過程が電極反応の律速過程[*7]である場合の電極電位と電流の関係を表す基本式であり，バトラー–ボルマーの式（Butler–Volmer equation）とよばれる．図 4.3 に，i_+ と i_- の電極電位との関係と正味の電流密度 i の電極電位との関係を示す．

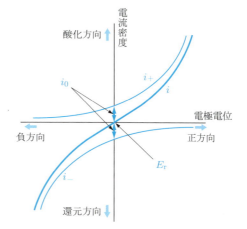

●図 4.3● 電極電位-電流曲線と正味の電流密度

バトラー–ボルマーの式で過電圧 η が大きい場合（70 mV 以上）には，式 (4.18) の右辺のどちらかの項を省略することができる．

たとえば，過電圧が正で大きいとき，すなわちアノーディック（酸化方向）に過電圧が大きいときには，

$$i \approx i_0 \exp \frac{\alpha nF\eta}{RT} \quad (4.19)$$

対数をとって書き換えると，

$$\eta = -\frac{RT}{\alpha nF} \ln i_0 + \frac{RT}{\alpha nF} \ln i \quad (4.20)$$

一方，過電圧が負で大きいときに，すなわちカソーディック（還元方向）に過電圧が大きいときには，

$$i \approx -i_0 \exp\left[-\frac{(1-\alpha)nF\eta}{RT}\right] \quad (4.21)$$

両辺とも絶対値にして対数をとって書き換えると，

$$\eta = \frac{RT}{(1-\alpha)nF} \ln|i_0| - \frac{RT}{(1-\alpha)nF} \ln|i| \quad (4.22)$$

式 (4.20) と式 (4.22) で電流密度は絶対値で表し，

[*7] 反応速度を支配するもっとも遅い反応速度を有する反応過程のことである．

常用対数で次のように書き直すことができる．

$$\eta = a \pm b \log |i| \tag{4.23}$$

このように過電圧が大きいときに適用される式(4.23)を**ターフェル**[*8]**の式**（Tafel equation）とよび，aとbをターフェル係数という．ターフェルの式に従い作成したのが図4.4である．

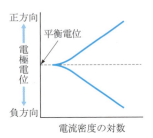

●図 4.4● 過電圧が大きい場合の電極電位と電流密度の関係

この図の直線領域の勾配から電荷移動係数 α を，また，平衡電位まで外挿した電流軸の値から交換電流密度 i_0 を求めることができる．他方，バトラー-ボルマーの式で過電圧 η が小さい場合（5 mV 以下）には，式(4.18)の指数項を展開し近似すると[*9]，

$$\begin{aligned} i &= i_0 \left\{ \exp\frac{\alpha nF\eta}{RT} - \exp\left[-\frac{(1-\alpha)nF\eta}{RT}\right] \right\} \\ &\approx i_0 \left\{ 1 + \frac{\alpha nF\eta}{RT} - \left[1 - \frac{(1-\alpha)nF\eta}{RT}\right] \right\} \end{aligned} \tag{4.24}$$

となり，式(4.25)が得られる．

$$\eta = \frac{RT}{i_0 nF} i \tag{4.25}$$

この式からわかるように，ηとiとの間にはオームの法則と同じ比例関係があるので，図4.5の直線領域の勾配から抵抗成分を求めることができる．この抵抗成分は**分極抵抗**（polarization resistance）とよばれる．

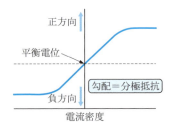

●図 4.5● 過電圧が小さい場合の電極電位と電流密度の関係

4.4 物質移動過程における反応速度

電極反応[*10]は図4.6に示すように，電極-電解液界面で反応が進行する．通常，電極表面近傍の外部ヘルムホルツ面にある反応物質が電極との間で電子授受を行うものと考えられるので，この電荷移動過程が進むにつれ，外部ヘルムホルツ面にある反応物質の濃度は溶液内部（バルク）の濃度よりも低下する．そのため，反応物質は溶液内部から補給されることになる．この**物質移動過程**（mass transport process）は，拡散，電気泳動，対流によって起こる．

溶液内部では，撹拌によって対流を促進し，物質移動を速めることができるが，電極近傍では，気体発生がない限り電解液の粘性のために対流はほとんど起こらない．したがって，電極反応が起こる電極近傍での物質移動は，泳動と拡散によることになる．

しかし，中性物質の移動には電場での泳動は関係せず，また，通常の電気化学系では反応に関係しない過剰の支持電解質[*11]が加えられているので，結局，電極近傍での物質移動は主に拡散によ

[*8] J. Tafel：1862年スイスに生まれ，ドイツでフィッシャー（H. E. Fischer）の助手として有機化学の研究を行い，その後オストワルト（F. W. Ostwald）の影響を受け，有機化合物の電解還元で成果を出している．1918年，結核が悪化し，56歳で自ら死の道を選んだ．

[*9] 指数項を展開すると，次のようになる．
$\exp(x) = 1 + x + \dfrac{x^2}{2!} + \dfrac{x^3}{3!} + \cdots, \quad \exp(-x) = 1 - x + \dfrac{x^2}{2!} - \dfrac{x^3}{3!} + \cdots$

[*10] 電荷移動過程と物質移動過程からなっている．

[*11] 無関係電解質や不活性電解質ともよばれ，電解液の導電率を上げるために加えられる．

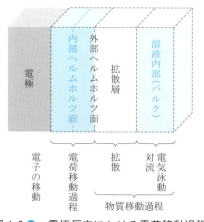

● 図 4.6 ● 電極反応における電荷移動過程と物質移動過程

ることが多い．

そこで，本節では物質移動が拡散による場合について扱うことにする．拡散の基本式は，拡散に関するフィックの拡散の第一法則（Fick's first law of diffusion）として，式(4.26)で表される．

$$J = -\frac{dQ}{dt} = D\frac{dc}{dx} \quad (4.26)$$

この式は，x 方向に濃度 c の勾配があるとき，電極表面から x の位置における単位面積を単位時間に拡散する量，すなわち拡散流束 J がその濃度勾配に比例することを示している．なお，式中の Q は物質の量であり，D は拡散定数とよばれる．

電極表面近傍では，図 4.7 に示すように，外部ヘルムホルツ面から溶液内部に向かって濃度が高くなり，ある程度の距離で一定濃度となる．この濃度勾配のある領域，すなわち電解液が対流しない領域を拡散層とよぶ．拡散層の厚さは，回転電極のように強制的に撹拌すると数 μm と小さくなり，逆に静止状態にし熱対流も抑えると 1 mm にもなる．

式(4.26)を，拡散層の厚さ δ を用いて，溶液内部の濃度 c_{bulk} と電極表面濃度 c_0 の差によって，次のように表すことができる．

$$J = -\frac{dQ}{dt} = D\frac{c_{\text{bulk}} - c_0}{\delta} \quad (4.27)$$

この式から明らかなように，物質移動速度は $c_0 = 0$ のときに最大となる．電流密度 i と流束 J との間には，

$$|i| = nFJ \quad (4.28)$$

の関係があるので，最大電流 i_{lim} は式(4.29)のように表され，限界電流密度（limiting current density）あるいは限界拡散電流密度とよばれる．

$$|i_{\text{lim}}| = nFJ_{\text{lim}} = nFD\frac{c_{\text{bulk}}}{\delta} \quad (4.29)$$

このように反応物質の濃度が低く拡散過程が律速過程となる場合には，物質移動の遅れのためにエネルギーが消費され，余分な電場を必要とする．これを濃度分極（concentration polarization）といい，その電場の大きさを濃度過電圧（concentration overpotential）という．このことを説明したのが図 4.8 である．

電荷移動過程が十分速ければ，濃度過電圧 η_c はネルンストの式に基づいて反応物質の溶液内部の濃度と電極表面濃度に依存して式(4.30)で表される．

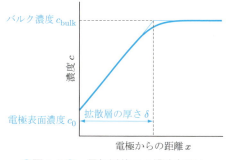

● 図 4.7 ● 電極近傍での濃度勾配と拡散層の厚さ

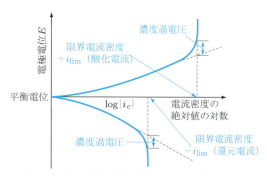

● 図 4.8 ● 拡散過程律速の場合の電流密度と電極電位の関係

$$\eta_c = \frac{RT}{nF} \ln \frac{c_0}{c_{bulk}} \quad (4.30) \qquad \eta_c = \frac{RT}{nF} \ln \frac{i_{lim}-i}{i_{lim}} \quad (4.31)$$

この式を書き換え，式(4.27)～(4.29)を適用することによって，式(4.31)のような濃度過電圧を表す式を導くことができる．

Step up 濃度過電圧を表す式の導出

式(4.30)を書き換えて，
$$c_0 = c_{bulk} \exp\left[\left(\frac{nF}{RT}\right)\eta_c\right]$$
この c_0 を式(4.27)に代入すると，
$$J = D\frac{c_{bulk}}{\delta} - D\frac{c_{bulk}}{\delta}\exp\left[\left(\frac{nF}{RT}\right)\eta_c\right]$$
$$= \frac{Dc_{bulk}}{\delta}\left\{1 - \exp\left[\left(\frac{nF}{RT}\right)\eta_c\right]\right\}$$

これを式(4.28)に代入すると，
$$i = \frac{nFDc_{bulk}}{\delta}\left[1 - \exp\left(\frac{nF\eta_c}{RT}\right)\right]$$
式(4.29)との比較から，この式を書き換えると，式(4.31)となる．

演・習・問・題・4

4.1 水の電気分解により水素と酸素を製造したい．10時間で100 gの水を分解するには少なくとも何アンペア［A］の定電流で電気分解しなければならないか．

4.2 希硫酸を白金電極で電気分解した．1 mAの電流を10時間通じたとき両極に発生する気体は何か．また，発生する気体の体積は25℃，1 atmでそれぞれ何 dm^3 か．

4.3 次式で表されるFeのアノード溶解反応におけるターフェルプロットの直線領域の勾配は，25℃で0.06 V/decadeであった．
$$Fe \longrightarrow Fe^{2+} + 2e^-$$
また，交換電流密度の値は $1 \times 10^{-4}\,A\,m^{-2}$ であった．溶液中の Fe^{2+} イオンの活量が1であるとしてターフェル係数を求め，ターフェルの式を完成せよ．

4.4 拡散層の厚さが1 μmで濃度差が 1×10^{-3} mol dm^{-3} であるとすると，どれほど拡散電流が流れるか．ただし，水溶液中での反応物質の拡散定数は $1 \times 10^{-5}\,cm^2\,s^{-1}$ であり，反応電子数は1とする．

4.5 0.1 mol dm^{-3} の濃度の有機化合物を電解酸化した．溶液を静止状態で行ったので，拡散が律速過程となっていると思われる．反応電子数が2，有機化合物の拡散定数は $6 \times 10^{-9}\,m^2\,s^{-1}$，拡散層の厚さを $5 \times 10^{-4}\,m$，温度を25℃として，限界電流密度を求めよ．

第5章
光電気化学

電極として半導体を用いると，金属電極とは異なる電解液との界面構造や光照射による特徴的な効果がみられる．比較的新しいこの光電気化学の分野の理解に必要な半導体電極と電解液の界面構造をまず学習し，電気化学系に光を取り込んだ際のエネルギー変換や光電気化学反応について，電気化学系で学んだ知識を基礎にして説明する．

KEY WORD

エネルギー準位	価電子帯	禁制帯	伝導帯	バンドギャップ
フェルミ準位	空間電荷層	仕事関数	ショットキー障壁	フラットバンド電位
モット-ショットキープロット	光電流	光増感電解酸化	光増感電解還元	電気化学光電池

5.1 半導体のバンド構造

物質はすべて原子からできており，さらに，その原子は図5.1に示すように電気的にプラスの原子核とそのまわりを運動している電子からできている．

電子が存在できる軌道は決まっており，しかも，それぞれの軌道に入る電子の数も決まっている．一番外側にあって，エネルギーがもっとも高い軌道にある電子を価電子といい，原子どうしの結合に深く関係している．原子が結合して分子をつくり，エネルギー帯，つまりバンドを形成する様子を図5.2に示す．電子はパウリの原理[*1]に従ってスピン[*2]が逆の電子対となって，エネルギー準位の低い軌道から順につまっていく．原子の数が少ないときには，軌道にある電子のエネルギーはとびとびの値をとるが，原子の数が増えるとエネルギー準位（energy level）の差は小さくなり，あるエネルギー幅の中に連続的に存在するようにな

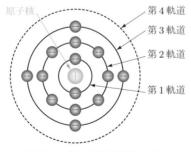

●図5.1　原子軌道モデル

---

*1　パウリの排他原理ともいう．一つの軌道は三つの量子数（n：主量子数，l：方位量子数，m_l：スピン量子数）で表される．そして，電子のとりうるスピンには二通りあるので，それぞれの軌道に入りうる電子の数は最大で2個となる．
*2　電子は自転しており，その自転の方向を支配する量子数がスピン量子数である．電子の自転には右回りと左回りの2種類しかないので，スピン量子数も＋1/2か－1/2の2種類しかない．

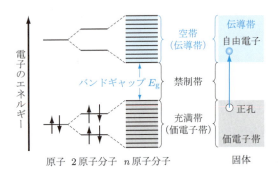

●図5.2● 電子のエネルギーとエネルギーバンド

る．このエネルギー幅がバンドである．図5.2には，簡単のため，電子が入っているもっとも高いエネルギー準位（最高被占準位）とそのすぐ上の空のエネルギー準位（最低空準位）だけを示している．

電子が完全に満たされているバンドを充満帯といい，共有結合型結晶においてエネルギーのもっとも高い充満帯を価電子帯（valence band）[*3]という．一方，電子が入っていない空のバンドを空帯とよび，空帯が電子の存在できない禁制帯（forbidden band）を隔てて価電子帯の上にあるとき，電子が励起されて空帯へ入ると電気伝導が起こることから，エネルギーのもっとも低い空帯を伝導帯（conduction band）とよぶ．

価電子帯と伝導帯の間にある禁制帯のエネルギー幅をバンドギャップ（band gap）[*4]という．物質が電気伝導性をもつには，このバンドギャップよりも大きなエネルギーを加えて，価電子帯にある電子を伝導帯に引き上げなければならない．言い換えれば，バンドギャップとは電子が自由になるために飛び越えなければならない障壁のようなものである．通常，半導体ではおよそ3 eV以下であり，絶縁体ではそれ以上となる．つまり，半導体と絶縁体との違いはバンドギャップの大きさにある．

空の伝導帯に電子が入ると，その電子は固体全体を自由に動くことができるので電荷を運ぶキャリアとなる．このような電子を自由電子とよぶ．金属では，図5.3に示すように，もっともエネルギーの高いバンドに電子が部分的にしか入っていないので，バンドが完全に空のときや電子で満たされているときとは異なり，電子が自由に動くことができ自由電子となるため，高い電気伝導性を示す．

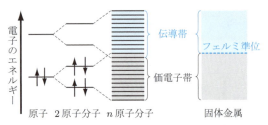

●図5.3● 金属の場合のエネルギーバンド

5.2 半導体のフェルミ準位

絶縁体や真性半導体の場合では，絶対零度においてバンドは充満帯と空帯だけなので，キャリアは存在せず電気伝導性を示さない．

しかし，バンドギャップが比較的小さな真性半導体では，温度を上げると価電子帯にある電子が熱励起されて伝導帯で自由電子となり，同時に価電子帯には電子の抜け孔に相当する正孔を生じる．

このようにして生じた自由電子と正孔は，ともにキャリアとなるので，真性半導体[*5]では温度を上げると電気伝導性を示すようになる．他方，絶縁体ではバンドギャップが大きいので，室温程度では熱励起せず，電気伝導率がきわめて低い．

また，絶縁体や真性半導体に，それらのバンドギャップの間にエネルギー準位を有するような不

[*3] 原子の軌道でいえば，原子核からみて一番外側に相当するバンドが価電子帯である．
[*4] 半導体のバンドギャップ（E_g, eV）：ゲルマニウム Ge 0.7，ケイ素 Si 1.1，リン化ガリウム GaP 2.2，酸化チタン TiO_2 3.0
[*5] 真性半導体では，キャリアの大部分が価電子帯から熱励起された自由電子と価電子帯に生じた正孔であり，不純物や格子欠陥によるキャリア濃度の変化は無視できる．

純物原子を微量添加[*6]すると，電気伝導率を高めることができる．このようにキャリアを供給するために不純物を添加した半導体を**不純物半導体**とよび，n型とp型とがある．**n型半導体**は，バンドギャップの伝導帯に近いところに電子のつまったエネルギー準位をもつ**電子供与性の不純物（ドナー, donor）**を添加したもので，このドナー電子は小さなエネルギーで伝導帯に励起され，自由電子となる．

他方，**p型半導体**は，バンドギャップの価電子帯に近いところに空のエネルギー準位をもつ**電子受容性の不純物（アクセプター, acceptor）**を添加したものであり，価電子帯の電子は小さなエネルギーでこの空のエネルギー準位へ励起され，価電子帯にその抜け孔である正孔ができてキャリアとなる．

なお，n型の**不純物準位**にできた正孔とp型の不純物準位に入った電子は，固体全体に広がったバンドではなく不純物準位という限られたところに固定されて固体全体を自由に動くことができないので，キャリアとはなりにくい．

ところで，絶対零度（0 K）において電子の入ったエネルギー準位のうちでもっとも高いエネルギー準位を**フェルミ準位（Fermi level）** E_F とよび，電極界面での平衡を扱ううえで非常に重要なものである．なお，不純物半導体のフェルミ準位は不純物準位とほぼ同じとみてよい．図5.4に金属と半導体についてフェルミ準位を比較して示した．

温度が上昇すると，不純物半導体のフェルミ準

●図5.4● 金属と半導体のフェルミ準位の比較
（E_F：フェルミ準位，E_C：伝導帯のエネルギー準位，E_V：価電子帯のエネルギー準位）

位付近の電子の一部が熱エネルギーによって励起され，より高いエネルギー準位を占めるようになる．温度 T のとき，エネルギー E の準位を電子が占める確率 $f(E)$ は，式(5.1)のような**フェルミ分布関数**で表される．

$$f(E) = \frac{1}{1+\exp\left(\dfrac{E-E_F}{kT}\right)} \tag{5.1}$$

ここで，k はボルツマン定数である．この式で明らかなように，フェルミ準位に電子が存在する確率は0.5[*7]であり，フェルミ準位より数 kT 高いエネルギー準位では電子占有確率は0に近づき，逆にフェルミ準位より数 kT 低いエネルギー準位では1に近づく．このように，熱励起された電子はできるだけ低いエネルギー準位に入ろうとし，フェルミ準位より高いエネルギー準位ではその電子の存在する確率は急激に低下する．

真性半導体の場合には，電子は価電子帯から伝

Coffee Break

n型とp型の半導体

n型半導体では，バンドギャップ内の伝導帯に近いところに不純物準位（ドナー準位）があり，ドナー電子がわずかな熱エネルギーで伝導帯に励起され，自由電子となる．このように負（negative）の電荷をもつ自由電子がキャリアとなって電気伝導に寄与する半導体なので，n型半導体とよぶ．逆に，バンドギャップ内の価電子帯に近いところに不純物準位（アクセプター準位）がある場合には，わずかなエネルギーで価電子帯にある電子がアクセプターの空の準位に押し上げられ，価電子帯に正孔を生じる．この正（positive）の電荷を有する正孔がキャリアとなって電気伝導に寄与するので，このような半導体はp型半導体とよばれる．たとえば，4価の価電子を有するケイ素 Si やゲルマニウム Ge 中では，ドナー原子として5価の価電子をもつリン P，ヒ素 As，アンチモン Sb などがあり，アクセプター原子としては3価の価電子をもつホウ素 B，アルミニウム Al，ガリウム Ga，インジウム In などが知られている．

[*6] キャリアを供給するために不純物を添加することを**ドーピング（doping）**という．
[*7] 式(5.1)中の E は E_F と等しく，$f(E)=1/2$ となる．

導帯まで励起され，この励起によって生じた電子と正孔の数が等しく，図5.4に示すようにフェルミ準位はバンドギャップの中央位置となる．

前ページで説明したことから理解できるように，n型半導体では，室温でドナー濃度程度の自由電子が励起されているので，フェルミ準位は伝導帯のすぐ下の不純物準位とさほど違わない位置にある．

一方，p型半導体では価電子帯のすぐ上にアクセプター濃度程度の正孔を生じているので，フェルミ準位は価電子帯のすぐ上の不純物準位とよく似た位置にある．

5.3 ショットキー障壁とp-n接合

半導体を金属や電解液あるいは異種の半導体と接触させると，両者の間で電荷の授受が起こり，半導体表面内側に空間電荷層（space-charge layer）とよばれる電荷分布の傾きをもった層が生じる．

5.3.1 半導体と金属あるいは異種半導体との接触

例として，n型半導体をこれより仕事関数（work function）[*8]の大きい金属，言い換えればフェルミ準位の低い金属と接触させたときのエネルギーバンドの曲がりを図5.5に示している．

n型半導体のフェルミ準位は伝導帯のすぐ下にあり，金属のフェルミ準位はそれより低いので，両者を接触させると半導体から金属に電子が移り，この電子の移動はフェルミ準位が等しくなるまで続き，平衡状態に達する．この接触の結果として，半導体側は正に帯電し，金属側は負に帯電する．

この場合，半導体のドナー濃度が低いので，電荷がつりあった平衡状態となるため，半導体内部のかなり深いところまで正電荷をもった層が形成される．図5.5のバンドの曲がりはこのようにして生じるのである．

このバンドの曲がりをショットキー障壁（Schottky barrier）[*10]といい，半導体電極が一方向の電流しか通さないという整流作用を示す根拠となるものである．

n型半導体をp型半導体と接合した場合にもバンドの曲がりが生じる．室温でのn型半導体のフェルミ準位は伝導帯のすぐ下に，p型半導体のフェルミ準位は価電子帯のすぐ上にあるので，これらを接合すると，接触界面ではフェルミ準位が一致するようにエネルギー準位が変化してバンドの曲がりを生じる．このp-n接合を説明したものが図5.6である．

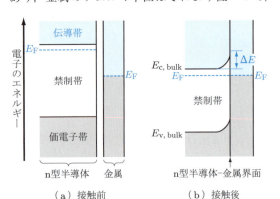

● 図5.5 ● n型半導体と金属との接触とショットキー障壁の形成（ΔE：ショットキー障壁，E_F：フェルミ準位，$E_{c,bulk}$：半導体内部の伝導帯のエネルギー準位，$E_{v,bulk}$：半導体内部の価電子帯のエネルギー準位）[*9]

5.3.2 半導体と溶液との接触

次に，半導体電極が電解液と接触する場合について考えてみよう．電解液のフェルミ準位は，溶液中に含まれる酸化還元系の平衡電位（酸化還元電位，E_{Red-Ox}[*11]）に相当する．n型半導体を例に

[*8] 真空中の金属に光をあてると，ある値以上の光子エネルギーで電子が飛び出す．この限界光子エネルギーが仕事関数に相当し，仕事関数の大きい金属ほどフェルミ準位が深く，電子を出しにくい．

[*9] 図5.5のエネルギー準位Eの添え字のcは伝導帯，vは価電子帯，bulkは半導体内部を表す．

[*10] 半導体電極を外部回路と導線でつなぐ際には，ショットキー障壁を生じないようにする必要がある．そのためには，図5.5とは逆に接触させる金属のフェルミ準位がn型半導体より高ければよく，インジウムInがしばしば用いられる．

[*11] Red-Ox：reduction（還元）とoxidation（酸化）の略．

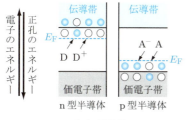

（a）接触前

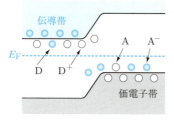

（b）接触後（p-n接合）

●図5.6● p型半導体とn型半導体の接触（E_F：フェルミ準位，A：アクセプター，A^-：価電子帯からの電子を受容したアクセプター，D：ドナー，D^+：伝導帯に電子を供与した後のドナー）

とり，そのフェルミ準位より低い平衡電位を有する酸化還元系を含む電解液と接触させると，既述のn型半導体と金属との接触の場合と同じように，半導体の伝導帯にある電子の一部が低いエネルギー状態にある電解液中の酸化体に移動し，酸化体を還元する．

この還元反応が進行するにつれて，図5.7(a)，(b)に示すように半導体電極のフェルミ準位は低下し，最終的に酸化還元電位と等しくなって平衡に達する．しかし，半導体のドナー濃度は溶液内の酸化還元系の濃度に比べて非常に低いので，伝導帯から電子が移動して酸化体を還元して平衡に達するには，半導体のかなり内部のドナー電子まで反応に関与することになる．

このようにして電子の移動で対になっていた正孔が取り残され，この正孔が界面から半導体内部に向かって分布して，空間電荷層を形成することになる．これは，ちょうど金属電極と電解液との界面にできる電気二重層と，電荷の符号は異なるが，本質的に同じものである．

n型半導体をカソード分極して半導体電極のフ

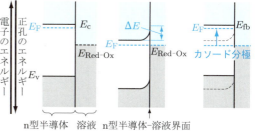

●図5.7● n型半導体電極と電解液との接触（E_F：フェルミ準位，E_C：伝導帯のエネルギー準位，E_V：価電子帯のエネルギー準位，E_{Red-Ox}：酸化還元電位，ΔE：ショットキー障壁，E_{fb}：フラットバンド電位）

ェルミ準位を押し上げると，図5.7（c）に示すように，伝導帯や価電子帯も押し上げられて半導体内部が水平なバンド状態，すなわち空間電荷層が存在しないフラットバンド状態となる．このときの半導体電極の電極電位をフラットバンド電位（flat-band potential）E_{fb}という．

フラットバンド電位は電極界面のインピーダンス測定から求めることができる．すなわち，微分容量Cと電極電位Eとの関係を表す式(5.2)を用いて$1/C^2$をEに対してプロットし，その直線の切片と勾配からフラットバンド電位と平衡時のドナー濃度n_Dを求めることができる．このプロットはモット-ショットキープロット（Mott-Schottky plots）とよばれる．

$$\frac{1}{C^2} = \frac{2}{e\varepsilon\varepsilon_0 n_D}\left\{-(E-E_{fb}) - \frac{kT}{e}\right\} \quad (5.2)$$

ここで，eは電気素量，εとε_0は半導体の比誘電率と真空の誘電率，kはボルツマン定数である．

すでに述べてきたように，金属電極では分極すると電解液側の電気二重層内で電位勾配が生じるのに対して，半導体電極では分極すると表面内部の空間電荷層内の電位勾配も影響を受ける．図5.8には，半導体電極を分極したときのエネルギーバンド状態の変化を示す．n型半導体を例にとっているが，図5.8（b）のフラットバンド状態から，図5.8（a）のようにアノード分極すると空間電荷層におけるエネルギーバンドは上向きに曲が

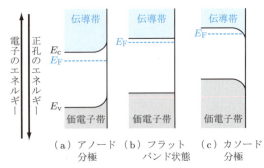

●図5.8● n型半導体電極を分極したときのエネルギーバンド状態（E_F：フェルミ準位，E_C：伝導帯のエネルギー準位，E_V：価電子帯のエネルギー準位）

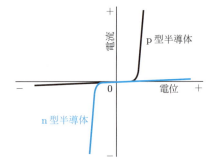

●図5.9● 半導体電極の酸化還元系を含む電解液中での電流-電位曲線

り*12，図5.8（c）のようにカソード分極すると下向きに曲がる．

5.3.3 半導体電極の分極挙動

次に，酸化還元系を含む電解液中におけるn型半導体電極の分極挙動を，図5.9の電流-電位曲線をもとに説明しよう．もともとn型半導体電極は，電解液との接触により図5.7（b）に示すように，空間電荷層において上向きのバンドの曲がりを生じる．その状態からアノード分極してバンド位置をさらに低くすると自由電子は半導体内部に移動する．

一方，正孔は半導体表面内部に存在するが，きわめて少ないので溶液中の還元体を酸化するまでには至らない．逆にカソード分極してバンド位置を高くすると，自由電子は半導体内部から表面に移動し，溶液中の酸化体を還元する．したがって，n型半導体電極ではアノード酸化電流はほとんど流れないが，カソード還元電流はよく流れるといった，反応電流の整流作用が現れる．

なお，p型半導体電極では，電解液との接触によりn型とは逆のバンドの曲がりが生じるため，図5.9に示したように整流作用も逆である．そのため，カソード還元電流はほとんど流れないが，アノード酸化電流はよく流れる．

5.4 半導体電極による光吸収

光は電磁波の一種で，秒速約30万kmで空間を進む波であるが，干渉や回折などの波の性質をもっているほか，光電効果*13やコンプトン効果*14などのように，エネルギーをもった粒子とみなさなければ説明のつかない性質もある．光を粒子としてみたとき，これを光子とよぶ．波と粒子の性質を結びつけたのが，次のプランクの式である．

$$\varepsilon_p = h\nu \tag{5.3}$$

この式は，振動数ν [s^{-1}]の波を粒子とみたときの光子1個のエネルギーε_p [J]を表している．比例定数hはプランク定数*15である．式(5.3)は光速度cと波長λ [m]を使って，次のように書くこともできる．

---

*12 もともとn型半導体電極では，空間電荷層でのエネルギーバンドは上向きに曲がっているが，アノード分極することによって，その曲がりが深くなる．
*13 真空中に置かれた金属板に光を当てると，その金属内の自由電子が金属の外に飛び出す現象が光電効果であり，光が明らかにエネルギーをもっていることを示している．
*14 物質にX線を照射すると，もとの方向とは異なる方向へ少し波長の長いX線が出てくる現象で，光子が物質内の電子と衝突して電子にエネルギーを与えるために自身のエネルギーが減少して，波長が長くなる．
*15 プランク定数$h=6.626\times10^{-34}$ J s，光速度$c=2.998\times10^{8}$ m s^{-1}．式(5.4)で，ε_pにeV単位（1 eV$=1.602\times10^{-19}$ J），λにnm単位（1 nm$=1\times10^{-9}$ m）を使えば，ε_p[eV]$=1240/\lambda$ [nm]となる．

$$\varepsilon_p = \frac{hc}{\lambda} \tag{5.4}$$

これらの関係式から，光の波長が短いほど光子のもつエネルギーが大きくなることがわかる．エネルギーをもつ光子が物質に当たると，物質内の電子が光子のエネルギーをもらって高いエネルギー状態になる．このような現象を<u>光吸収</u>という．

次に，<u>半導体の光吸収</u>について考えてみる．すでに述べたように，n 型半導体と p 型半導体を接合すると，フェルミ準位が一致するように図 5.6 のようなエネルギーバンドの曲がりを生じる．この p-n 接合部に適当な波長の光を照射すると，光吸収が起こり，図 5.10 に示すように価電子帯から伝導帯への電子励起によって電子と正孔への<u>電荷分離</u>が起こる．

電子と正孔はエネルギー的により安定な方向に移動するので，伝導帯に励起された電子は n 型半導体へ，価電子帯に生じた正孔は p 型半導体側へ移動する．こうして n 型半導体側は電子過剰に，p 型半導体側は正孔過剰（電子不足）になり，n 型半導体と p 型半導体との間に電位差 ΔE [*16] を生じる．このように光照射によって生じた電位差を<u>光起電力</u>という．この原理による電池を<u>光電池</u>といい，<u>シリコン太陽電池</u>がその代表的なものである．

電解液と接触している n 型半導体電極に光を照射したときにはどうなるであろうか．n 型半導体として<u>酸化チタン</u> TiO_2 を例にとれば，そのバンドギャップエネルギーの 3.0 eV よりも大きなエネルギー（およそ 410 nm より短波長）の光を照射すると，界面における価電子帯の電子は光を吸収して伝導帯に励起される．伝導帯の励起電子は半導体内部に移動し，導線を通じて外部回路に流れ，価電子帯に残された電子の抜け孔に相当する正孔（h^+）は，空間電荷層のバンドの曲がりに沿って界面に移動し，たとえば，式(5.5)のように溶媒の水分子を酸化して酸素を発生させる．

$$2H_2O + 4h^+ \longrightarrow O_2 + 4H^+ \tag{5.5}$$

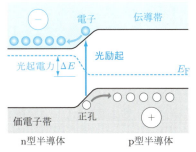

●図 5.10● p-n 接合への光照射による起電力の発生（E_F：フェルミ準位，ΔE：電位差）

例題

吸収された光子 1 個が変化させた粒子の個数を量子収率（quantum yield）といい，光化学反応の効率を表す．温度 25 ℃ で，波長 400 nm，光強度 10 W の単色光を 10 分間照射した．このとき水の酸化で 50.0 cm³ の酸素を発生した．完全に光が吸収されたとみなして，吸収された光子の数を求めよ．また，この光化学反応の量子収率を求めよ．

解答

$$E = h\nu = \frac{hc}{\lambda} = \frac{6.63 \times 10^{-34} \, \text{J s} \times 3.00 \times 10^8 \, \text{m s}^{-1}}{400 \times 10^{-9} \, \text{m}}$$
$$= 4.97 \times 10^{-19} \, \text{J}$$

したがって，400 nm の単色光の光子 1 個のエネルギーは 4.97×10^{-19} J である．吸収されたエネルギーは $(10 \, \text{J s}^{-1}) \times (10 \times 60 \, \text{s}) = 6000$ J なので，吸収された光子数は $6000 \, \text{J} / (4.97 \times 10^{-19} \, \text{J}) = 1.2 \times 10^{22}$ 個となる．

発生した酸素を理想気体とみなし，25 ℃，1 atm でのモル数を求めると，2.04×10^{-3} mol となり，アボガドロ定数をかければ分子数 1.23×10^{21} 個が求められる．1 個の酸素が発生するには 4 個の光子を必要とするので，量子収率は $4 \times 1.23 \times 10^{21} / (1.2 \times 10^{22}) = 0.41$ となる．

[*16] n 型半導体が負極，p 型半導体が正極としてはたらく光電池が形成される．

図 5.11 に示す水溶液中での TiO₂ 電極の電流-電位曲線から明らかなように，光電流 (photocurrent) が流れ始める電位に相当するフラットバンド電位は，pH 4.7 の水溶液中で -0.5 V vs. SCE[*17] なので，価電子帯の上端のエネルギーは 2.5 V vs. SCE である．これは酸素電極反応の平衡電位である 0.71 V vs. SCE（pH＝4.7）よりもずっと正の値であり，光照射した TiO₂ 電極では暗時にはほとんど流れなかった水の酸化電流が，負の電位から流れるようになっている．

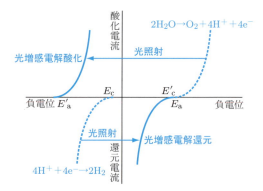

●図 5.12● 光増感電解と電気化学光電池の原理

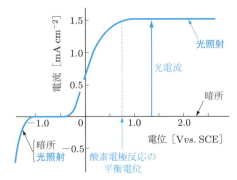

●図 5.11● 水溶液中，酸化チタン電極の電流-電位曲線（pH 4.7，0.5 mol dm⁻³ KCl）

また，還元電流については，n 型半導体の多数キャリア（電荷）が電子であるため，光照射により価電子帯から励起されて生じた電子による上乗せ効果は観察できるほどではない．

金属電極では熱力学的な平衡電位よりも正の電極電位でなければ酸化反応は起こらないが，光照射した n 型半導体電極では，平衡電位より負の電位で酸化反応が進行する．これを光増感電解酸化 (photosensitized electrolytic oxidation) という．逆に光照射した p 型半導体電極では平衡電位より正の電位で還元反応が進行するので，光増感電解還元 (photosensitized electrolytic reduction) という．

ところで，通常の水電解では，図 5.12 の破線で示すアノード電流とカソード電流の立ち上がり電位の差（$E_a - E_c$）以上の電圧を外部電源から加える必要がある．しかし，金属アノードを TiO₂ のような n 型半導体電極と置き換え，TiO₂ のバンドギャップより大きなエネルギーの光を照射すると，図中の実線で示すように，より負の電位で光増感電解酸化が起こり，E_a が E_c より負の電位にあるときには，外部電源なしに水分解を行わせることができる．つまり，ガルバニ電池として，外部に対し電気的仕事をしながら水分解を行うことができる．もう 1 枚の金属カソードについても p 型半導体に置き換えて，そのバンドギャップ以上の光エネルギーを照射すると，正の電位で光増感電解還元が起こり，電池の起電力はさらに大きくなり（$E_c' - E_a'$）の光起電力を生じる．このような原理の電池は電解液を使って電気化学反応を行わせるので，電気化学光電池 (electrochemical photocell) あるいは湿式光電池ともよばれる[*18]．

[*17] 電極電位が飽和カロメル電極（saturated calomel electrode，略して SCE）を基準にして表現されていることを示す．25℃の時，NHE 基準電位より 0.2412 V 小さい．
[*18] シリコン太陽電池などの p-n 接合型の太陽電池は，乾式太陽電池あるいは固体太陽電池とよばれるのに対し，電解質溶液を使う電気化学光電池は，湿式太陽電池ともよばれる．

演・習・問・題・5

5.1 電子1個の電荷（電気素量）は -1.60×10^{-19} C である．電子 1 mol あたりの電荷量を求めよ．また，この値を何とよぶか．

5.2 赤色発光ダイオードの光の波長は 650 nm である．この光子1個あたりのエネルギーは何 J か．

5.3 バンドギャップが 3.0 eV の n 型半導体が電解液に浸されている．フラットバンドポテンシャルは -0.5 V $vs.$ SCE であった．半導体電極の電位を $+0.5$ V $vs.$ SCE にすると，この半導体表面内部でのエネルギーバンドの曲がりは何 eV か．また，この電極電位における半導体表面内部での価電子帯の位置は何 V $vs.$ SCE か．

5.4 図 5.8 にならって，p 型半導体電極を分極したときのエネルギーバンド状態を図示せよ．

5.5 電解質を含む水溶液中，アノードに n 型半導体の酸化チタン電極，カソードに白金電極を用いて電気化学光電池を構成した．酸化チタンのバンドギャップよりも大きなエネルギーの光を照射したとき，アノードとカソードで起こる水分解反応を反応式で示せ．

第6章

電解合成の基礎

電気分解を利用してさまざまな化学物質を合成する方法を電解合成とよぶ．この電解合成では，反応物質が電極を介して電子の授受を行い目的物質を得るので，反応系に酸化剤や還元剤を加える必要がなく，環境にやさしいクリーンな合成法として期待されている．この章では，第1章から第5章で学んだ知識を補填し，そのうえで代表的な電解プロセスである水電解と食塩電解について説明する．

KEY WORD

| 槽電圧 | 電解セル | 電極材料 | 食塩電解 | ファラデーの法則 |
| 理論分解電圧 | 電圧効率 | エネルギー効率 | 固体高分子電解質 | 電気透析法 |

6.1 分解電圧とエネルギー効率

電極-電解質溶液-電解槽の組み合わせで，外部電源から電気エネルギーを与えて化学反応を起こさせるのが電解セル (electrolytic cell) であることは，すでに説明した．たとえば，この電解セルで，式(6.1)のようにAとBからXとYを生成する化学反応が可逆的に起こるものとする．

$$a\mathrm{A} + b\mathrm{B} \rightleftharpoons x\mathrm{X} + y\mathrm{Y} \quad (6.1)$$

この反応でギブズエネルギー変化 ΔG が正の値の場合には，そのギブズエネルギーの増加分に相当する電気エネルギーを外部から系に与えなければならない．電気エネルギー[*1]は印加する槽電圧 (cell voltage) を ΔE_{cell}[*2] とすれば，反応に関与する電子数を n，ファラデー定数を F として $nF\Delta E_{cell}$ で表されるので，式(6.2)の関係が成立する．

$$\Delta G = nF\Delta E_{cell} \quad (6.2)$$

ΔE_{cell} は電気分解を起こすために必要な最小の電圧であり，理論分解電圧 (theoretical decomposition voltage) とよばれる．

式(6.2)の化学反応の理論分解電圧[*3]をネルンストの式で表すと，式(6.3)のようになる．

[*1] 電解セルでの電気エネルギーの算出には，電池の起電力を印加電圧で置き換えればよい．ただし，ΔG の符号が逆になることに注意する．
[*2] 槽電圧．添え字の cell は電解槽を意味する．
[*3] 電解セルでは電池の場合と ΔG の符号が逆になるので，対数の前の符号は起電力を求める式(6.3)とは逆の正の符号となっている．

$$\Delta E_{\text{cell}} = \Delta E^0{}_{\text{cell}} - \frac{RT}{nF} \ln \frac{a_X^x a_Y^y}{a_A^a a_B^b} \quad (6.3)$$

ここで，$\Delta E^0{}_{\text{cell}}$ は標準状態，すなわち反応に関与する各成分の活量が1の状態における理論分解電圧である．

しかし，実際に電気分解を行うには，理論分解電圧に加えて，電荷移動（活性化）と物質移動（拡散）にともなう分極が生じるため，その分だけ余分な電圧，すなわち過電圧を加えなければならない．また，電極，電解液，電極/電解液界面，あるいは隔膜などの電気抵抗による**オーム損**（*IR*損）も生じる．電解セルのトータルの抵抗が R で電解電流が I の場合には，オーム損は IR である．したがって，電解電流が流れているときの槽電圧 $\Delta E_{\text{cell}}(I)$ は，式(6.4)で表される．

$$\Delta E_{\text{cell}}(I) = \Delta E_{\text{cell}} + \eta_a + |\eta_c| + IR \quad (6.4)$$

ここで，η_a と η_c は，それぞれアノードとカソードの過電圧である．図6.1には，槽電圧と理論分解電圧の関係を模式的に示している．

また，理論分解電圧と電解しているときの槽電圧との比は，**電圧効率**（voltage efficiency）η_V とよばれる．

$$\frac{\Delta E_{\text{cell}}}{\Delta E_{\text{cell}}(I)} \times 100 = \eta_V (\%) \quad (6.5)$$

この電圧効率の**電流効率**（η_{curr}）との小数値による積を**エネルギー効率**（energy efficiency）η_{energy} とよび，通常，百分率で表される．

$$\eta_{\text{energy}} = \eta_{\text{curr}} \times \eta_V \quad (6.6)$$

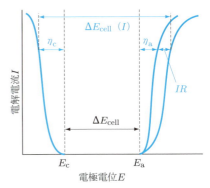

●図6.1● 槽電圧 $\Delta E_{\text{cell}}(I)$ と理論分解電圧 ΔE_{cell}

　　水分解における標準ギブズエネルギーは 237.2 kJ mol^{-1} である．標準状態での理論分解電圧を求めよ．

1 mol の水が分解するときの標準ギブズエネルギーは 237.2 kJ mol^{-1} であり，関係する電子数は2なので，$\Delta G = nF\Delta E_{\text{cell}}$ の式(6.2)に数値を代入して，標準状態での理論分解電圧は 1.229 V となる．

6.2 電解合成の特徴

熱エネルギーが化学反応の駆動力になる場合の電子の授受は，反応物質間で直接行われる．それに対して電気分解の場合には，化学反応は電気エネルギーによって推進され，電極を介してアノードとカソードで別々に電子の授受が行われる．**電解合成**の考えられる利点のいくつかを列挙してみよう．

- 電極電位の制御によって反応の選択性を高め，電流密度によって反応速度を制御することができる．
- 反応量は**ファラデーの法則**（Faraday's law）に従って，通電量で制御できる．
- ギブズエネルギーが正の反応でも，電気エネルギーの供給により進行させることができる．
- 酸化反応と還元反応がそれぞれアノードとカソードで別々に起こり，生成物の分離に都合がよい．
- 電子が直接反応に関わるので反応系に酸化剤や還元剤を加える必要がなく，また，電極自体が触媒作用を有することが多く，別途触媒を加える必要がないので，生成物の純度が高く，環境

にやさしい合成法である.
- 常温,常圧付近の穏和な条件でも反応させることができるので安全性が高く,また,反応の段階を減らすことができる.
- 少量多品種の合成に適している.

他方,電解合成法の欠点として,次のようなことがあげられる.
- 電解合成が二次元の電極/電解液界面で起こるので,全体として生成速度が遅い.
- 電解セルは,図6.2に示すように,電極・電解液・槽材料・隔膜(セパレーター)などの要素技術の複雑な組合せなので,最適電解合成条件を見い出すための工学的見地からの検討が求められる.
- 日本では電力コストが諸外国に比べ3倍以上であり,採算をとるのが難しい.

表6.1には,電解合成で生産される主要な物質を掲げている.これらの電解合成は,上に述べた利点と欠点を天秤にかけてみて,利点が上回る場合に成立する.

● 表6.1 ● 電解合成で生産される主要な物質

工業薬品	単体金属
カセイソーダ NaOH,塩素 Cl_2	ナトリウム Na
ソーダ灰 Na_2CO_3	マグネシウム Mg
カリ灰 K_2CO_3,カセイカリ KOH	アルミニウム Al
塩素酸ナトリウム $NaClO_3$	カリウム K
二酸化マンガン MnO_2	チタン Ti
フッ素 F_2	クロム Cr
過塩素酸 $HClO_4$	コバルト Co
炭酸リチウム Li_2CO_3	ニッケル Ni
過マンガン酸 $HMnO_4$	銅 Cu
アジポニトリル $(CH_2CH_2CN)_2$	亜鉛 Zn
L-システイン $HSCH_2CH(NH_2)COOH$	カドミウム Cd

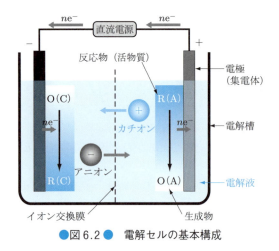

● 図6.2 ● 電解セルの基本構成

6.3 水電解

日本の近代化学工業の勃興期に電解合成は大きく貢献した.水力発電の余剰電力の有効利用で水電解が行われ,生成した水素はアンモニア合成などの化学工業になくてはならないものとなった.しかし,水素の膨大な需要に対してわが国では電力コストが高いため,現在では,ほとんどの水素が天然ガス,ナフサ,石炭などの化石燃料から水蒸気改質により製造されるようになった.

一方で,化石燃料の枯渇問題や地球環境保全の考えが高まり,従来の化学工業用原料としてだけではなく,効率的なエネルギー貯蔵・輸送・利用の媒体としてクリーンな水素エネルギーシステムを開発する動きが活発化してきた関係で,それ自体クリーンな合成法である水電解が再び注目を浴びている.

水電解は酸性水溶液でもアルカリ水溶液でも可能だが,工業用ではほとんどアルカリ水溶液が用いられる.この理由は,酸性水溶液では使用する材料が制限されるためで,このほか,アルカリ水溶液が用いられる理由として次のことがあげられる.

- アルカリ水溶液では,炭素鋼,ステンレス鋼,ニッケル Ni,ニッケル合金などの比較的安価

な材料を電極や電解槽などに利用できる．
- これらの電極材料（electrode material）は，ほかの電極材料に比べ，相対的に水素過電圧と酸素過電圧が低い．
- アルカリ水溶液では電極材料に表面酸化物皮膜ができ，保護層として機能し防食効果をもつ．

次に，アルカリ水溶液中での水の電解反応式(6.7)〜(6.9)を示す．

アノード反応：$2OH^- \longrightarrow \frac{1}{2}O_2 + H_2O + 2e^-$ 　　　(6.7)

カソード反応：$2H_2O + 2e^- \longrightarrow H_2 + 2OH^-$ 　　　(6.8)

総括反応：　　$H_2O \longrightarrow H_2 + \frac{1}{2}O_2$ 　　　(6.9)

この水電解における理論分解電圧は，式(6.3)より次のように表される．

$$\Delta E_{cell} = \Delta E^0_{cell} + \frac{RT}{nF} \ln \frac{p_{H_2} p_{O_2}^{\frac{1}{2}}}{a_{H_2O}} \quad (6.10)$$

この反応の標準ギブズエネルギーは237.2 kJ mol^{-1}であり，標準状態での理論分解電圧（ΔE^0_{cell}）は式(6.2)より1.229 Vとなるので，25℃での水分解の理論分解電圧は式(6.11)のようになる．

$$\Delta E_{cell} = 1.229 + \frac{0.05916}{2} \log \frac{p_{H_2} p_{O_2}^{\frac{1}{2}}}{a_{H_2O}} \quad (6.11)$$

水の分解反応は吸熱反応であり，実際に電解を継続して行うためには，式(6.9)の反応のエンタルピー変化（25℃，1 atmでの標準エンタルピー変化 $\Delta H^0 = 285.5$ kJ mol^{-1}）とギブズエネルギーの差に相当する熱を補給する必要がある．通常，この熱エネルギーは，電極，電解液，隔膜によるオーム損や正負両極での過電圧などから生じる発熱により補うことができる．すなわち，ギブズエネルギーから求められる理論分解電圧に熱エネルギーを加えることにより，水分解に必要な全エネルギーを求める*4ことができる．この熱エネルギーを含む水分解に必要な全理論電圧を理論稼動電圧といい，エンタルピー変化から計算することができる．標準エンタルピーの値を用いると，水の理論稼動電圧は1.48 V*5となる．図6.3には，理論分解電圧と理論稼動電圧の温度依存性を示している．

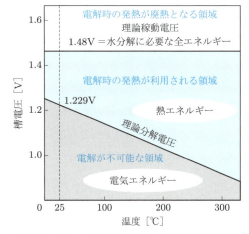

● 図6.3 ● 理論分解電圧と理論稼動電圧の温度依存性

アルカリ水溶液電解液の温度は，電極過電圧や液抵抗を下げるため高温であることが望ましいが，電解槽の腐食の問題もあり，80℃前後で運転されている．また，電流密度は150〜200 mA cm^{-2}，槽電圧は1.7〜2.0 V程度である．

図6.4に，アルカリ水溶液電解における槽電圧の内訳を示す．

オーム損は，電極，電解質溶液，隔膜の抵抗と発生ガスの気泡抵抗からなり，電流密度に対して直線的に増加する．他方，過電圧成分はターフェル式*6に従い，電流密度に対して対数的に増加する．高電流密度域では相対的にオーム損の影響が大きく，図6.4からも明らかなように槽電圧は直線的に増加する．

---
*4 等温等圧での水分解に必要なエネルギーはΔHである．ΔHとΔGには$\Delta G = \Delta H - T\Delta S$の関係があり，$T\Delta S$項が正の値（吸熱）の場合には，吸熱量に見合う熱エネルギーを供給しなければ等温等圧の水電解槽を稼動させることができない．実際には，過電圧やオーム損に相当する電気エネルギーがジュール熱に変わるので，この発熱の一部が電解温度の保持に有効に利用できる．
*5 $\Delta H^0 = 285.5$ kJ mol^{-1}を電気エネルギー（$nF\Delta E$）に換算すると，$n=2$なので$\Delta E = 1.48$ Vとなる．
*6 $\eta = a \pm b \log |i|$．ただし，ηは過電圧，iは電流密度であり，aとbは定数である．

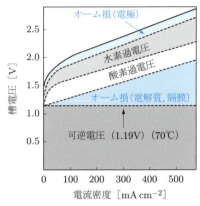

●図 6.4● アルカリ水溶液電解における槽電圧の内訳

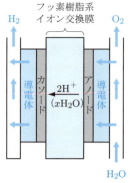

アノード：$H_2O \rightarrow 2H^+ + \frac{1}{2}O_2 \uparrow + 2e^-$
カソード：$2H^+ + 2e^- \rightarrow H_2 \uparrow$

●図 6.5● 固体高分子電解質型水電解

水分解のエネルギー変換効率は，式(6.12)のように槽電圧に対する理論稼働電圧の比で表される．

$$\text{エネルギー変換効率} = \frac{(\text{理論稼働電圧})}{(\text{槽電圧})} \times 100 \, (\%) \quad (6.12)$$

たとえば，25℃，1.9 V で稼動している電解槽では，水の理論稼動電圧は既述のように 1.48 V なので，エネルギー変換効率はおよそ 78% で，残りの 22% は放熱による損失となる．

先にも述べたように，高電流密度域ではオーム損の影響が大きく，エネルギー変換効率は低下するので，水電解技術の開発においては高電流密度の電解でいかに効率を高めるかが重要となる．そのため，高電流密度でかつ高効率で電解ができる水電解法として，固体高分子電解質（SPE：solid polymer electrolyte）を用いた電解法が，ゼネラルエレクトリック社によって 1970 年代初期に開発された．この固体高分子型水電解法は，アルカリ水溶液などの電解質溶液の代わりにフッ素樹脂

系（ペルフルオロスルホン酸系）のイオン交換膜をプロトン伝導体の固体電解質として用いる方法で，SPE 水電解法ともよばれている．図 6.5 に示すように，電極は，通常，電解質膜に直接接合されている．

この場合の電極反応は酸性溶液中での水電解の反応と同じで，アノードで酸素が発生し，同時に生成したプロトンが水分子をともない膜中のイオン交換基を介してカソードに移り，水素を発生する．この固体高分子電解質型水電解では，イオン交換基であるペルフルオロスルホン酸が超強酸なので，電極として耐食性の高い白金 Pt，ロジウム Rh，イリジウム Ir などの貴金属を使わなければならないという難点がある．一方で，アノード室とカソード室がガスを透過しないイオン交換膜で仕切られているため，高圧運転が可能であり，また，アノード側に水だけを供給すればよく，保守が容易であるなどの利点がある．

6.4 食塩電解

食塩水（brine）[*7] を電気分解することを食塩電解（brine electrolysis）といい，水酸化ナトリウム NaOH（カセイソーダ），塩素 Cl_2，水素 H_2 が得られる．これらの電解生成物はいずれも化学工業を支える基礎原料となるもので，わが国の電解工業の中でもっとも大きく，食塩電解工業，電解アルカリ・塩素工業などとよばれている．

[*7] かん水ともいう．

6.4.1 水銀法と隔膜法による食塩電解

工業的な食塩電解法には，水銀法，隔膜法，イオン交換膜法の三つの方法があるが，カソードに水銀を用いる水銀法[*8]は，水銀の環境への影響からわが国では1986年をもって廃止された．また，隔膜法でも，アノードとカソードの両極間の隔膜にアスベスト（石綿）を用いるので，同様に環境保全上の問題があり，またカセイソーダに食塩が含まれ製品の純度が劣ることもあって，わが国では1999年にすべてイオン交換膜法に転換されている．

6.4.2 イオン交換膜法食塩電解

イオン交換膜法食塩電解は，わが国の技術が世界のトップレベルにあり，これまでの水銀法や隔膜法に比べて省エネルギー性に優れ，高品位のカセイソーダが得られる画期的なものである．この革新的な技術は，寸法安定性アノード（DSA, dimensionary stable anode）と電極表面積を大きくしたニッケル系の活性カソードの開発や，陽イオン選択透過性が高く，ガス，水溶液，陰イオンを透過させないペルフルオロカルボン酸型イオン交換膜の開発などにより達成された．このイオン交換膜法食塩電解の原理を図6.6に示している．

アノード／イオン交換膜／カソードを密着させて電解液のオーム損を極限にまで下げたゼロギャップセルとよばれる電解槽を用い，アノード室には飽和食塩水を，カソード室には純水をそれぞれ供給し，高温（90℃）での電解で高純度のカセイソーダを製造することができる．

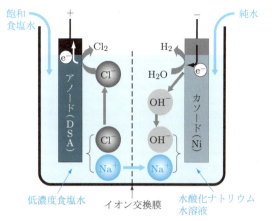

●図6.6● イオン交換膜法食塩電解の原理

イオン交換膜法における化学反応式は隔膜法と同じで，次のとおりである．

アノード反応　$2Cl^- \longrightarrow Cl_2 + 2e^-$　(6.13)

カソード反応
$$\begin{cases} 2H_2O + 2e^- \longrightarrow H_2 + 2OH^- & (6.14) \\ 2Na^+ + 2OH^- \longrightarrow 2NaOH & (6.15) \end{cases}$$

総括反応　$2NaCl + 2H_2O \longrightarrow$
$$2NaOH + H_2 + Cl_2 \quad (6.16)$$

アノードで塩素，カソードで水素と水酸化物イオン OH^- が生成し，OH^- イオンがナトリウムイオン Na^+ と結合してカセイソーダを生成することが基本の反応となっている．しかし，これらの反応を分離せずに行うと，カセイソーダと塩素は反応して収率低下を招き，また，塩素ガスと水素ガスが混合すると爆発するおそれもある．そのため，イオン交換膜法ではカチオン交換膜を用いてアノード反応とカソード反応を分離している[*9]．

6.5 電気透析による海水中の食塩の濃縮

電気透析法（electrodialysis）は，分離操作の一種ではあるが，海水濃縮による製塩法として工業化されているので，電解合成とは少し意味合いは異なるがこの節で説明しておきたい．

電気透析による海水中の食塩の濃縮原理を図6.7に示す．すなわち，陽イオン交換膜と陰イオ

[*8] 水銀法のアノード反応：$Cl^- \longrightarrow \frac{1}{2}Cl_2 + e^-$，カソード反応：$Na^+ + (Hg) + e^- \longrightarrow Na(Hg)$，総括反応：$NaCl + (Hg) \longrightarrow \frac{1}{2}Cl_2 + Na(Hg)$．ナトリウムアマルガム，$Na(Hg)$，は解こう塔へ送られ，水と反応して$NaOH$と$H_2$を生成する．

[*9] イオン交換膜法食塩電解のカソードには，ガス拡散電極を用いて電気エネルギーの利用効率を高める新技術が開発されている．これは，カソード側に酸素ガスを供給し，カソードでの水素発生を抑える方法である．

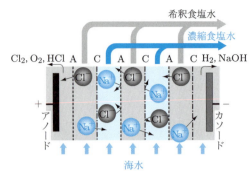

●図 6.7● 電気透析法による海水濃縮（C：陽イオン交換膜，A：陰イオン交換膜）

ン交換膜とを交互に配置した多室式電解槽に海水を流し込み，両端から直流電圧を印加すると，ナトリウムイオン Na^+ はカソードへ，塩化物イオン Cl^- はアノードへ移動しようとする．しかし，ナトリウムイオンは陰イオン交換膜を透過できず，また，塩化物イオンは陽イオン交換膜を透過できず，膜をはさんで塩化ナトリウム NaCl が濃縮された室と希釈された室が交互にできる．この操作の繰り返しでさらに濃縮し，その濃縮液から水分を蒸発させると食塩が得られる．言い換えれば，電気透析法で一つは濃縮，他方で脱塩された溶液が得られることになる．古来から伝わる塩田法に代わり，わが国で製造される食塩はすべてこの電気透析法によるものである．

Coffee Break

画期的な電極材料の開発

電極材料として要求される主要な条件は，目的反応に対する高い触媒活性，優れた耐食性と導電性である．濃厚食塩水の電解における塩素発生の過電圧は貴金属で小さく，パラジウム Pd＜ルテニウム Ru≒イリジウム Ir＜ロジウム Rh＜白金 Pt の順である．近年，このような触媒活性の高い貴金属の酸化物をコーティングした電極が食塩電解用に開発され，電極材料の開発に技術革新をもたらした．この電極は寸法安定性アノード（DSA）として知られており，チタン金属基板に酸化ルテニウム RuO_2 系貴金属酸化物と酸化チタン TiO_2 系などの酸化ルテニウム RuO_2-金属酸化物 MO_2 型のルチル型固溶体を被覆した電極である．金属酸化物 MO_2 には酸化スズ SnO_2，酸化イリジウム IrO_2 なども用いられる．この電極は物理的強度と化学的安定性に優れており，触媒の劣化がほとんどなく，電極形状の自由度も高いので理想的な電極材料といえる．

演・習・問・題・6

6.1 イオン交換膜法による食塩電解において理論分解電圧は 2.2 V で，槽電圧は 3.15 V である．電圧効率とエネルギー効率を求めよ．ただし，電流効率は 96% である．

6.2 図 6.4 から，400 mA cm^{-2} の電流密度でアルカリ水溶液電解を行った場合の槽電圧の内訳を示し，それぞれが占めるおよその割合を求めよ．

6.3 食塩電解においては，イオン交換膜法か隔膜法でアノード反応とカソード反応を分離しなければならない．その理由を説明せよ．

第7章
電解合成の応用

電解プロセスの代表である水電解と食塩電解について前章で説明した．本章では，その他の工業的に行われている無機電解と有機電解についていくつか紹介し，金属塩を加熱溶融して電気化学的に金属を析出させる溶融塩電解についても説明する．また，少し意味合いが異なるが，電解プロセスを利用するという観点から，金属の電解採取と電解精製についても本章で触れる．

KEY WORD

| 電解二酸化マンガン | ファインケミカルズ | 両極電解合成 | コルベ反応 | 金属霧 |
| アノード効果 | ホール-エルー法 | 溶融塩電解 | 電解採取 | 電解精製 |
| アノードスライム |

7.1 無機電解合成

無機化合物の製造工程に電解操作を組み込んだ無機電解合成には，水電解と食塩電解を除いて，水溶液の電解浴[*1]を使うものに限っても塩素酸ナトリウム $NaClO_3$，臭素酸ナトリウム $NaBrO_3$，過塩素酸ナトリウム $NaClO_4$，過ヨウ素酸ナトリウム $NaIO_4$，チオ硫酸ナトリウム $Na_2S_2O_3$，チオ硫酸アンモニウム $(NH_4)_2S_2O_3$，過マンガン酸カリウム $KMnO_4$，ヘキサシアノ鉄（Ⅲ）酸カリウム $K_3[Fe(CN)_6]$，酸化マンガン（Ⅳ）MnO_2，酸化鉛（Ⅳ）PbO_2 などの電解合成がある．

一般的に，電解合成法は強い酸化力あるいは還元力を利用する小規模の物質の製造に適しているといえる．

7.1.1 二酸化マンガンの電解合成

二酸化マンガン[*2] MnO_2 は，製造法により電解二酸化マンガン（EMD：electrolytic manganese dioxide）と化学合成二酸化マンガン（CMD：chemically synthesized manganese dioxide）に分けられ，電池用には主に EMD が用いられる．

この EMD の製造は，菱マンガン鉱（炭酸マンガン $MnCO_3$：58～68％（質量分率），マンガン Mn：30～35％（質量分率）を含有）を 80～90℃の硫酸水溶液に溶解し，酸化・中和などで鉄 Fe，鉛 Pb，ニッケル Ni，コバルト Co などの不純物を沈殿除去したあと，沪液（硫酸マンガン $MnSO_4$，硫酸 H_2SO_4）を電解液として電解する．

こうしてアノード（グラファイト，チタン Ti

[*1] 電解工業では，電解液は『電解浴』とよばれることが多い．
[*2] 正式な化合物名は酸化マンガン（Ⅳ）だが，通称名が一般によく使われるので二酸化マンガンとした．

など）上に析出した EMD を洗浄・乾燥・粉砕などの工程を経て製品とする．EMD 生成の電極反応は，次のとおりである．

アノード反応：$Mn^{2+}+2H_2O \longrightarrow MnO_2+4H^++2e^-$ (7.1)
カソード反応：$2H^++2e^- \longrightarrow H_2$ (7.2)
総括反応　　：$Mn^{2+}+2H_2O \longrightarrow MnO_2+2H^++H_2$ (7.3)

アノードのグラファイト電極は高電流密度においても不動態化しにくいが，EMD の機械的はくりの工程で摩耗するので，300 日程度の寿命である．一方，チタン電極は機械的強度が高く寿命が数年あるが，不動態化しやすいので，電解条件の制御が必要[*3]となる．

カソードには，グラファイト，銅 Cu，鉛，ステンレス鋼などが用いられている．電解浴の温度は 90～95 ℃ で操業され，90～95% の電流効率で EMD が得られる．

7.1.2　過マンガン酸カリウムの電解合成

二酸化マンガン鉱を原料とし，液相酸化あるいは焙焼で空気酸化してマンガン酸カリウム K_2MnO_4 をつくり，これを水酸化カリウム水溶液中で無隔膜電解を行って過マンガン酸カリウム $KMnO_4$ を得る．過マンガン酸カリウム生成の電極反応は次のとおりである．

アノード反応：$MnO_4^{2-} \longrightarrow MnO_4^-+e^-$ (7.4)
カソード反応：$H_2O+e^- \longrightarrow \frac{1}{2}H_2+OH^-$ (7.5)
総括反応：$MnO_4^{2-}+H_2O \longrightarrow MnO_4^-+\frac{1}{2}H_2+OH^-$ (7.6)

アノードでは副反応として酸素発生が起こる．また，カソードでは生成物の再還元が起こるのを避けるため，カソードの電極面積をアノードの 1/10 程度に抑える．電極材料として，アノードにはニッケル，ステンレス鋼，軟鋼などが，カソードには軟鋼が用いられている．

7.1.3　塩素酸ナトリウムの電解合成

塩素酸ナトリウム $NaClO_3$ は食塩 $NaCl$ の無隔膜電解とそれに続く溶液内化学反応でつくられる．食塩電解での総括反応は，前章で記したものと同じく，式(7.7)で表される．

$$NaCl+H_2O \longrightarrow NaOH+\frac{1}{2}Cl_2+\frac{1}{2}H_2 \quad (7.7)$$

溶液内では図 7.1 に示すように，塩素酸生成反応のほか，中和反応と不均化反応が起こるが，これらをまとめた溶液内反応は式(7.8)のようにな

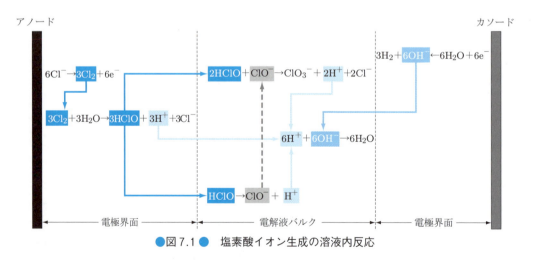

●図 7.1 ● 塩素酸イオン生成の溶液内反応

[*3] 微小二酸化マンガンを懸濁させた浴で電解を行うと，二酸化マンガン微粒子がアノード上に吸着するため，通常の 2 倍以上の電流密度で電解可能となり，高電流密度においてもチタン Ti が不動態化しにくい．

る．また，電解反応と溶液内反応を合わせた反応式は式(7.9)で表される．

$$3Cl_2 + 6NaOH \longrightarrow NaClO_3 + 5NaCl + 3H_2O \quad (7.8)$$

$$NaCl + 3H_2O \longrightarrow NaClO_3 + 3H_2 \quad (7.9)$$

アノードには DSA(Dimensionary Stable Anode)[*4]のような金属電極，カソードにはチタンや軟鋼が用いられる．この場合，アノード生成物の次亜塩素酸 NaClO がカソード還元を受けるおそれがあるが，これは重クロム酸ナトリウム $Na_2Cr_2O_7$ の添加で防ぐことができる．

> **例題** 塩素酸ナトリウム $NaClO_3$ は食塩電解とそれに続く溶液内反応でつくられる．この場合，無隔膜電解が有利なのはどのような理由か説明せよ．
>
> **解答** 図7.1の塩素酸イオン生成の溶液内反応から明らかなように，食塩電解の生成物からいえばアノード側でできた塩素 Cl_2 とカソード側からの水酸化ナトリウム NaOH が溶液内化学反応で塩素酸ナトリウムを生成するため，無隔膜電解が有利となる．

7.1.4 過塩素酸ナトリウムの電解合成

過塩素酸ナトリウム $NaClO_4$ は，塩素酸ナトリウムの無隔膜電解でつくられる．過塩素酸ナトリウム生成の電極反応は次のとおりである．

アノード反応：$ClO_3^- + H_2O$
$$\longrightarrow ClO_4^- + 2H^+ + 2e^- \quad (7.10)$$
カソード反応：$2H^+ + 2e^- \longrightarrow H_2 \quad (7.11)$
総括反応　　：$ClO_3^- + H_2O$
$$\longrightarrow ClO_4^- + H_2 \quad (7.12)$$

アノードの副反応は酸素発生で，これを抑えるため電極に白金 Pt あるいは酸化鉛（IV）PbO_2 が用いられる．他方，カソードとしては真鍮，ステンレス鋼，鉄 Fe などが用いられる．なお，カソードでの過塩素酸イオン ClO_4^- の再還元を抑えるため，白金アノードを用いた場合にはクロム酸塩を添加し，酸化鉛（IV）を用いた場合にはフッ化ナトリウム NaF を添加する．電流効率はアノードに白金を用いた場合は 90～97％，酸化鉛（IV）では 85％程度である．

7.1.5 オゾンの電解合成

オゾン O_3 の製造は古くから乾燥空気中の無声放電[*5]法で行われてきた．この方法は価格が安いが，空気中の金属ダストの混入や NO_X の混入が避けられず，空気の湿度調整など，操作条件の管理が必要である．

電解オゾンは，硫酸あるいはリン酸塩水溶液を電解質にして酸化鉛（IV）をアノードにしてつくられる．フッ素樹脂系の固体高分子電解質を用いると，電解質からの不純物の混入もなく電流効率20％で得られ，電解オゾン発生器として市販されている．電解オゾンは溶存オゾン濃度が高いので，水処理や半導体洗浄用に効果的である．

オゾン発生の電極反応は次のようになる．

アノード反応：
$$2H_2O \longrightarrow O_2 + 4H^+ + 4e^- \quad (7.13)$$
$$3H_2O \longrightarrow O_3 + 6H^+ + 6e^- \quad (7.14)$$
カソード反応：
$$4H^+ + 4e^- \longrightarrow 2H_2 \quad (7.15)$$

7.2 有機電解合成

有機化合物は熱によりタール状物質に変化したり，副反応を起こすので，長時間の高温下での反応は好ましくない．一方，有機電解合成は常温下で行うことができ，適正な電解条件を設定すれば，収率，選択率ともに優れた精密合成の方法となる．有機電解合成の欠点としては，反応の場が二次

★4　貴金属（Pt-Ir-RuO₂，Pt，Pt-Ir，RuO₂ など）を被覆したチタン電極である．第6章の Coffee Break を参照．
★5　酸素中で放電して酸素をオゾン化する場合のように，音の発生をともなわない放電のこと．

元の平面であることによる反応効率の問題，電極の腐食の問題，支持電解質を溶解する溶媒の制約，その溶媒の電極反応に関与する問題，わが国における高い電力料金などがあげられる．電解合成はファインケミカルズ (fine chemicals)*6 に魅力があるので，自家発電あるいは夜間電力の活用などエネルギーコストの低減に努力するとともに，通常の化学反応より優れた精密合成法としての利点を十分に引き出す必要がある．

また，有機電解合成は環境調和型プロセスでグリーンケミストリーの観点からも時代に即応した合成法として期待されており，代表的なアジポニトリルの電解合成のほか，L-シスチンの電解還元によるL-システインの合成やフタリドとt-ブチルベンズアルデヒドの両極電解合成 (paired electrosynthesis) などが工業化されている．

7.2.1 アジポニトリルの電解合成

アクリロニトリルの電解還元二量化によるアジポニトリルの合成が，1963 年にモンサント社のバイザー（M. M. Baizer）によって開発された．アジポニトリルは水素添加還元をしてヘキサメチレンジアミンとし，アジピン酸と縮重合させてナイロン 66 をつくることができる重要な物質である．

原料のアクリロニトリルは安価に生産されるようになっているが，水に難溶性である．しかし，四級アンモニウム塩を大量に溶解した水溶液（40％（質量分率）程度）には溶解させることができ，陽イオン交換膜を用いた隔膜電解で 1965 年にモンサント社が工業化に成功した．当初採用された隔膜法によるアジポニトリルの電解合成の原理を図 7.2 に示す．

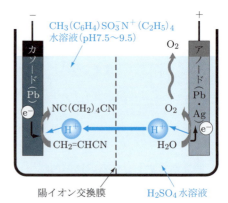

● 図 7.2 ● 隔膜法によるアジポニトリルの電解合成

アクリロニトリルの電解還元二量化によるアジポニトリルの合成反応は次のとおりである．

アノード反応：H_2O
$$\longrightarrow \frac{1}{2}O_2 + 2H^+ + 2e^- \quad (7.16)$$

カソード反応：$2CH_2=CHCN + 2H^+ + 2e^-$
$$\longrightarrow NC(CH_2)_4CN \quad (7.17)$$

総括反応：$2CH_2=CHCN + H_2O$
$$\longrightarrow NC(CH_2)_4CN + \frac{1}{2}O_2 \quad (7.18)$$

その後，隔膜法は無隔膜電解に切り替えられ，イオン交換膜破損のトラブルが解消し，膜抵抗がなくなって電解電力費の低減をもたらした．図 7.3 に示すように，隔膜法から無隔膜電解に変え

Coffee Break

アジポニトリルの電解合成

アクリロニトリルの電解二量化は有機電解合成の素晴らしい成功例の一つであり，電解合成法が共通に抱えている課題を解決した代表的な好事例でもある．電解合成法を工業的に技術確立するには，電力コストの削減と電解槽の保守業務の簡素化を行わなければならない．たとえば，イオン交換膜を使用する隔膜法から無隔膜法への転換により，陽イオン交換膜のコストの削減はもちろん，その破損トラブルの解消や膜抵抗解消による電力コストの低減が可能となる．しかし，隔膜を取り去った際に，還元生成物がアノードで酸化されたり，アノードで発生する酸素で酸化されたりするなど，アジポニトリルの選択率が低下する．このほか，電極の消耗が激しくなるなどのさまざまな問題が生じてくる．このような問題点が，無隔膜電解における適切な電極材料と電解液組成の技術確立によって解決された．

---

*6 医薬品，電子材料，塗料，染料，香料などの特定の用途にのみ使用される化合物のことで，それらを製造する化学工業は精密化学工業とよばれる．

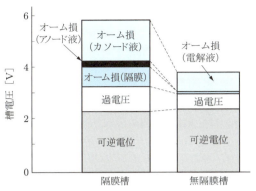

●図7.3● 隔膜槽と無隔膜槽での槽電圧の比較

ることにより槽電圧は2/3に低減する.

　カソードには，水素発生を抑制するために，水素過電圧の高い鉛電極が使用される．鉛Pbの消耗は，エチルトリブチルアンモニウムのような大きなアルキル基を有する四級アンモニウム塩を使えば少なくなり，その濃度が高いほど抑制されることがわかっている．また，純鉛よりも消耗が少ないということで実用的には鉛合金が用いられる．

　一方，アノードには，有機化合物の酸化を防ぎ，かつ槽電圧低減の目的で酸素過電圧の低い電極材料が好ましい．しかし，電極金属がイオンとして少量溶出し，カソードに析出して水素発生を促しかねないので，炭素鋼が用いられている．

　無隔膜電解法では安全面での配慮も必要である．すなわち，アクリロニトリル-酸素系では爆発性混合ガスとなる領域があり，着火源となる静電気の蓄積を防ぐため，金属を充填(じゅうてん)した吸収塔が設置されている．

7.2.2　コルベ反応

　前項のアジポニトリルの電解合成は史上最大の有機電解合成として有名だが，もともとスケールメリットのない電解法は少量で高収率の生産に適しているので，さほど大きな化学工業となることはない．しかし，電解法の特長をうまく利用して，とくに高付加価値をもつ有機ファインケミカルズを高選択的につくりだすために，有機化学工業に電解法を採り入れようとする気運が着実に高まっている．

　この項では，小規模生産の有機電解合成を逐一説明することを避けて，歴史的に意義深いコルベ反応（Kolbe reaction）[7]について説明する．

　コルベ反応は，カルボン酸とその塩の混合溶液を電解すると，カルボン酸イオン$RCOO^-$がアノード酸化して炭化水素$R-R$[8]と二酸化炭素CO_2が生成する反応である．コルベ反応の総括反応は，式(7.19)で表される．

$$2RCOO^- \longrightarrow R-R + 2CO_2 + 2e^- \quad (7.19)$$

　コルベ反応は，用いる電極と溶媒などの電解条件によって，生成物が大きく異なる．それらの反応機構は，主に次の素反応を組み合わせたものである．なお，式中の/Mはアノード電極上での吸着状態を示し，$RCOO\cdot$と$R\cdot$はラジカル（遊離基）を表している．

$$RCOO^- \longrightarrow RCOO\cdot/M + e^- \quad (7.20)$$
$$RCOO\cdot/M \longrightarrow R\cdot/M + CO_2 \quad (7.21)$$
$$R\cdot/M + R\cdot/M \longrightarrow R-R \quad (7.22)$$
$$R\cdot/M + RCOO\cdot/M \longrightarrow R-R + CO_2 \quad (7.23)$$

　たとえば，酢酸CH_3COOH-酢酸ナトリウムCH_3COONa水溶液を電解[9]すると，次のような生成物が得られる．

● 白金Ptアノード，2.0 V vs. SCEより正の電位

★7　当時，さまざまな酸化剤でコルベ反応が化学的に試みられ，最終的には最強の酸化剤とされていた過酸化カリウムによる爆発酸化まで登場したが，すべて徒労に終わっている．
★8　Rは炭化水素基を表す．したがって，R-Rは二量化した炭化水素である．
★9　メタノールCH_3OH，ホルムアルデヒド$HCHO$，ギ酸$HCOOH$などの生成は，次式のように推定されている．
$$CH_3COO^- + OH^- \longrightarrow CH_3OH + CO_2 + 2e^-$$
$$CH_3OH + 2OH^- \longrightarrow HCHO + 2H_2O + 2e^-$$
$$HCHO + 2OH^- \longrightarrow HCOOH + H_2O + 2e^-$$
$$HCOOH + 2OH^- \longrightarrow CO_2 + 2H_2O + 2e^-$$
$$HCOO^- \longrightarrow HCOO\cdot + e^-$$
$$HCOO\cdot \longrightarrow CO_2 + \frac{1}{2}H_2$$

で電解した場合：

エタン C_2H_6，二酸化炭素 CO_2（ほぼ 100% の電流効率）

- 金 Au アノード，パラジウム Pd アノード，1.3～1.6 V vs. SCE で電解した場合：

  酸素 O_2（水の電気分解のみ）

- 酸化鉛（Ⅳ）アノード，1.6～2.0 V vs. SCE で電解した場合：

  酸素（ほぼ 50%），二酸化炭素，メタノール CH_3OH，ホルムアルデヒド HCHO

電解液を水溶液からメタノール溶液に変え，2.0 V vs. SCE より正の電位で電解すると，生成物は次のようになる．

- 白金アノード，金アノード：エタン，二酸化炭素
- パラジウムアノード：エタン，二酸化炭素，ホルムアルデヒド
- 酸化鉛（Ⅳ）アノード：ギ酸メチル $HCOOCH_3$
- 炭素 C アノード：酢酸メチル CH_3COOCH_3

また，電解液を非水溶媒の氷酢酸にして酢酸ナトリウム CH_3COONa を溶解させて電解すると，次のような生成物が得られる．

- 白金アノード，金アノード，パラジウムアノード，酸化鉛（Ⅳ）アノード：エタン，二酸化炭素
- 炭素アノード：酢酸メチル CH_3COOCH_3

コルベ反応に限らず，電解合成では一般的に，電極材料，溶媒などによって生成物も異なるので，電解条件によって選択的に目的物質を生成させることが可能となる．

7.3 溶融塩電解

常温でイオン結晶の塩を高温にして融解させると，高いイオン伝導性を示す．この溶融塩の電解により，水溶液電解では不可能なアルミニウム Al，マグネシウム Mg，ナトリウム Na，カルシウム Ca，リチウム Li などの卑金属[*10]のカソード析出や，化学的にもっとも活性で貴な標準電極電位をもつフッ素 F のアノード発生が可能となる．溶融塩電解の特徴として，次のようなことがあげられる．

- 水を使用しないので，水素発生や酸素発生反応などによる制約を受けない．
- 溶融塩を直接電解するので，反応物質（イオン）濃度が高い．
- 浴温度が高い．すなわち，イオン濃度が高く，浴温度も高いので，反応速度と拡散速度はともに大きくなる．また，水溶液に比べて導電率が高く，過電圧は小さいので，高電流密度で電解することができる．

ただし，高温での電解ということで，電解槽をはじめ各部品の腐食・消耗が激しいので，装置のメンテナンスに注意する必要がある．

溶融塩電解には，それに特有の現象として金属霧とアノード効果があるので，本節では，これらについて説明する．

7.3.1 金属霧

金属霧（metal fog）は，カソードに析出した金属が再溶解して，カソードの周辺がさまざまな色を呈し，霧が発生したようにみえる現象である．このように金属がその溶融塩に溶解する際には，ほとんどの場合，原子状で溶解し，たとえばアルカリ金属などでは金属がいくぶんイオン化して，溶媒和電子を与える．電解浴に溶解したり分散した金属は非常に活性で，空気酸化やアノードで発生するガスと再結合して安定化しようとするので，電流効率は低下する．この金属霧を防ぐには，操作温度を下げるか，混合溶融塩を用いて金属の溶解度を減少させる必要がある．

[*10] 貴金属に対する呼称で，容易に酸化される金属である．

7.3.2 アノード効果

溶融塩電解では，アノードの電極材料に炭素 C やグラファイトなどの炭素系材料が使われ，そのアノード上でハロゲン化物イオンが放電してハロゲンガスを発生する．ハロゲンガスは反応性が高く，炭素との反応により，ハロゲン化グラファイトを生成する．アノード表面にできたハロゲン化グラファイトのため，アノードの表面エネルギーは低下し，電極に対する電解浴の濡れが悪くなるため，電流は低下し，電圧は異常に高くなる．結果として電解が進みにくくなる．この現象がアノード効果（anode effect）である．

溶融塩電解の具体例として，ここではアルミニウムとフッ素の製造について紹介する．

7.3.3 溶融塩電解によるアルミニウムの製造

電力コストの高いわが国では，電力の安い国で大規模に生産される溶融塩電解からのアルミニウムを輸入している．

溶融塩電解によるアルミニウムの製造は，溶融した氷晶石（フッ化アルミニウムナトリウム Na_3AlF_6）に溶解したアルミナ Al_2O_3 を電気分解することによって行われ，ホール-エルー法（Hall-Héroult process）[*11] とよばれている．アルミナは融点が非常に高いので，適当な溶融電解浴を用いてこれを溶解させるのである．すなわち，氷晶石を主成分とする電解浴に，融点を下げたり，電気伝導率を上げたりする目的で少量のフッ化カルシウム CaF_2 やフッ化アルミニウム AlF_3 などを添加・溶解し，それにアルミナを溶解しておよそ 1000 ℃ で電解するのである．

アノードに炭素，カソードには生成したアルミニウムを利用する．アノードでは電解で炭素が消費されながら，反応が進行する．理論的には，アルミニウム 1000 kg につき 330 kg の炭素が消費されるが，実際的には 400～450 kg が必要である．このアノード炭素の補給方法には，次の二通りがある．

一つはゼーダーベルグ（Söderberg）式である．電解炉にコークスとコールタールピッチを混ぜてペーストとしたものを定期的に流し込み，このペーストを炉の熱で次第に焼きしまった電極とする方法で，連続操作が可能な自焼成式である．

もう一つはプリベーク（pre-bake）式である．あらかじめ焼成した炭素電極をアノードとして用いる多極型の既焼成式で，排ガスの回収がたやすく，作業環境を清潔に保つことができる．

それぞれに利点があり，前者はアノードの取り替え作業がない点，後者は前述のほかに電力消費がやや少ない点があげられる．

電解反応は次式のように考えられている．

アノード反応：$C + 2O^{2-} \longrightarrow CO_2 + 4e^-$ (7.24)

カソード反応：$Al^{3+} + 3e^- \longrightarrow Al$ (7.25)

総括反応：$2Al_2O_3 + 3C \longrightarrow 4Al + 3CO_2$ (7.26)

この反応は 6 電子移行反応[*12]であり，カソードでアルミニウムが電析し，アノードでは炭素電極が消費されて，二酸化炭素 CO_2（そして，一酸化炭素 CO）が発生する．電解浴中のアルミナが不足すると式(7.27)のようにフッ化物イオン F^- の放電が起こり，その結果，式(7.28)にあるようにアノードがフッ化物となり，すでに説明したアノード効果により浴電圧が上昇する．しかし，この現象はアルミナを添加することによって停止させることができる．

$2F^- \longrightarrow F_2 + 2e^-$ (7.27)

$C + 2F_2 \longrightarrow CF_4$ (7.28)

溶融塩電解（fused salt electrolysis）によるアルミニウム製造において電解主反応の理論分解電圧は，950～1000 ℃ で 1.15～1.19 V であるが，実際の槽電圧は 4.0～4.2 V である．電流効率は 87～92 % であり，金属アルミニウム 1000 kg をつくるのにおよそ 13000 kWh の電力を要し，これが

[*11] 1886 年にアメリカのホール（C. M. Hall）とフランスのエルー（P. L. T. Héroult）が別個に発明した方法である．
[*12] アルミナの溶融塩電解で，両極での反応電子数を同数にしてアルミナ 1 mol あたりでみれば，6 電子移行反応であることがわかる．

7.3.4　溶融塩電解によるフッ素の製造

フッ素[*13] F_2 は電気陰性度がもっとも高く，化学的にももっとも活性で，希ガスとも反応するので，普通の化学的酸化や置換法でこの元素を単離することは非常に難しく，電気分解法でのみ製造されている．

電解浴にはフッ化カリウム KF とフッ化水素 HF を混合した KF・2HF 浴を用い，100℃前後で電解する．アノードとしてはニッケルでも激しくアノード溶解するので，炭素に絞られる．しかし，炭素もアノードで発生したフッ素と反応してフッ化黒鉛を生成し，電極表面を覆って電流が流れにくくなる．このいわゆるアノード効果は少量のフッ化リチウムを添加することにより防ぐことができるが，最近，フッ化リチウム LiF 含浸炭素電極が開発されたのでアノード効果が抑えられ，電極の寿命も著しく延びるようになった．一方，カソードには鉄鋼または鋼板が用いられている．

電解浴中のイオン種は溶媒和されており，一般に放電種は $(HF)_nF^-$ および $H(HF)_m^+$ であると考えられ，電極反応は次のように表される．

アノード反応：$(HF)_nF^-$
$$\longrightarrow \frac{1}{2}F_2 + e^- + nHF \quad (7.29)$$

カソード反応：$H(HF)_m^+ + e^-$
$$\longrightarrow \frac{1}{2}H_2 + mHF \quad (7.30)$$

総括反応：$H(HF)_m^+ + (HF)_nF^-$
$$\longrightarrow \frac{1}{2}H_2 + \frac{1}{2}F_2 + (m+n)HF \quad (7.31)$$

この電解反応のギブズエネルギー変化は 276.5 kJ mol^{-1} であり，理論分解電圧は 25℃で 2.87 V である．電解浴中では HF の活量は 1 より小さく過電圧もかかるので，槽電圧は，たとえば電流密度が 8.1 A cm^{-2} のとき，9.1 V 程度と大きくなる．

7.4　金属の電解採取と電解精製

7.4.1　金属の電解採取

電解採取（electrolytic winning）は，鉱石中の目的金属を水溶液あるいは溶融塩中に浸出させ，電解を妨げる不純物を電解液から取り除いたのちに電解し，カソード上に高純度の金属を析出させる製錬プロセスである．

電解採取は原鉱の適用範囲が広く，また，製品の純度が高く，混在する他金属の回収も容易なので，亜鉛 Zn, ニッケル Ni, クロム Cr などの生産に適用されている．ここでは，その代表的な亜鉛の電解採取について説明する．

亜鉛鉱石（閃亜鉛鉱，硫化亜鉛が主成分）から 1000℃で空気酸化して酸化亜鉛 ZnO とし（焙焼），硫酸水溶液に入れて溶解させる（浸出）．

焙焼反応：$ZnS + \frac{3}{2}O_2$
$$\longrightarrow ZnO + SO_2 \quad (7.32)$$

浸出反応：$ZnO + H_2SO_4$
$$\longrightarrow ZnSO_4 + H_2O \quad (7.33)$$

次に，電解を妨害する共存不純物を除去した浄液（硫酸酸性硫酸亜鉛水溶液）を電解液とし，アノードに鉛合金，カソードにアルミニウム板を用いて無隔膜で電解し，カソード電極上に 99.98～99.99％の純度の亜鉛を得ることができる．

アノード反応：H_2O
$$\longrightarrow \frac{1}{2}O_2 + 2H^+ + 2e^- \quad (7.34)$$

カソード反応：$Zn^{2+} + 2e^- \longrightarrow Zn \quad (7.35)$

総括反応：$\quad Zn^{2+} + H_2O$
$$\longrightarrow Zn + 2H^+ + \frac{1}{2}O_2 \quad (7.36)$$

7.4.2　金属の電解精製

鉱石から酸化あるいは還元で製錬して得られた粗金属板をアノードに，純金属板をカソードにし

[*13] 融点 −220℃，沸点 −188℃．常温では淡黄色の気体で，液体になると微黄色，固体では白色である．

て，適当な電解液中で電解すると，アノードの粗金属中の目的金属は溶解し，金属イオンとなる．金属イオンはカソードの純金属板上に析出し，電析した金属の純度は高くなる．この**電解精製（electrolytic refining）**の原理を図示したのが，図7.4である．

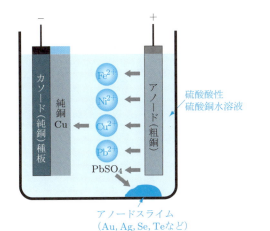

●図7.4● 金属銅の電解精製

アノードの粗金属中に含有する不純物のうち，目的金属よりイオン化傾向[*14]の小さい金属などは電解しても電解液中に溶けず，アノード付近か電解槽の底部に**アノードスライム（anode slime）**となって沈積する．

一方，イオン化傾向の大きい不純物は電解液中にイオンとなって溶解するが，目的金属より卑な析出電位をもつのでカソードに析出せずに溶液中にイオンとして残る．このようにして，目的金属イオンだけがカソードに電析して高純度の金属が得られる．

電解精製は，銅 Cu，銀 Ag，金 Au，鉛 Pb，ニッケル Ni など，金属の高純度のものをつくるのに応用されている．なかでも銅の電解精製は，ほかに代替の精製法がないことなどから大規模に行われている．

銅の電解精製[*15] における電極反応は次のようになる．

アノード反応：Cu（粗銅）
$$\longrightarrow Cu^{2+} + 2e^- \quad (7.37)$$

カソード反応：$Cu^{2+} + 2e^-$
$$\longrightarrow Cu（純銅） \quad (7.38)$$

総括反応：Cu（粗銅）$\longrightarrow Cu$（純銅） $\quad (7.39)$

アノードとカソードでの反応は正逆異なるだけの同じ反応である．したがって，理論分解電圧は 0 V であり，槽電圧も 0.2〜0.4 V と低く電気エネルギーの消費も少なくてすむ．電解液には硫酸銅 $CuSO_4$ を含む硫酸 H_2SO_4 浴が用いられ，製錬された粗銅（純度 98.7〜99.5%）から，高純度の銅（純度 99.99% 以上）がつくられる．

演・習・問・題・7

7.1 無隔膜電解でマンガン酸カリウム K_2MnO_4 の電解酸化によって過マンガン酸カリウム $KMnO_4$ をつくる際に，カソードの電極面積をアノードの 1/10 程度に抑えている．その理由を説明せよ．

7.2 通常，コルベ反応ではカルボン酸とその塩を含む水溶液の電解から炭化水素が生成する．水溶液中，酸化鉛（IV）PbO_2 アノードで酸素，二酸化炭素 CO_2，メタノール CH_3OH，ホルムアルデヒド $HCHO$ を生成するが，その反応機構を推論せよ．また，メタノール溶液中でのギ酸メチル $HCOOCH_3$ の生成機構についても考察せよ．

7.3 溶融塩電解によるアルミニウム Al の製造における電解反応が，6 電子移行反応であることを説明せよ．

7.4 溶融塩電解によるフッ素 F_2 の製造における電解反応のギブズエネルギー変化は 276.5 kJ mol^{-1} である．25℃での理論分解電圧を求めよ．しかし，槽電圧は，たとえば電流密度が 8.1 A cm^{-2} のとき，9.1 V 程度と非常に大きくなる．その原因について考察せよ．

[*14] 金属の単体が水溶液中で電子を放出し，陽イオンになろうとする性質．
[*15] 銅よりイオン化傾向が大きい不純物には，ニッケル Ni，鉄 Fe，ヒ素 As，ビスマス Bi などがあり，銅よりイオン化傾向が小さい不純物には，金 Au，銀 Ag，セレン Se，テルル Te などがある．鉛 Pb はいったん溶解するが，すぐに不溶性塩の硫酸鉛 $PbSO_4$ として沈殿する．

第8章 一次電池

化学電池は，化学エネルギーを電気エネルギーに直接変換する装置である．化学電池は大別すると，1回のみ放電が可能な一次電池と，充電することによって繰り返し使用することができる二次電池とに分けられる．本章では，電池反応のメカニズムについて詳しく解説し，各種一次電池の構造や性能について詳しく説明する．

KEY WORD

| 一次電池 | ガルバニ電池 | ボルタ電池 | 電極反応 | 分極 |
| ダニエル電池 | 自己放電 | セル | 乾電池 | 電圧 |

8.1 一次電池とは

一次電池（primary battery）とは，放電すると充電によってもとの状態に戻すことができない使い切りタイプの電池のことである．

1791年に，ガルバーニ（L. Galvani）は，カエルの筋肉に金属片が触れると収縮することを発見した．ガルバーニはこの現象から，動物の体内に電気が存在し，筋肉の中に蓄えられている電気が放電する際に筋肉が動くと考えた．しかし，この現象は異なる2種類の金属を組み合わせたことによって電流が流れるという，電池の原理に基づいた現象であり，ガルバニ電池とよばれる．その後，1800年にボルタ（A. Volta）が，銅Cuと亜鉛Znを希硫酸H_2SO_4に浸したボルタ電池を発明した．この電池では，次のような電極反応（electrode reaction）が各電極で起こっており，起電力は約1.1 Vであった．

正極反応：$2H^+ + 2e^- \longrightarrow H_2$ (8.1)

負極反応：$Zn \longrightarrow Zn^{2+} + 2e^-$ (8.2)

このボルタ電池では，放電が進行すると正極で発生した水素の気泡が銅表面を覆ってしまい，やがて起電力が低下する．このような現象は分極（polarization）とよばれ，長時間連続して電池を使用することを妨げる要因となっていた．

そこで，1836年にダニエル（J. Daniell）が，ボルタ電池を改良したダニエル電池（Daniell cell）を発明した．この電池の構成は，第2章ですでに述べたとおりであるが，ボルタ電池との最大の違いは，正極（Cu）側電解液に硫酸銅$CuSO_4$水溶液を，負極（Zn）側に硫酸亜鉛$ZnSO_4$水溶液を用い，これらの2種類の電解液が混ざることがないよう，素焼き板（隔膜）で仕切ったことである．

素焼きの板には，電解液中の硫酸イオン SO_4^{2-} を通すことができるが，銅イオン Cu^{2+} を通すことはできない微細な孔（細孔）が無数に存在している．したがって，これを用いて2種類の電解液を仕切ることで，亜鉛が溶解したときに電極に取り残された電子が Cu^{2+} と結びつく，すなわち亜鉛電極上に銅が析出することを防ぎ，さらに，正極である銅の表面を水素ガスの気泡が覆ってしまうことのないようにしている．この電池における各電極の反応は，次のようになる．

$$正極反応：Cu^{2+}+2e^- \longrightarrow Cu \quad (8.3)$$
$$負極反応：Zn \longrightarrow Zn^{2+}+2e^- \quad (8.4)$$
$$全反応：\quad Zn+Cu^{2+} \longrightarrow Cu+Zn^{2+} \quad (8.5)$$

ダニエル電池は，原理的には分極が生じることがない電池である．ところが，実際には素焼き板を通して電解液の混合が起こり，結果として分極が生じた．さらに，負極である亜鉛は電解液に溶け出しやすいため，たとえ使用しなくても，時間の経過とともに容量が減少するという<u>自己放電（self discharge）</u>問題を抱えていた．

1866年，ルクランシェ（G. Leclanche）は現在もっとも多く普及している一次電池であるマンガン乾電池の原型ともいえる，<u>ルクランシェ電池</u>を発明した．この電池は，二酸化マンガン MnO_2 粉末と炭素粉末を混合し，この混合物を素焼きの壺に詰め込み炭素棒を突き刺して正極にしている．そして，この正極を，負極である亜鉛棒とともに塩化アンモニウム NH_4Cl 水溶液に浸すという構造になっていた．

ルクランシェ電池は，液体の電解液をそのまま用いた<u>湿電池</u>であったので，取り扱いが容易ではなかった．そこで，電解液をほかのものに含浸させた<u>乾電池（dry cell）</u>が発明され，今日主流となっているマンガン乾電池に至っている．

8.2 一次電池の種類

8.2.1 マンガン乾電池

<u>マンガン乾電池</u>はルクランシェ電池同様，正極材料に二酸化マンガン MnO_2[*1]，負極材料に亜鉛 Zn を使用している．電解液はデンプンに混ぜてペースト状にし，クラフト紙などに塗布・含浸させている．これは<u>ペーパーラインド方式</u>とよばれている．乾電池にしたことで，扱いやすく，持ち運びにも便利になっている．

<u>公称電圧</u>（voltage）[*2] は 1.5 V であり，使用頻度の低い機器や消費電力の小さい機器，わずかな電流で長期間作動させる機器に使用されている．

この電池の電解液は，5～20%の塩化亜鉛 $ZnCl_2$ を含んだ，飽和塩化アンモニウム水溶液を用いたもの（塩化アンモニウム型電池），および約25%の塩化亜鉛と2.5%の塩化アンモニウム NH_4Cl を溶かした水溶液を用いたもの（塩化亜鉛型電池）がある．

各電極の反応は，次のようになる．ただし，負極反応の二段階目は電解液の組成によって違う．

$$正極反応：MnO_2+H^++e^- \longrightarrow MnOOH \quad (8.6)$$
$$負極反応：Zn \longrightarrow Zn^{2+}+2e^- \quad (8.7)$$

●塩化アンモニウム型電池
$$Zn^{2+}+2NH_4Cl+2OH^-$$
$$\longrightarrow Zn(NH_3)_2Cl_2+2H_2O \quad (8.8)$$

●塩化亜鉛型電池
$$4Zn^{2+}+ZnCl_2+8OH^- \longrightarrow ZnCl_2 \cdot 4Zn(OH)_2 \quad (8.9)$$

$$全反応：8MnO_2+4Zn+ZnCl_2+8H_2O$$
$$\longrightarrow 8MnOOH+ZnCl_2 \cdot 4Zn(OH)_2 \quad (8.10)$$

最初に開発された塩化アンモニウム型電池は，

[*1] 二酸化マンガンは導電性が低いため，これに導電材（アセチレンブラック）を加え，さらにこの混合物を電解液ペーストで練り合わせ，正極合剤として用いている．以前は天然二酸化マンガンが用いられていたが，最近では，より活性の高い電解二酸化マンガンが用いられるようになった．
[*2] 電池が作動するときの代表的な電圧であり，電池の起電力，すなわち平衡状態時の電池電圧とは区別される．

放電反応によって生成したジアミンジクロロ亜鉛 $Zn(NH_3)_2Cl_2$ が正極合材表面に膜を形成するため，放電にともなって電圧が徐々に低下していく．

一方，塩化亜鉛型電池は放電で塩基性塩化亜鉛 $ZnCl_2 \cdot 4Zn(OH)_2$ を生成するが，これは正極合材内へ均一に分布するため，亜鉛イオン Zn^{2+} の移動が妨害されることはなく，塩化アンモニウム型よりも電池電圧の低下が起こりにくい．

塩化亜鉛型電池は，塩化アンモニウム型電池と比較して，連続して大きな電流を流すことが可能である．また，式(8.10)で示すように放電反応によって水が消費されるため漏液が起こりにくく，貯蔵性に優れている．

マンガン乾電池は，図8.1や図8.2に示すような円筒形の形状のほか，**単セル（cell）**[*3] を六つ直列に積層して9 V にしている角形の電池もあり，積層電池とよばれている．

（a）市販ボタン型電池の外観写真（左二つはアルカリ-マンガン乾電池，右二つは酸化銀電池）

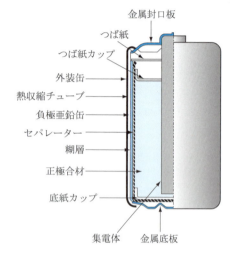

（a）円筒形マンガン乾電池

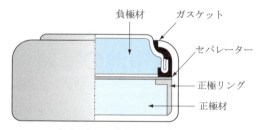

（b）ボタン型電池の断面模式図

●図8.2● 一般的なボタン型電池とその構造模式図

8.2.2 アルカリ-マンガン乾電池

アルカリ-マンガン乾電池は，俗に**アルカリ乾電池**とよばれている電池である．電極材料は正極・負極とも，マンガン乾電池と同じであるが，電解液に水酸化カリウム KOH 水溶液を使用している．電圧がマンガン乾電池と同じ1.5 V であるので，マンガン乾電池と互換性がある．作動電圧が比較的安定し，容量がマンガン乾電池の2倍となっているため，長時間の連続使用に向いている．図8.1で示すような円筒形以外に，ボタン型のア

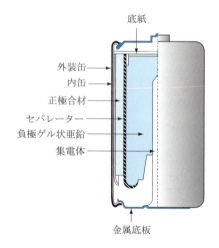

（b）アルカリ-マンガン乾電池

●図8.1● マンガン乾電池の構造[1)]

[*3] 化学電池のことを『セル（cell）』ともよぶ．この言葉は，二次電池や燃料電池，キャパシター，さらに物理電池に関しても用いられる表現であり，電位差を生じさせるような，対になった電極（そして電解質）の組み合わせから構成される一つの電池のことを『セル』とよぶ．

ルカリ-マンガン乾電池もある．

正極反応：$2MnO_2 + 2H_2O + 2e^-$
$$\longrightarrow 2MnOOH + 2OH^- \quad (8.11)$$
負極反応：$Zn + 2OH^-$
$$\longrightarrow ZnO + H_2O + 2e^- \quad (8.12)$$
全反応：　$Zn + 2MnO_2 + H_2O$
$$\longrightarrow 2MnOOH + ZnO \quad (8.13)$$

アルカリ-マンガン乾電池はマンガン乾電池とは逆（インサイドアウト）構造，すなわち電池の外側に正極合剤，その内側にセパレーターを介して，亜鉛 Zn 粉末をゲル状電解液に分散させたゲル負極を配置し，これらを外装缶に納めた構造となっている．なお，亜鉛を負極材料とした場合，ダニエル電池のように自己放電が起こり，水素ガスが発生する．従来は，水素過電圧*4 の大きな水銀で負極亜鉛の表面をアマルガム化していたが，水銀は有害であるため，現在では水銀の代わりにインジウム In やガリウム Ga などを含む合金が使用されている．

8.2.3　酸化水銀電池

酸化水銀電池は，いわゆる『水銀電池』とよばれていたボタン型電池で，電圧が安定しており，自己放電がきわめて小さい電池であった．しかし，放電容量は大きいが，高負荷放電には向いていなかった．

酸化水銀電池の負極は亜鉛であったが，正極には酸化水銀 HgO を用いており，放電反応により水銀が生成していた．人体に有害な水銀を多量に使用していたため，1995 年 12 月末に日本国内での生産は中止された．

8.2.4　酸化銀電池

酸化銀電池は小型薄型（ボタン型）電池*5 で，腕時計の電源として長く利用されてきている．公称電圧 1.55 V であり，水銀電池と違い高負荷放電にも優れている．図 8.2 に，市販されているボタン型電池の構造と写真を示す．

電解液には水酸化カリウムあるいは水酸化ナトリウム NaOH の水溶液を用いている．正極には通常，酸化銀 Ag_2O を使用しているが，過酸化銀 AgO を用いることで，容量を倍にすることが可能である．ただし，過酸化銀はアルカリ性の電解液に対して不安定であるため過酸化銀表面を Ag_2O で被覆して用いている．また，負極にはゲル状亜鉛粉末を使用している．

8.2.5　空気-亜鉛電池

空気-亜鉛電池は，公称電圧は酸化水銀電池とほぼ同程度の 1.4 V となっているが，酸化水銀電池の 2 ～ 3 倍の容量があるボタン型電池である．この電池は，負極活物質に亜鉛 Zn を，電解液に水酸化カリウム水溶液を用いている．なお，正極には白金 Pt，銀 Ag，二酸化マンガン，ニッケル Ni やコバルト Co の酸化物などの触媒を用い，空気中の酸素を正極活物質として反応させている．そのため，図 8.3 で示すように，正極ケースには空気取り入れ用の孔があけられており，使用前（販売時）には，その孔はシール紙でふさがれている（使用時にはシール紙を剥がす）．

8.2.6　リチウム電池

リチウム電池は，負極に金属リチウム Li を使用し，正極にはフッ化黒鉛 CF，二酸化マンガン，塩化チオニル $SOCl_2$（液体），二酸化硫黄 SO_2，ヨウ素 I_2，硫化鉄 FeS_2，酸化銅 CuO などのうちのいずれかを用いている．このため，作動電圧は正極との組み合わせによって異なっている．どの正極を用いていたとしても，基本的には放電が完了する直前までほぼ一定の電圧を維持することができる．また，自己放電が非常に小さいため，長期

---

*4　水素発生時に生じる過電圧のこと．
*5　ボタン型の電池は，アルカリ-マンガン乾電池や酸化銀電池，空気-亜鉛電池，そして後述するリチウム電池などがある．これらは，用途に応じてさまざまなサイズ（直径や厚さ）のものが使い分けられる．空気-亜鉛電池以外は外見だけで区別することができないが，電池表面に刻印してある記号で見分けることができる．記号の表記方法については，参考文献3），5）～8）を参照してほしい．

（a）空気-亜鉛電池
（ポケットベルの電源用）

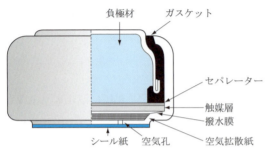

（b）ボタン型空気-亜鉛電池の構造模式図

●図8.3● 空気-亜鉛電池とその構造模式図

間の保存が可能である．円筒形やボタン型，ピン型など，さまざまな形状をした電池が市販されており，幅広い用途に使用されている（表8.1）．

負極の金属リチウムはアルカリ金属であるため，たとえわずかな水分があっても爆発的に反応してしまう．そのため，電解液には有機溶媒を使用している．その結果として，この電池の作動温度範囲は水溶液を電解液とした電池よりも広くなって

■表8.1■ 現在市販されているリチウム一次電池の公称電圧と使用用途

正極材料	電圧[V]	使用用途
フッ化黒鉛 CF	3.0	メモリーバックアップ
二酸化マンガン MnO_2	3.0	カメラ
塩化チオニル $SOCl_2$	3.6	メモリーバックアップ
ヨウ素 I_2	3.0	心臓ペースメーカー
硫化鉄 FeS_2	1.5	カメラ
酸化銅 CuO	1.5	熱量計，電卓

いる．

なお，放電時の正極での反応は，それぞれ次のようになる．

(a) フッ化黒鉛正極

放電反応の進行にともない，良電子伝導体である黒鉛が生成するため，電池の内部抵抗が低く抑えられる．この結果として，放電完了まで安定した電圧で作動することが可能である．

$$(CF)_n + nLi^+ + ne^- \longrightarrow nLiF + nC \quad (8.14)$$

(b) 二酸化マンガン正極

マンガン乾電池用正極材料である電解二酸化マンガンを脱水処理したものを使用している．

$$MnO_2 + Li^+ + e^- \longrightarrow LiMnO_2 \quad (8.15)$$
（Mnは4価から3価になる）

(c) 塩化チオニル正極*6

この正極材料は劇物であり，空気中では容易に分解して亜硫酸 H_2SO_3 ガスと塩化水素 HCl を発生する．したがって，電池構造は図8.4に示すようなガラスシールを備え，外装容器をレーザーで溶接した完全密閉構造になっている．

$$2SOCl_2 + 4Li^+ + 4e^- \longrightarrow 4LiCl + S + SO_2 \quad (8.16)$$

(d) 硫化鉄正極

平均作動電圧が約1.6Vとなるように選択された正極材料である．

$$FeS_2 + 2Li^+ + 2e^- \longrightarrow Li_2S_2 + Fe \quad (8.17)$$

(e) ヨウ素正極

ヨウ素 I_2 を正極としたリチウム一次電池では，ヨウ素はポリ(2-ビニルピリジン)のような高分子化合物との電荷移動錯体として用いられており，

---

*6 塩化チオニル-リチウム電池は，主に一般家庭のガス，水道，電力メーターなどに組み込まれて使用されるため，業務用としてのみ販売されている．図8.4(a)の写真は，両極にリード線を取り付けた状態である．

（a）塩化チオニル-リチウム電池

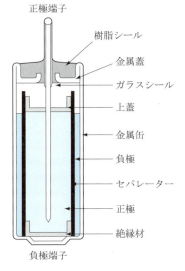

（b）塩化チオニル-リチウム電池の内部構造

●図 8.4● 塩化チオニル-リチウム電池の写真と電池構造の模式図

放電反応で生成したヨウ化リチウム LiI は固体電解質の役割を担う．

$$\left[\begin{array}{c}CH_2-CH-\\ \underset{I_2}{\overset{}{N}}\end{array}\right]_n + 2nLi^+ + 2ne^- \rightarrow \left[\begin{array}{c}CH_2-CH-\\ \underset{}{\overset{}{N}}\end{array}\right]_n + 2nLiI \quad (8.18)$$

（f） 酸化銅正極

酸化銅を正極に用いた電池は，大電流による放電には向いていないため，現在ではほとんど使用されていない．

放電時，酸化銅は還元されて銅 Cu となる．

$$CuO + 2Li^+ + 2e^- \longrightarrow Li_2O + Cu \quad (8.19)$$

8.2.7 ニッケル系乾電池

正極にニッケル化合物を用いた一次電池は，1974 年にすでにボタン型電池として商品化されていた．しかし，21 世紀初頭，ニッケル化合物を用いた乾電池が，主にデジタルカメラ用の電池として開発され，2010 年ごろまで量産された．本項では，そのニッケル系の乾電池について説明する．

ニッケル系電池は瞬間的に大電流を取り出すこと[*7]に向いているという特徴をもっており，この電池をデジタルカメラの電源に用いた場合，当時のアルカリ-マンガン乾電池と比較して撮影可能枚数を多くすることができた．

この電池は，正極にオキシ水酸化ニッケルのみを用いているものと，オキシ水酸化ニッケルと二酸化マンガンとの混合物を使用しているものとに分けられる．なお，前者は『ニッケル乾電池』とよばれ，後者は『ニッケル-マンガン乾電池』とよばれている．これらの両者とも負極には亜鉛を用いており，電解液は水酸化カリウム水溶液で，公称電圧は 1.5 V[*8] である．負極材料以外の構成は，ニッケル-金属水素化物電池（第 9 章参照）とほとんど同じといえる．

ニッケル乾電池の電極反応および全反応は，以下のようになる．

正極反応　$2NiOOH + 2H_2O + 2e^-$
　　　　　　$\longrightarrow 2Ni(OH)_2 + 2OH^-$ 　(8.20)

負極反応　$Zn + 2OH^-$
　　　　　　$\longrightarrow ZnO + H_2O + 2e^-$ 　(8.21)

全反応　　$2NiOOH + Zn + H_2O$
　　　　　　$\longrightarrow 2Ni(OH)_2 + ZnO$ 　(8.22)

なお，これらの電池は現在は普及しておらず，進歩したアルカリ-マンガン乾電池が後継となり，

[*7] パルス放電とよぶ．デジタルカメラは，レンズの駆動や撮影，データ保存時，さらにフラッシュ使用時などに瞬間的に大電流を必要とする．なお，リチウム（一次）電池もパルス放電特性に優れている．
[*8] 初期電圧は 1.7 V であり，高すぎて誤作動が起こり，使えない機器があったことも普及の妨げとなった．

デジタルカメラの分野ではリチウムイオン二次電池が主に使用されるようになった．

例題 ボルタ電池における，正極の電極電位 E を示すネルンストの式を組み立てよ．ただし，正極の標準電極電位を E^0 とする．また，水素の分圧を P_{H_2} とする．

解答 式(2.31)より

$$E = E^0 - \frac{RT}{2F} \ln \frac{[P_{H_2}]}{[H^+]^2} \quad \text{または} \quad E = E^0 - \frac{RT}{F} \ln \frac{[P_{H_2}]^{\frac{1}{2}}}{[H^+]}$$

Coffee Break

非常時に頼りになる一次電池

自然災害など非常時を想定した対策と準備がよく話題になるが，電源の確保はだれにとっても大きな問題である．もちろん大型の蓄電池があれば望ましいが，だれでも，どんな家庭でも所有しているわけではない．そこで頼りになるのが，一次電池である．乾電池であっても自己放電が少ないため，日ごろから緊急用に保有していれば，緊急時の懐中電灯や情報収集のためのラジオなどの電源に活用できる．自己放電しやすい蓄電池を使った携帯電話やスマート機器を充電するのにも使える．最近では，非常時のみの使用を考えた専用電池の開発も進められている．たとえば，安定なマグネシウム金属を負極として利用した一次電池が考えられており，使用時には電池の中に水を入れれば作動がはじまる．災害時にはきれいな水がないことが想定されるため，汚水でも作動できるように考えられている．そして，パッケージは主に紙を用い，使い終わったあとも処理困難な廃棄物にならないように配慮もされている．このような電池には，普段は劣化しない，緊急時に確実に作動する，使い終わっても環境負荷がない，などが条件として求められる．蓄電池ではこのような条件は困難であるため，これを満たす可能性が高い一次電池が期待されている．

演・習・問・題・8

8.1 ダニエル電池における，正極，負極それぞれの電極電位を示すネルンストの式を組み立てよ．

8.2 空気−亜鉛電池における正極，負極それぞれの電極反応および電池反応式を示せ．さらに，各電極の電位を示すネルンストの式を組み立てよ．ただし，正極の活物質は酸素（気体）であることに注意すること．

8.3 酸化水銀電池の正極，負極それぞれの電極反応式および電池反応式を示せ．

第9章 二次電池

携帯電話をはじめとするモバイル機器は，われわれの生活になくてはならないものとなっている．そのような小型電子機器の爆発的な普及は，それらの電力源となっている二次電池の高性能化（小型・軽量化）によって成し遂げられたといっても過言ではない．

本章では，現在実用化されている二次電池の構成やそれらの性能，さらに，現在研究が進められている二次電池について説明する．

KEY WORD

エネルギー密度　電極反応　充放電　サイクル　メモリー効果　容量

9.1 二次電池とは

二次電池（secondary battery）は，完全に放電を終えても充電さえすれば再び放電が可能になる．現在市販されているほとんどの二次電池では，500回以上の充放電のサイクル（cycle）が保証されている．そのような長い期間，安全に，電池性能が衰えることなく充放電を繰り返さなければならないため，二次電池にはさまざまな保護回路や安全機構が備えられており，その構造は一次電池よりも複雑なものとなっている．このことは，結果として二次電池のエネルギー密度（energy density）[*1]を一次電池よりも低くしてしまっている．したがって，二次電池の設計では，できるだけ大きな起電力が得られ，長期間使用あるいは保存しても，電気容量の減少が起こらないような構成部材を選択しなければならない．

9.2 二次電池の種類

9.2.1 鉛蓄電池

鉛蓄電池は，1860年にプランテ（G. Planté）によって発明され，以来150年近くの歴史をもつ電池であり，信頼性が高く，自動車用バッテリーとして普及している．図9.1に，その模式図を示す．鉛蓄電池の公称電圧は2 V[*2]であり，これは水系

[*1] 単位重量あたり，あるいは単位体積あたりに取り出せるエネルギー．それぞれ Wh/g および Wh/L で表される．
[*2] 自動車用バッテリーでは，容器内部に6個のセルを直列に配置して 12 V としている．

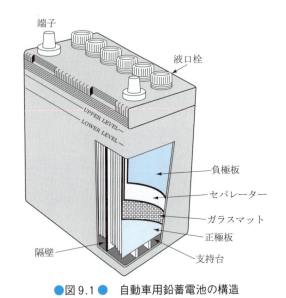

●図 9.1● 自動車用鉛蓄電池の構造

電解液の電池で最高の電圧である．正極に二酸化鉛 PbO_2，負極に鉛 Pb，電解液に希硫酸 H_2SO_4 を使用している．各電極には，鉛合金製の格子に活物質と希硫酸からなるペーストを塗布して乾燥させ，ガラスマットではさんで作製した極板を使用している．また，負極ペースト中には，電極表面の形態を充放電中も保持するため，リグニン系有機化合物を膨張剤として，硫酸バリウム $BaSO_4$ を防縮剤として添加している．また，電解液をセパレーターに含浸あるいはケイ酸塩と混ぜてゲル化した，密閉型鉛蓄電池も実用化されている．

電極反応 (electrode reaction) 式は，それぞれ次のようになる．なお，この電池では充放電 (charge-discharge) 反応に硫酸も関与している．

正極反応：$PbO_2 + H_2SO_4 + 2H_3O^+ + 2e^- \underset{充電}{\overset{放電}{\rightleftharpoons}} PbSO_4 + 4H_2O$ (9.1)

負極反応：$Pb + H_2SO_4 + 2H_2O \underset{充電}{\overset{放電}{\rightleftharpoons}} PbSO_4 + 2H_3O^+ + 2e^-$ (9.2)

全反応： $PbO_2 + Pb + 2H_2SO_4 \underset{充電}{\overset{放電}{\rightleftharpoons}} 2PbSO_4 + 2H_2O$ (9.3)

電極反応にともない，電解液中の硫酸イオン SO_4^{2-} の濃度が変化するため，電解液の比重から電池の残存容量を知ることができる．また，同様の理由により，ネルンストの式に従って起電力が変化する．

この二次電池では，充電が終了に近くなると正極から酸素ガスが発生する．だが，このとき発生した酸素ガスは，負極表面で反応して酸化鉛 PbO を生成し，この酸化鉛は電解液の硫酸と反応して硫酸鉛 $PbSO_4$ と水になる．

$$Pb + \frac{1}{2}O_2 \longrightarrow PbO \quad (9.4)$$

$$PbO + H_2SO_4 \longrightarrow PbSO_4 + H_2O \quad (9.5)$$

片側の電極で発生したガスを，もう一方の電極で反応させてセルの内圧上昇やそれにともなう破損（漏液や爆発）を防止する方式は，次項以降で解説するニッケル-カドミウム蓄電池やニッケル-金属水素化物電池にもみられる．

9.2.2 ニッケル-カドミウム蓄電池

ニッケル-カドミウム蓄電池は，ニッカド電池，あるいはニカド電池ともよばれ，小型電子機器用電源として古くから用いられてきた二次電池である．作動電圧は 1.2 V で，過充電時に正極から酸素ガスが発生するが，前項で述べた鉛蓄電池と同様に，負極で酸素が消費されるメカニズムになっている．自己放電が少なく，温度特性が優れている一方で，メモリー効果 (memory effect)[*3] があるといった特徴がある．電池構造を，図 9.2 に模式的に示す[*4]．円筒形の場合，外観は一次電池とよく似ているように見えるが，内部は大きく異なっていることがこの図よりわかる．

[*3] 完全に放電してしまう前に充電を行うことを繰り返すと，見かけ上，電池の容量が減ってしまう現象．
[*4] 図 9.2 に示すように，正負極の電極シートの間にセパレーターをはさみ，ロール状にした電池構造を『スパイラル式』とよぶ．後述するニッケル-金属水素化物二次電池やリチウムイオン二次電池も同様のセル構造をとる．それらの場合は，図 9.2 のような円筒形以外に，『角形』とよばれる形状のものもある．実際の使用においては，個々のセルを単独で使用するよりも，むしろ，複数のセルを直列あるいは並列に接続して一つのパッケージに納めた『電池パック』という形で機器に組み込まれて使用されることが多い（図 9.3 (a) の写真を参照）．

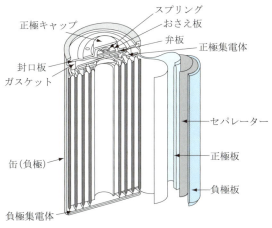

●図9.2● 円筒形ニッケル-カドミウム蓄電池の構造

一般的には，500サイクル以上の充放電が可能であるが，1000〜2000サイクルの充放電が可能なものもある．生物にとって有害なカドミウムCdを使用しているため，使用できなくなった電池は生産メーカーによって回収・リサイクルされている．しかしながら，次項で説明するニッケル-金属水素化物電池との交代が進み，生産量は減少してきている．

正極反応：$2NiOOH + 2H_2O + 2e^- \underset{充電}{\overset{放電}{\rightleftharpoons}} 2Ni(OH)_2 + 2OH^-$ (9.6)

負極反応：$Cd + 2OH^- \underset{充電}{\overset{放電}{\rightleftharpoons}} Cd(OH)_2 + 2e^-$ (9.7)

全反応：$2NiOOH + Cd + 2H_2O \underset{充電}{\overset{放電}{\rightleftharpoons}} 2Ni(OH)_2 + Cd(OH)_2$ (9.8)

9.2.3 ニッケル-金属水素化物二次電池

ニッケル-金属水素化物二次電池は，正極に水酸化ニッケル$Ni(OH)_2$，負極に水素吸蔵合金[*5]，電解液に高濃度の水酸化カリウムKOH水溶液を使用している．水素吸蔵合金とは，水素を可逆的に吸蔵・放出することができる合金であり，ニッケル-金属水素化物二次電池の活物質である水素を高密度に吸蔵することができることから，この電池の放電容量は，ニッケル-カドミウム蓄電池の約2倍と大きい．また，水素化速度が速いため，急速充放電が可能である．このような特性から，ニッケル-金属水素化物二次電池は高出力を要求する電気電子機器の電力源に適している．

代表的な使用用途としては，携帯電子機器や電動工具，ハイブリッド自動車の電源があげられる．この電池は，ニッケル-カドミウム蓄電池と同様にメモリー効果がある．

ニッケル-金属水素化物二次電池は，ニッケル-カドミウム蓄電池と同電圧（1.2 V）で作動することから，先行していたニッケル-カドミウム蓄電池と置き換えられるようにして普及していった（図9.3参照）．

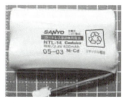
(a) ニッケル-カドミウム蓄電池の電池パック

(b) 単3形のニッケル-金属水素化物二次電池

●図9.3● われわれの身のまわりにあるニッケル-カドミウム蓄電池とニッケル-金属水素化物二次電池

次の反応において，Mは水素吸蔵合金である．

正極反応：$NiOOH + H_2O + e^- \underset{充電}{\overset{放電}{\rightleftharpoons}} Ni(OH)_2 + OH^-$ (9.9)

負極反応：$MH + OH^- \underset{充電}{\overset{放電}{\rightleftharpoons}} M + H_2O + e^-$ (9.10)

全反応：$NiOOH + MH \underset{充電}{\overset{放電}{\rightleftharpoons}} Ni(OH)_2 + M$ (9.11)

この電池は，ほかの電池と比較して過充電や過放電に強いという特徴がある．それは，過充電，

[*5] ランタンLaとニッケルNiとの合金$LaNi_5$をベースとしたもの．電池用に用いられているのは，ランタンの代わりに希土類金属の混合物（ミッシュメタル：Mm）を用い，ニッケルの一部がコバルトCo，アルミニウムAl，マンガンMnなどで置き換えられている合金である．

過放電が起こった際に，各電極で次のような反応が起こることで説明できる．

(a) 過充電時

正極反応：
$$OH^- \longrightarrow \frac{1}{4}O_2 + \frac{1}{2}H_2O + e^- \quad (9.12)$$

負極反応：
$$\frac{1}{2}O_2 + 2MH \longrightarrow H_2O + 2M \quad (9.13)$$

$$2H_2O + 2M + 2e^- \longrightarrow 2MH + 2OH^- \quad (9.14)$$

正極で生成した酸素ガスは負極の水素吸蔵合金中の水素と反応し，水を生成する．

(b) 過放電時

正極反応：$2H_2O + 2e^- \longrightarrow H_2 + 2OH^- \quad (9.15)$

負極反応：$H_2 + 2OH^- \longrightarrow 2H_2O + 2e^- \quad (9.16)$

正極で生成した水素ガスは，負極においてOH^-と反応して水になる．

このように，過充電・過放電のいずれかでもガスが発生し，ただちに水を生成する．そして，たとえ水が生成したとしても，全反応式から明らかなように電解液の濃度が変化することはない．

したがって，電池の外装容器は完全に密閉することが可能である．鉛蓄電池やニッケル-カドミウム蓄電池と同様に過充電から守られるのみでなく，過放電による危険から原理的に保護することができるため，ニッケル-金属水素化物二次電池は信頼性が高い電池といえる．

なお，ニッケル-金属水酸化物二次電池はニッケル-水素二次電池とよばれることもあるが，水素ガスを負極活物質に用いた二次電池もあり，それもまたニッケル-水素二次電池とよばれている．本項では，それと区別するためにニッケル-金属水素化物二次電池と表記した．また，水素ガス負極のニッケル-水素二次電池は民生用ではなく，宇宙開発などの分野に使用されている．

9.2.4 リチウムイオン二次電池

リチウムイオン二次電池は，もっとも卑な電位[*6]をもつリチウムを電池活物質としているが，電池の内部においてリチウムは金属の状態で存在しているのではなく，イオンの状態で存在しているため，この名称がついた．

この電池は，自己放電が少ない，メモリー効果が少ない，作動電圧が高い（3.7 V）といった長所をもっているため，携帯電話をはじめとする小型電子機器の電力源として爆発的に普及した．市販されているほとんどのリチウムイオン二次電池は，角形（図 9.4）や円筒形をしているが，メモリーバックアップ用電池として，ボタン型の形状をしたものもある．

(a) 携帯電話に搭載されているリチウムイオン二次電池（電話機のカバーを開けた状態）
(b) 携帯電話用電池パック（(a)，角形）の拡大写真

●図 9.4● 携帯電話用リチウムイオン二次電池の電池パック

正極材料には，コバルト酸リチウム $LiCoO_2$ が主として用いられている．その理由は，コバルト酸リチウムが層状の結晶構造をもち，リチウムの進入（インターカレーション）・脱離（脱インターカレーション）にともなう構造変化が生じにくく，さらに，電池の作動電圧を高くすることが可能だからである．しかし，コバルト酸リチウムが含まれているコバルトは埋蔵量が少なく，産出地が限られていることから，コバルトの一部をほかの遷移金属で置換したものや，より安価であるマンガン酸リチウム $LiMn_2O_4$ やリン酸鉄リチウム $LiFePO_4$ が新たな正極材料として導入されはじめている．

[*6] 負に大きい電位のことである．

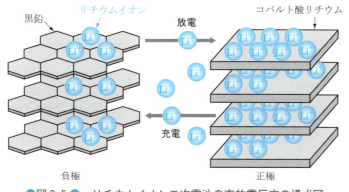

●図9.5● リチウムイオン二次電池の充放電反応の模式図

電解液は高濃度のリチウム塩[*7]を溶かした有機電解液を用いており，この塩および正極材料が，負極に対するリチウム源となっている．

負極材料には，正極材料と同様に層状構造を有している黒鉛系材料が用いられている．黒鉛そのものはリチウムを含んでいないが，充電を行うと，正極材から電解液中に出てきたリチウムイオンLi^+が黒鉛の層間に進入し，層間化合物を形成する．放電時には，黒鉛層間からリチウムイオンが脱離して正極へと戻る（図9.5参照）[*8]．

正極反応：$Li_{1-x}CoO_2 + xLi^+ + xe^- \underset{充電}{\overset{放電}{\rightleftharpoons}} LiCoO_2$ (9.17)

負極反応：$CLi_x \underset{充電}{\overset{放電}{\rightleftharpoons}} C + xLi^+ + xe^-$ (9.18)

全反応：$Li_{1-x}CoO_2 + CLi_x \underset{充電}{\overset{放電}{\rightleftharpoons}} LiCoO_2 + C$ (9.19)

9.2.5 リチウムイオンポリマー電池

水系，非水系を問わず，液体を電解質として用いている電池のほとんどが抱えている問題に液漏れがある．現在市販されている電池はみな，漏液対策のため電解液をセパレーターなどに含浸させたり，電池の外装缶を密閉構造にしたりしているが，液漏れの可能性は完全には払拭できていない．しかし，電解液の代わりにイオン伝導性固体を用いると，漏液問題を飛躍的に改善することができる．

リチウムイオンポリマー電池は，液漏れを防ぐため，当初は完全な固体ポリマーを用いることが検討されてきた．そのようなポリマーの中でもっとも代表的なものは，ポリエチレンオキシド（PEO）系ポリマーである．図9.6に示すに[*9]ポリマー中でリチウムイオンはポリマー鎖の酸素に配位される状態[*10]で存在しており，ポリマー鎖がセグメント運動することでポリマー中を移動する．しかし，このイオン移動の速度は，室温では溶液中の移動より劣るため，実際には，

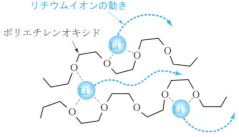

●図9.6● ポリマー電解質中におけるリチウムイオンの移動

[*7] 支持電解質または支持塩とよばれる．六フッ化リン酸リチウム $LiPF_6$，過塩素酸リチウム $LiClO_4$，四フッ化ホウ酸リチウム $LiBF_4$ などがある．これらの塩は電解液溶媒に溶解し，イオンへと解離する．溶媒の誘電率が高いほど，イオンは溶媒分子に取り囲まれた状態で安定に存在することができ，このときの状態を溶媒和とよぶ．

[*8] コバルト酸リチウム $LiCoO_2$ のすべてのリチウムが反応に寄与するわけではなく，半分程度であるため，充電状態の正極を $Li_{1-x}CoO_2$ と表記した．また，負極では6個の炭素原子に対しリチウムイオン1個が反応するが，全反応を説明しやすくするため，リチウムイオンの数を x とした．

[*9] ポリマー中にはリチウムイオン以外に，アニオンも存在するが，図9.6では省略した．

[*10] この状態も溶媒和とよぶことができる．

ポリマーに有機電解液を含浸させたゲル状態になっている．リチウムイオンポリマー電池を構成する電極材料および各電極での反応機構は，9.2.4項で述べたリチウムイオン二次電池の場合と本質的に同様である．液漏れの起こりにくさで外装を簡略にできるため，薄い電池が実現でき，スマートフォンやタブレット端末，薄型コンピュータに至るまで，ほぼすべてにこの電池が搭載されている．

9.2.6 コイン型リチウム二次電池

コイン型リチウム二次電池は，負極材料にリチウムとアルミニウムとの合金を用いている二次電池であり，電子機器のメモリーバックアップ用に用いられている．正極材料には酸化バナジウム V_2O_5，酸化ニオブ Nb_2O_5，酸化チタン TiO_2，二酸化マンガン MnO_2 あるいはその複合体などが使用されている．これらの電池の作動電圧は，酸化バナジウムおよび二酸化マンガン正極で 3 V，酸化ニオブ正極では 2 V，酸化チタン正極では 1.5 V となっている．

ここまでは民生用の小型二次電池について紹介してきた．これらの電池とは別に，大規模な電力貯蔵システムや特殊な用途に使用されている二次電池もいくつか存在する．次項以降で紹介する．

9.2.7 酸化銀-亜鉛二次電池

酸化銀-亜鉛二次電池は，基本的には，正負極それぞれの材料，そして，電解液が一次電池である酸化銀電池とまったく同じである．この二次電池は，アルカリ性電解液を用いた二次電池の中でもっとも大きなエネルギー密度と出力密度を有している．ただし，電池の価格が高く，充電を行うと亜鉛が樹枝（デンドライト）状に析出することから，充放電のサイクル寿命は数十サイクルと極端に短い．したがって，人工衛星や深海探査船の電源といった，限られた分野に対してのみ使用され，その生産量は少ない．

9.2.8 ナトリウム-硫黄二次電池

ナトリウム-硫黄二次電池は，負極材料にナトリウム Na，正極材料に硫黄 S を使用し[*11]，電解質にナトリウムイオン伝導性がある固体電解質（solid electrolyte）の β-アルミナ Al_2O_3 を用いている．各電極の充放電反応は，次のようになる．

$$\text{正極反応：} xS + 2Na^+ + 2e^- \underset{充電}{\overset{放電}{\rightleftarrows}} Na_2S_x \text{[*12]} \quad (9.20)$$

$$\text{負極反応：} 2Na \underset{充電}{\overset{放電}{\rightleftarrows}} 2Na^+ + 2e^- \quad (9.21)$$

$$\text{全反応：} 2Na + xS \underset{充電}{\overset{放電}{\rightleftarrows}} Na_2S_x \quad (9.22)$$

作動温度が約 350 ℃ であり，作動中は外部からの加熱は不要であるが，起動時に電気ヒーターなどで加熱する必要がある．起電力が約 2.1 V と高エネルギー密度であり，サイクル寿命が長いため，大規模な電力貯蔵システムに適している．この電池は現在，企業や病院で稼動している．

9.2.9 レドックスフロー二次電池

レドックスフロー（redox flow）二次電池は，ナトリウム-硫黄二次電池と同様に，電力貯蔵用途に用いられる．

レドックスフローという名称は，還元（reduction）と酸化（oxidation）の二つの反応を起こす物質を循環（flow）させることに由来している．

この電池では，活物質に価数の異なるイオンを溶解させた液体（レドックス対とよぶ）を用いている．図 9.7 には，正負極レドックス対にそれぞれ V^{5+}/V^{4+}，V^{2+}/V^{3+} を用いたレドックスフロー電池を示している．各電極では，次のような酸化還元反応が起こっている．

$$\text{正極反応：} V^{5+} + e^- \underset{充電}{\overset{放電}{\rightleftarrows}} V^{4+} \quad (9.23)$$

$$\text{負極反応：} V^{2+} \underset{充電}{\overset{放電}{\rightleftarrows}} V^{3+} + e^- \quad (9.24)$$

これらの反応では，単セルの電圧は 1.4 V とな

[*11] ナトリウムと硫黄は，両方とも消防法で危険物に指定されている物質である．ただし，電池としての使用に関しては規制が緩和されており，この電池の設置においてはいくつかの特例が認められている．
[*12] 放電反応では，多硫化ナトリウムが生成するため，Na_2S_x と表記した．

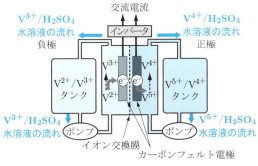

●図9.7● レドックスフロー二次電池の模式図（放電時）

9.2.10 亜鉛-臭素二次電池，亜鉛-塩素二次電池

亜鉛-臭素二次電池は，負極活物質に亜鉛，正極活物質に臭素 Br を，電解液には臭化亜鉛 $ZnBr_2$ を溶解させた水溶液を用いている．正極側で臭素を電解液に溶解させ，その電解液を循環させると，次のような放電反応が起こる．

正極反応：$Br_3^- + 2e^- \longrightarrow 3Br^-$ （9.25）

負極反応：$Zn \longrightarrow Zn^{2+} + 2e^-$ （9.26）

この場合の起電力は約 1.8 V となる．なお，充電反応の場合では，これらの反応は，それぞれ逆向きになる．

また，亜鉛-臭素二次電池で臭素の代わりに塩素 Cl を用いたのが，亜鉛-塩素二次電池である．ただし，これらの電池はハロゲンガスの毒性が問題視されており，とくに亜鉛-塩素二次電池は開発が中止されている．

る．なお，正極レドックス対に Fe^{3+}/Fe^{2+} を，負極レドックス対に Cr^{2+}/Cr^{3+} を用いた場合では，約 1 V の起電力となる．単セルの電圧が低いので，実際にはたくさんのセルを積層させて用いられている．

9.3 未来の二次電池

これからの社会では，より高性能な二次電池がさらに求められるようになる．その使われ方は，大型用途と小型用途の二つに大きく分けられる．大型は社会や地域，工場やビルなどの電気エネルギーを安定させたり，非常用として供給する目的で使われる．小型は電気自動車のような移動体用，家庭用，個人機器用途などである．

大型と小型は電池の大きさが違うだけでなく，それぞれに適した種類がある．大型二次電池は，夜間電力の貯蔵によって電力平準化を行っている揚水発電を補うことを目指しており，電池という部品のイメージではなく，設置の規模からみるとむしろプラントに近い．代表的な種類は，9.2.8項で述べた，すでに実用化されているナトリウム-硫黄二次電池である．これに続くものとして，9.2.9項で述べたレドックスフロー二次電池も期待されている．ともに大型になるほど低コスト化できるため，大電力貯蔵技術として期待されているが，まだ揚水発電より蓄電コストが若干高いた

め，低コスト化の努力が続けられている．今後の社会は自然エネルギー発電による比較的不安定な電力が徐々に増えてくるため，このような電力を安定化させる目的の大型二次電池が不可欠と考えられている．

一方，小型の二次電池は電気自動車用途からウェアラブルデバイスや機器内蔵マイクロ電池に至るまで，さまざまな用途で期待されている．一般的に，小型二次電池は限られた大きさや重さで，できるだけ多くの電気エネルギーを貯蔵することが望まれるため，新材料や新技術の開発が盛んに行われている．以下にその概要を紹介する．

9.3.1 将来型リチウム二次電池

現行のリチウムイオン二次電池の大幅な改良が研究されており，負極はシリコンやスズなど，現在の黒鉛などの炭素材料負極に比べて数倍のリチウムイオン貯蔵が可能な材料が期待されており，すでに一部で使用されている．リチウム金属その

ものを負極に使うとやはり数倍の容量増加が可能であるが，安全性に不安があり[*13]，広範囲な実用化は見込まれていない．一方，正極は倍以上といった大幅な容量増加は一般に困難であるため，エネルギーを増加させる方策として，現在の4V級から5V級の電圧に向上が可能となる，スピネルマンガン系材料などが研究されている．

ただし，正極容量の大幅増加が可能とみられているものが少ないながら知られており，硫黄正極がその一つである．現在の正極材料の10倍近い理論容量をもつため，少なくとも数倍の容量増加が実用的にも期待されている．しかし，硫黄正極が電解液に溶けやすいこと，硫黄は典型的な絶縁体で導電を補助する材料を併用する必要があるなど課題も多く，これらの克服のための開発が世界中で行われている．

さらに，電解質に目を向けると，電極とは違う視点で開発が進められている．たとえば，引火しやすい有機溶媒を用いた電解液ではなく，溶媒に溶かさなくても電解質そのものが常温で液化している，イオン液体（第1章Step up参照）とよばれる物質を電解液に利用することが考えられている．イオン液体の電解液は揮発成分をもたないため，引火の危険がなく，減少もしないので，安全で耐久性のある電池の実現が期待される．

また，液体の電解質ではなく，無機固体電解質を用いる研究開発も活発である．これが適用可能になると電極や電解質を含めてすべて固体になるので，全固体電池とよばれる．実現すれば，液体成分がないため，安定で信頼性の高い動作が期待できる．実現のカギとなる電池無機固体電解質は，リチウムイオンの伝導度が低いのが欠点であったが，最近は高伝導度の材料が見い出されている．ただし，固体電極と固体電解質という固体どうしをうまく接合させ，充放電を繰り返してもその接点を良好に保つのは容易ではなく，これを克服する必要がある．

9.3.2 ポストリチウム二次電池

リチウム二次電池は，確かにもっとも高い密度でエネルギー貯蔵を可能にするが，さまざまな理由により，リチウムを使わない高性能電池の開発が行われている．これらはリチウム二次電池の次の電池という意味で，ポストリチウム二次電池ともよばれる．主な開発理由の一つとして，リチウムよりも資源的に豊富で政治や戦略に左右されない材料を使用し，高性能でありながら安価で普及が可能な電池材料を使いたい，という流れがある．主なものはナトリウムイオン二次電池と，多価イオン二次電池である．

ナトリウムイオンは海水中に無尽蔵にあるといってよく，資源的には大変望ましい．現在は，ナトリウムイオンを可逆的に充放電できる正負極材料の開発が進展中である．リチウムイオン電池より多少エネルギー貯蔵の量が劣ったとしても，資源的な有利さから実用の可能性があるとみられている．

また，多価イオン二次電池はマグネシウム二次電池，およびアルミニウム二次電池がもっとも多く研究されている．どちらも資源的に豊富で問題がなく，多価であるため反応電子数が多く，結果としてリチウムイオン二次電池に迫るエネルギー密度が期待できる．さらに，リチウムやナトリウムのように金属が活性で安全に懸念が残りがちな電池系とは異なり，これらの多価金属は非常に安定で安全性も高い．金属の酸化還元電位などからマグネシウム負極を用いたほうが高エネルギーになるため，とくにマグネシウム二次電池の研究が盛んである．問題点は，この金属がむしろ安定すぎることであり[*14]，電解液に工夫をしないと可逆な充放電ができない点である．したがって，マグネシウム金属負極を可逆的に充放電できる電解液の開発が課題となっている．

[*13] 金属リチウムは充電時に負極で不均一な析出を起こしやすく，針状の析出物はセパレーターを突き破り正極とショートすることがあり危険である．

[*14] マグネシウム金属は表面にきわめて安定な酸化被膜を形成するため，溶解析出を繰り返すのが困難であるとされる．

9.3.3 空気二次電池

正極に空気中の酸素を利用する実用一次電池は 8.2.5 項で述べた．最近，この酸素の反応を可逆化できれば正極材料を電池内に必要としないことから，この空気を利用できる二次電池に関心が集まり，研究が活発化している．空気二次電池は充電時に正極反応で酸素が発生し，放電時には逆に酸素を取り込む反応が起こるため，この両方向の反応を促す電極構造が必要であり，酸素の消費のみの燃料電池よりさらに難しい技術といわれている．また，空気中の二酸化炭素や水分の侵入にも対応しなければならない．それでも，亜鉛や鉄，アルミニウムといった水系の電解液で作動する金属負極のみならず，最近ではリチウム金属負極を用いた非水系電解液にも研究が広がっている．空気二次電池で非水系電解液を用いるのは，空気に触れている電池であることからとくに難しく，水分を負極付近でブロックする隔膜構造などが研究されている．非常に難しいものの，実現すれば正極材料が不要，かつ負極としてもっとも電位が低い究極の容量の二次電池が実現するため，挑戦が続けられている．

> **例題** 二次電池である鉛蓄電池では，二酸化鉛 PbO_2 と鉛 Pb で，どちらの電極がカソードあるいはアノードであるか．
>
> **解答** 二次電池では，充電と放電では電子の流れが逆になるが，電池の作動状態である放電における酸化還元反応から名称を決める．つまり，カソードが二酸化鉛で，アノードが鉛である．

Step up　ナノカーボン材料と蓄電技術

二十世紀終盤にカーボンナノチューブやフラーレンなどのナノサイズの炭素材料が発見，注目され，蓄電や発電分野でも直ちに応用が試みられた．たとえば，燃料電池の水素貯蔵への応用，リチウムイオン二次電池の負極材料応用などは，ナノカーボンのもつナノレベルの空間を利用して，多くの水素やリチウムイオンを貯蔵しようとするものである．ただし，研究は順調とはいえず，これらの物質を貯蔵できるものの，取り込んでもあまり出てこないといった不可逆容量も大きく，実用には至っていない．一方，ナノカーボンの重量あたりの大きな表面積を活かして，第11章で述べるような電気二重層キャパシターへの応用も盛んに試みられている．キャパシター類はイオンの吸着で容量が発現するため，高表面積の材料が有利と考えられるからである．とくに，最近のグラフェンの発見以来，そのような試みは多い．しかし，ナノカーボン材料共通の性質として，互いに強く引きつけあって凝集体をつくってしまうというやっかいな問題があり，予想したほどの高表面積が実際には発現せず，理論から予想される性能には至っていない．現在，ナノカーボンが実用されているのは，導電補助剤としての応用である．電極内に数パーセント加えると，その高い電子伝導特性のために電極の抵抗を大きく低下させることがある．このような現状だが，小分子やナノスケールの造形といえるナノカーボン材料に魅力を感じる研究開発者は依然多く，いつかはこれらの問題の克服がなされるであろう．価格がまだまだ高いという側面もあり，低コストな製造方法への改良が望まれている．

演・習・問・題・9

9.1 ニッケル–カドミウム蓄電池の正極，負極それぞれの電極反応式をもとに，各電極の電位を示すネルンストの式を組み立てよ．ただし，正極，負極それぞれの標準電極電位を , としてもかまわない．

9.2 ニッケル–カドミウム蓄電池の放電反応の進行にともなってそれぞれの電極電位がどのように変化するかを，問 9.1 で組み立てたネルンストの式を用いて説明せよ．また，電池電圧はどのように変化するか述べよ．

9.3 電池のエネルギー密度は，作動電圧の高さと電気容量の大きさによって決まる．金属リチウム以外で，高い作動電圧を得ることができる負極材料をいくつかあげよ．

9.4 電気自動車用電源として二次電池を用いる場合，二次電池にはどのような特性が要求されるか最低三つあげよ．

第10章
燃料電池

燃料電池は，理論上，無公害でエネルギー変換効率が高いため，燃料電池自動車や家庭用発電システムという形で徐々に普及し始めている．しかし，大幅なコストダウンが必要なことや長寿命化といった，解決すべき課題が多く残されている．

本章では，これまで開発されてきた各種の燃料電池の構成や原理を説明する．

KEY WORD

燃料電池	改質	発電効率	作動温度	コージェネレーション
アルカリ電解質形燃料電池	リン酸水溶液形燃料電池	溶融炭酸塩形燃料電池	直接メタノール形燃料電池	固体高分子電解質形燃料電池
固体酸化物形燃料電池				

10.1 燃料電池とは

一次電池や二次電池では，電極活物質がすべて完全に反応してしまうと，放電できなくなってしまう．二次電池の場合は，充電すれば再び放電できるが，一次電池は使い物にならなくなる．

しかし，もしも電極活物質を絶えず供給することができたらどうであろうか．燃料電池（fuel cell）とは，負極活物質である燃料（水素ガスや炭化水素）と，正極活物質である酸素（空気）を供給すれば，必要なときだけ電気エネルギーを得ることができ，充電を行う必要もなければ，電池そのものを交換する必要もない電池である．

燃料に純水素を用いた場合，最終的に排出されるのは水のみであるため，燃料電池は基本的に無公害であるといえる．また，燃料には純水素のみではなく，天然ガスなどの炭化水素を触媒の存在下で，高温（430〜880℃）の水蒸気と接触させる．すなわち，改質（reforming）して水素を取り出して用いるものや，あるいは改質せず，そのまま燃料に利用できるものもあり，使用できる燃料の多様性も魅力の一つである．もちろん，炭化水素を改質した場合は，二酸化炭素 CO_2 が排出されることになる．

だが，熱機関とは発電原理が基本的に違うため，発電効率（generation efficiency）は火力発電や原子力発電よりずっと高く，低出力で稼動させたとしても，発電効率が低下することはない[*1]．また，作動温度（operation temperature）が 1000℃ 付近の高温で作動する燃料電池では，図 10.1 で

[*1] 熱機関では，その最大発電効率は，必ず $\eta = (T_h - T_l)/T_h \times 100$（$T_h$：高温側温度，$T_l$：低温側温度）に従う．

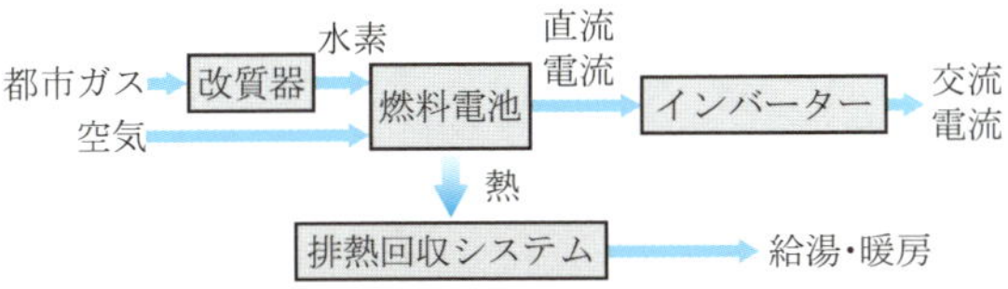

●図 10.1● 家庭用燃料電池によるコージェネレーションシステム

示すように，余分な熱を給湯や暖房へ，あるいは蒸気タービンなどに利用する，いわゆるコージェネレーション（cogeneration）システムを構築することで，エネルギーを最大限有効に利用することができる．

ただし，作動電圧が 1 V 程度（理論電圧は 1.23 V）と低いため，何らかの機器の電力源とするには，複数のセルを直列に接続し，積層させて使用することになる．このようにセルを積層したユニットは，スタックとよばれている．スタックをいくつか組み合わせたものはモジュールとよばれ，要求される電力の大きさにあわせて構成が決められる．

10.2 燃料電池の歴史

1839 年，イギリスのグローブ卿（W. R. Grove）は，純水素と純酸素を活物質とし，白金 Pt を電極に，希硫酸 H_2SO_4 を電解液とした燃料電池を構築して放電に成功した．その後，1959 年にベーコン（F. T. Bacon）が水酸化カリウム KOH 水溶液を電解液としたアルカリ電解質形燃料電池を開発，続いて 1960 年にグラブ（W. T. Grubb）らがイオン交換膜を電解質に用いた燃料電池を開発した．これらの燃料電池は宇宙船用電力源として利用され，現在でもスペースシャトルに搭載されている．

一方，民生用燃料電池は，1967 年から，アメリカでリン酸水溶液形燃料電池の開発が進められるようになり，1971 年に実地試験が行われた．日本では，1974 年に計画がスタートし，1981 年には溶融炭酸塩形燃料電池および固体酸化物形燃料電池の開発が始まった．

1990 年，新たなタイプの燃料電池として，固体高分子膜を電解質とした燃料電池がカナダのバラード社によって開発された．現在実用化されている燃料電池自動車には，このタイプの電池が搭載されている．

10.3 燃料電池の種類

グローブによる実験以来，これまで何種類かの燃料電池が提案されてきた．ではなぜ，同じ燃料電池でも，いくつもの種類があるのだろうか．それは，使用できる燃料の種類や，セルにどのような材料（電解質）を用いているか，どのくらいの温度で作動させるか，などがそれぞれ異なっているからである．

これまで開発されてきた，さまざまな燃料電池の電解質や燃料の種類，作動温度を表 10.1 にまとめた[*2]．

10.3.1 アルカリ電解質形燃料電池

アルカリ電解質形燃料電池（AFC：alkaline fuel cell）は，先に述べたように，宇宙開発と密接に関係し，すでに宇宙船用として実用化されている．各電極での反応は，次のようになる．

負極反応：$H_2 + 2OH^- \longrightarrow 2H_2O + 2e^-$ (10.1)

正極反応：$\frac{1}{2} O_2 + H_2O + 2e^- \longrightarrow 2OH^-$ (10.2)

全反応：　$H_2 + \frac{1}{2} O_2 \longrightarrow H_2O$ (10.3)

この電池は，高価な白金 Pt を触媒として使用しなくてもよいので，電気自動車用として期待さ

---

*2 燃料電池を和名で分類する場合，『〜型』の文字があてられている文献や，『形』，『型』のいずれの文字も使用していない文献もある．本章では，JIS における燃料電池の標準用語で『形』が用いられていることにしたがい，『〜形』と表記することにした．

■表10.1■ 燃料電池の分類

燃料電池の種類	アルカリ電解液形 AFC	リン酸形 PAFC	溶融炭酸塩形 MCFC	直接メタノール形 DMFC	固体高分子形 PEMFC, PEFC	固体酸化物形 SOFC
電解質	水酸化カリウム水溶液	リン酸	溶融炭酸塩	イオン交換膜	イオン交換膜	セラミックス
使用できる燃料の種類	純水素	純水素 炭化水素	純水素 炭化水素	メタノール	純水素 炭化水素	純水素 炭化水素
作動温度範囲	60〜80℃	200℃	650〜700℃	70〜90℃	70〜90℃	800〜1000℃
発電効率	50〜60%	35〜45%	45〜60%	30〜40%	30〜40%	50〜65%

れている．ただし，アルカリ性電解液は二酸化炭素 CO_2 を吸収し，その二酸化炭素は電解液中で水酸化物イオン OH^- と反応してしまう．この現象は結果として電池性能を低下させることになるため，燃料には炭化水素を改質した水素を使用することができない．さらに，酸化剤においても空気を使うことが困難であり，純酸素を用いる必要がある．

10.3.2 リン酸水溶液形燃料電池

AFC は，電解液による二酸化炭素の吸収が電池性能の低下を引き起こしていたため，燃料の選択幅が狭められていた．しかし，リン酸水溶液形燃料電池（PAFC：phosphoric acid fuel cell）は酸性水溶液を電解液に用いているため，二酸化炭素を吸収することはない．したがって，天然ガスなどの炭化水素を改質して燃料として使用することができる．この PAFC は第一世代の燃料電池と位置づけられている．

この電池は，その規模や容量（capacity）に関係なく発電効率が高いことから，1980年代から米国，日本でホテルや病院などの発電機としてすでに実用化されている．さらに，作動温度が AFC より高いため，排熱を給湯などに利用することもできる．

PAFC の課題は，高濃度のリン酸 H_3PO_4 を使用しているため，電池の構成部材に十分な耐食性が要求されること，白金触媒を用いているためコストが高くなることがあげられる．

10.3.3 溶融炭酸塩形燃料電池

無機塩が溶解したもの，すなわち溶融塩は優れたイオン伝導性を示すため，燃料電池用電解質として魅力的な材料である．ただし，一種類の無機塩のみでは融点が高いため，電解質として使うには融点を下げる必要があった．そこで，アルカリ金属炭酸塩である炭酸カリウム K_2CO_3 と炭酸リチウム Li_2CO_3 の混合溶融塩[*3]を電解質に用いた燃料電池が開発された．これが第二世代の燃料電池と位置づけられている溶融炭酸塩形燃料電池（MCFC：molten carbonate fuel cell）である．そのモデル図を図 10.2 に示す．

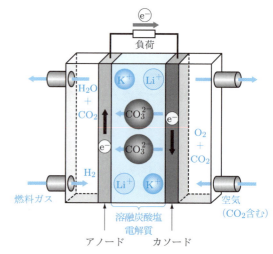

●図10.2● MCFC 作動原理の模式図

溶融塩は燃料や二酸化炭素に対する安定性が高いので，MCFC では燃料に炭化水素や石炭ガスを使用することが可能で，酸化剤には空気を用い

[*3] 溶融塩中には，電解質の形態保持の目的で γ-$LiAlO_2$ が 45％（質量分率）加えられている．

ることができる．さらに，一酸化炭素COを酸化させることができるため，一酸化炭素を燃料にすることも可能である．

$$正極反応：\frac{1}{2}O_2+CO_2+2e^- \longrightarrow CO_3^{2-} \quad (10.4)$$
$$負極反応：H_2+CO_3^{2-} \longrightarrow H_2O+CO_2+2e^- \quad (10.5)$$

（一酸化炭素を用いた場合）
$$CO+CO_3^{2-} \longrightarrow 2CO_2+2e^- \quad (10.6)$$

MCFCでは，炭化水素燃料の使用で生じた二酸化炭素は分離・回収することが可能であるため，もっともクリーンな燃料電池であるといえる．また，容量に関係なく発電効率が高いうえ，650℃程度の中温域で作動するため，白金触媒が不要である．さらに，高温の排熱をコージェネレーションに使えば，発電効率をさらに高くすることができる．

この電池の問題点は，電解質の腐食性が強いことや，電解質が蒸発してしまうことである．

10.3.4 直接メタノール形燃料電池

直接メタノール形燃料電池（DMFC：direct methanol fuel cell）は，数ある燃料電池の中で，唯一液体燃料を使用できるタイプである．図10.3に，DMFCの構成と作動メカニズムの模式図を示す．DMFCは比較的小型化が容易であるため，この電池を搭載した携帯電話やノート型パソコンの試作品が，すでにいくつかのメーカーから発表されている．

メタノールCH_3OHは電池の作動によって消費

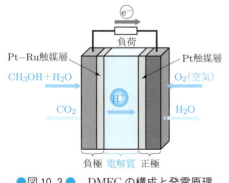

● 図10.3 ● DMFCの構成と発電原理

されるため，モバイル機器の電源に用いた場合，定期的にメタノールを補充することになる．メタノールの補充方法としては，専用の燃料カートリッジを販売し，オイルライターに燃料を注入する方式と，カートリッジごと交換するようにして補給する方式の2方式が提案されている．携帯電話などの電源にDMFCを用いた場合，従来の電源であるリチウムイオン二次電池と比較して持続時間が長くなるうえ，時間をかけて充電しなくてもよい．将来的には，現在小型二次電池の主流になっているリチウムイオン二次電池と置き換えられるか，あるいは小型二次電池と競合して存在する可能性がある．

DMFCで指摘されている問題点は，次に述べる2点である．

第一に，メタノールの反応機構が複雑で，負極での反応速度が遅くなる点である．触媒上で，メタノールは次のような反応を経る．

$$CH_3OH \longrightarrow CH_2OH+H^++e^- \quad (10.7)$$
$$CH_2OH \longrightarrow CHOH+H^++e^- \quad (10.8)$$
$$CHOH \longrightarrow CHO+H^++e^- \quad (10.9)$$
$$CHO \longrightarrow CO+H^++e^- \quad (10.10)$$

このときに生成した一酸化炭素は，それ以上酸化されることなく，触媒である白金Ptの表面に吸着して，ほかのメタノール分子と触媒との反応を阻害してしまう．そのため，DMFC用の触媒には，通常，白金とルテニウムRuの合金を用いている．ルテニウムは水を分解してヒドロキシ基を表面に吸着させ，そのヒドロキシ基が白金上の一酸化炭素と反応し，二酸化炭素を生成するわけである．

$$H_2O \longrightarrow Ru\text{-}OH+H^++e^- \quad (10.11)$$
$$Pt\text{-}CO+Ru\text{-}OH \longrightarrow Pt\text{-}Ru+CO_2+H^++e^- \quad (10.12)$$

生成した二酸化炭素は，触媒の表面に吸着することなく離れていくので，新たなメタノール分子が触媒上に吸着し，式(10.7)～(10.10)の反応が継続する．しかし，式(10.11)，(10.12)で表され

る水分解と二酸化炭素生成の反応が遅く，これが大きな過電圧をもたらしてしまう．

第二に，メタノールのクロスオーバー[*4]が生じることである．このクロスオーバー現象は発電効率を低下させるだけでなく，過電圧を生じさせることにもなる．これらの問題は，新たな負極用触媒の開発や生成水による燃料の希釈という方法により解決に向かっている．

これらの問題とは別に，燃料であるメタノールは可燃性があり毒性も強いため，その取り扱いには細心の注意を要する[*5]ということも忘れてはならない．

したがって，DMFCを販売するメーカーには，漏液や誤飲の防止策を徹底した燃料カートリッジの製造・販売が求められている．

10.3.5 固体高分子電解質形燃料電池

固体高分子形燃料電池（PEFC：polymer electrolyte fuel cell, PEMFC：proton exchange membrane fuel cell）は，十分な量の水分を保持でき，水素イオン H^+ が移動できる高分子膜を電解質としている．高分子膜には，デュポン社製のフッ素系高分子ナフィオンが主として使用されている．

常温から100℃までの温度領域で使用できるが，発電効率がほかの燃料電池と比較して低く，排熱の利用が給湯に限られている．白金触媒を多量に必要とするため単価が高く，さらに，白金触媒は一酸化炭素により被毒[*6]するため，燃料には一酸化炭素を含まない水素を供給しなければならないなどといった問題点がある．

室温付近で作動すること，腐食性の電解質を用いていないこと，コンパクト化が可能であることから，家庭用あるいは電気自動車用として開発が進められ，すでに実用化されている．国内では，この電池を搭載した自動車が官公庁向けにリース販売されている．

PEFC（PEMFC）では，高分子膜が乾燥あるいは凍結してしまうと膜が破損し，逆に水が飽和すると，電極の細孔がふさがって反応が停止することになる．これらの現象は，一般家庭へ普及させるうえでの重大な障害となってしまうため，反応で生成した水分の管理がとても重要であり，水の量や分布が，PEFC（PEMFC）の寿命を左右することになる．

10.3.6 固体酸化物形燃料電池

固体酸化物形燃料電池（SOFC：solid oxide fuel cell）は，第二世代であるMCFCに続く第三世代の燃料電池である．この電池は高温で作動させるため高価な触媒を用いる必要がなく，さらに，排熱を有効に利用できることから，ほかの燃料電池よりも高い発電効率が期待されている．SOFCには酸化物イオン O^{2-} または水素イオン伝導性をもった無機固体を電解質としている．この電池用電解質として，高温で高い酸化物イオン伝導性を示すイットリア安定化ジルコニア（YSZ）やランタンガレート系酸化物などが提案されている．図10.4には，円筒縦縞形[*7]とよばれるSOFCの写真を，図10.5には，その構造模式図を示す．

このタイプは，円筒の内部に空気を流し，円筒の外側には燃料ガスを流す方式である．酸素は内側の空気極から取り込まれ，酸化物イオンとして

●図10.4● 円筒縦縞形SOFCのセルスタック

[*4] 未反応の燃料（メタノール CH_3OH）が電解質を透過し，発電に寄与することなく燃焼してしまう現象
[*5] メタノールは，濃度が60％（体積分率）以上になると消防法における危険物第四類に該当する．さらに，毒物および劇物取締法における劇物にも指定されている．
[*6] 表面が一酸化炭素COで覆われると，触媒活性が低下すること．
[*7] SOFCの形状の一種である．ほかに，円筒横縞形や平板形とよばれるタイプもある．

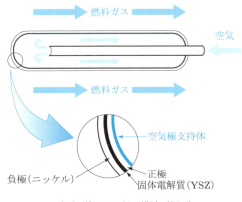

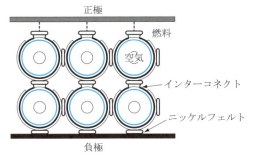

(a) 単セルの断面構造(側面)

(b) セルスタックの断面構造(正面)

●図 10.5● 円筒縦縞形 SOFC の単セルとセルスタックの構造模式図

固体電解質を通り抜け，外側にある燃料極で燃料と反応するしくみとなっている．実際の使用においては，大きな作動電圧を得られるようにするため，図 10.5 (b) のように円筒を無数に積層させたスタック（またはモジュール）が構築されることになる[*8]．

式 (10.13)，(10.14) に，水素を燃料としたときの SOFC の電極反応を示しているが，SOFC の大きな特徴は，燃料の炭化水素を改質することなく直接使用できる点である．

正極反応：$\frac{1}{2}O_2 + 2e^- \longrightarrow O^{2-}$ (10.13)

負極反応：$H_2 + O^{2-} \longrightarrow H_2O + 2e^-$ (10.14)

SOFC は基本的に長寿命な電池である．しかし，常温から 1000 ℃ までの大きな温度差を経ることでセル構成部材が体積変化を起こし，セルが破損する可能性があるため，電池材料の選択肢が限定されることになり，SOFC のコスト増につながっている．そのような背景から，800 ℃ 以下の温度で作動する SOFC の研究・開発も進められている[*9]．

10.3.7 その他の燃料電池

燃料電池の基本作動原理は，あくまでも燃料の酸化反応である．したがって，燃料や酸化剤となるものを絶えず供給することさえできれば，その反応に用いる燃料を水素や炭化水素に限定する必要はなく，炭化水素以外の物質もまた，燃料として使用されている．

そのような燃料の中で，もっとも代表的な燃料はヒドラジン N_2H_4[*10] である．この種の燃料を用いた燃料電池は，すでに僻地用電源設備や移動体用に実用化されている．このタイプの燃料電池は，きわめて特殊な燃料を使用することになるが，電極触媒に白金などの高価な貴金属を使用しなくても発電できるものが開発中であり，燃料電池自動車への応用に対して大きな期待が寄せられている．

> **例題** 日本の標準的な家庭の一日あたりの電気エネルギー消費は 12 kWh といわれている．この電気エネルギーを 20 セル直列で 12 V の燃料電池を用いて発電を行う場合，標準状態（273 K，1 atm）の空気を何立方メートル必要とするか．

[*8] インターコネクトにより，一方のセルの正極（空気極）を他方のセルの負極（燃料極）に直列に接続している．また，ニッケルフェルトにより負極どうしを並列に接続し，さらに温度変化による固体電解質の形状変化を緩和している．
[*9] ランタンガレートのほうが YSZ よりも電気伝導率が約 1 桁大きいため，低温 SOFC 用電解質として期待されている．
[*10] 通常，ヒドラジンを燃料とする際は，水を加えた水和物（水和ヒドラジン $N_2H_4 \cdot H_2O$）の状態にして使用する．ただし，ヒドラジンは毒性や腐食性，反応性がきわめて高いため，取り扱いには十分な注意が必要である．

解答 この燃料電池は 12 V なので 1 kAh の電気量を発電する必要がある．時間を秒に変えると 1×3600 kAs, すなわち 3.6×10^6 C である．酸素 1 分子は 4 電子が反応するので，この電気量をファラデー定数で割り，さらに 4 で割ると酸素分子がセルあたり約 9.33 mol 必要とわかる．20 セル直列なので，20 倍の 187 mol の酸素が必要で，標準状態では 4.18 m³ に相当し，この 5 倍が空気量であるから，約 21 m³ である．

Coffee Break

燃料電池自動車への水素燃料の供給

2014 年に事実上世界初となる，燃料電池搭載の市販乗用車がわが国から登場した．現在，日本では燃料電池自動車に水素を補給する施設である水素ステーションを全国に新設する計画が進行中である．しかし，大量の圧縮水素ガスを貯蔵するのは，容易なことではない．なぜなら，水素製造工場から水素ステーションまで安全にかつ大量に輸送する方法を確立し，ガス漏れが起こらないように貯蔵する技術を新たに開発しなければならないからである．そこで，手っ取り早く水素ステーションを設置する方法として，既存のガソリンスタンドに改質装置を取り付け，ガソリンから水素を取り出して供給する方法が提案されている．この方式だと，ガソリン自動車に対する燃料補給の道も残すことができるというわけである．自動車用燃料の切り替え期間には最適な方式であろうが，残念ながら二酸化炭素の排出量の削減にはあまり貢献できない．そこで，やはり水素そのものを低炭素原料から発生させて貯蔵する方法が考えられている．太陽光による水の電気分解で水素を製造できれば，二酸化炭素の排出がほとんどなく，低炭素社会にもっとも貢献できる．このように，製造，貯蔵といった燃料電池社会に向けたインフラストラクチャーの整備が進められようとしている．

演・習・問・題・10

10.1 燃料電池が火力や原子力発電よりも発電効率が高いのはなぜか．また，燃料電池の中で，とくに固体酸化物形燃料電池（SOFC）が，ほかと比べて発電効率が高いのはなぜかを，具体的に説明せよ．

10.2 直接メタノール形燃料電池（DMFC）における，メタノールクロスオーバーを防ぐ対策を，本文で述べた方法以外に考えて提案せよ．

10.3 SOFC は，炭化水素を直接燃料として使用できる．電解質が酸化物イオン伝導体であるとき，燃料にメタン CH_4 を用いると，負極反応および全反応はそれぞれどのようになるか．また，一酸化炭素 CO を用いた場合ではどうなるか．

第11章 電気化学キャパシター

近年，従来のコンデンサーよりも多くの電気を蓄えることができる，「キャパシター」が，電気化学の分野における新たな電力貯蔵デバイスとして注目されるようになった．本章では，キャパシターとコンデンサーとの違い，キャパシターの種類やその構造，性能，将来性について説明しよう．

KEY WORD

| 電気二重層キャパシター | エネルギー密度 | 出力密度 | 容量 | 漏れ電流 |
| 活性炭 | 比表面積 | 擬似キャパシター | ハイブリッドキャパシター | |

11.1 電気化学キャパシター

　キャパシターとは，電気エネルギーを蓄えたり，放出したりできる素子のことで，日本語でのコンデンサーの英語名である．したがって，キャパシターとコンデンサーは，これまでは同一のものと認識されてきた．ところが近年，二次電池と同様に電力貯蔵デバイスとして注目を集めているキャパシター[*1]である電気化学キャパシターは，電気二重層キャパシター（EDLC：electric double layer capacitor），あるいは後述する擬似キャパシター（pseudocapacitor）を指し示す用語となり，コンデンサーとは異なる高容量の蓄電デバイスと位置づけられるようになった．本章では，電気化学キャパシターを総称してキャパシターとよぶことにする．

　電気エネルギーを蓄えあるいは放出できる代表的なデバイスとして二次電池があげられる．キャパシターと二次電池との性能面における大きな違いは，エネルギー密度（energy density）と出力密度（power density）の大きさ[*2]，充放電サイクルの寿命である．単純にいえば，キャパシターは出力密度とサイクル寿命の点で二次電池を上回っているものの，エネルギー密度では二次電池にかなわないということである．もちろん，キャパシターのエネルギー密度は，二次電池並みに大きい

[*1] 日本語ではコンデンサーとキャパシターが区別されているが，英語ではいずれも"capacitor"である．なお，電気二重層キャパシターは，電気二重層コンデンサーとよばれる場合もあるので，呼称に関しては十分に統一されているとは言いがたいのが実情である．

[*2] エネルギー密度が大きいことは，デバイスの単位体積あたりや単位重量あたりの蓄えることができるエネルギーの絶対量が大きいことを意味する．一方，出力密度が大きいことは，より短時間で大きな電気エネルギーを放出できることを意味する．

ことに越したことはなく，そのエネルギー密度をさらに大きくする研究も進行中である．しかし，その一方で，キャパシターのもっている大きな出力密度という特性を活かし，瞬停補償*3・負荷平準化電源，エネルギー回生装置，電力貯蔵用など幅広い用途において，キャパシターは，すでに積極的に利用されており，二次電池と使い分けられている．

11.2 電気二重層キャパシター

11.2.1 電気二重層キャパシターの原理

一対の分極性電極を電解液に浸して両電極間に電圧を印加したとき，電極-電解液界面には電気二重層（electric double layer）が形成される（第3章参照）．電圧の印加をやめると界面のイオンは電極から離れ，このときに一方の電極から電子を取り出すことができる．この作動原理を模式的に表すと，図11.1のようになる．電気二重層キャパシター（EDLC）は，このような電気二重層を蓄電に利用しているデバイスであり，誘電体を用いた，いわゆる「コンデンサー」とは原理が異なっている．そして，その容量（capacitance）はコンデンサーと鉛蓄電池との中間にあたる．充電を行わなければ使用できないという点では，EDLCは二次電池と類似しているといえるが，電池における電極反応とは異なり，EDLCでは電解液中の可動なイオンが電極上へ吸着-脱離するのみであり，電極との間で電子の授受が行われることはない．したがって，EDLCは二次電池と比較してサイクル寿命が圧倒的に優れている．

11.2.2 EDLCの特徴

EDLCに対して一定電流で充放電を行ったときの，充電と放電にともなう電圧変化を図11.2に示す．この図から，EDLCに特徴的な電気化学的挙動をいくつか読み取ることができる．

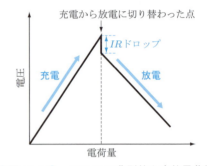

●図11.2● EDLCの典型的な充放電曲線

第一に，充電と放電にともなって電圧がほぼ直線的に変化している点である．これは，蓄電原理にファラデー反応を利用しないEDLCに典型的な挙動である．さらに，この傾向は擬似キャパシターにみられるものでもあり，その理由は，あとで詳述する（11.3節参照）．

第二に，充電から放電に切り替わったところに，電圧のわずかな降下が生じていることである．これはキャパシター内部の抵抗，たとえば電解液の溶液抵抗や，電極-電解液界面抵抗などに起因して生じる現象で，IR ドロップ（電圧降下）という．この電圧降下分と通電する電流値を用いれば，オームの法則からそのキャパシターの内部抵抗を求めることができる．

EDLCのその他の特徴としては，電池と同様に自己放電（self discharge）が起こることが知ら

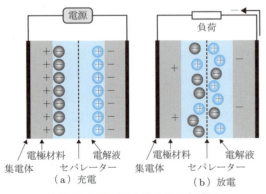

●図11.1● EDLCの充放電原理

*3 瞬停とは，およそ1秒以内の瞬時停電のことを意味し，コンピューターの誤作動や工場の生産品へのダメージなどが問題となる．

れている．また，充電時において，電気二重層が形成されている界面では，厳密にみると，わずかではあるが二重層を突き抜ける形で電荷移動が起こることがある．これは電極表面で生じるファラデー反応に起因するものである．このときに流れる電流は漏れ電流（leakage current）[*4]とよばれ，キャパシターに特有の現象として知られている．

EDLCのもつエネルギーU[*5]は，

$$U = \frac{1}{2}CV^2 \quad (11.1)$$

で表される．この式より，大きなエネルギー密度をもったキャパシターを構築するためには，容量あるいは電圧を大きくしなければならないことがわかる．

EDLCでは，容量や作動電圧を大きくするためにさまざまな技術が取り入れられている．ここからは，そのような電気二重層キャパシターの構成について説明する．

(a) 電　極

EDLCの電極は，薄いアルミニウム製集電体の上に電極材料を塗布することで作製されている．この電極材料には，導電性はもちろんのこと，電気的，化学的安定性が必要とされる．

一方，EDLCの容量は基本的に，電極中にどれだけ多くの電荷を蓄えられるかで決まる．このことは，別の表現をすると，電極表面に電解液中のイオンをできるだけ多く吸着させることである．したがって，単純に考えれば，電極の表面積をできるだけ大きくすれば，容量を大きくすることができるといえる．

これらの要求に応えるものとして，現在，EDLC用電極材料には活性炭（activated carbon）が用いられている．活性炭はその粒子の表面に微細な孔（細孔）が無数に存在しているため，比表面積（specific surface area）が大きいことが知られている[*6]．さらに，安価に入手できることも活性炭の魅力の一つである．

この活性炭はヤシガラやフェノール樹脂，石油や石炭のコークスを熱処理することで炭化し，さらに賦活することで調製されている．賦活とは，炭化したものを水蒸気や薬品で処理することで，多孔性の活性炭に変えることである．

ところで，比表面積の大きな活性炭を電極材料に用いれば，必ずEDLCの容量も大きくなるというわけではない．この理由は，活性炭の比表面積が極端に大きくなると細孔の平均サイズが小さくなり，結果として電解質のイオンが細孔中で自由に動き回ることができなくなるためである．容量を最大にできる比表面積の最適値は，電解液や電解質の種類によって違いがあるが，1500〜3000 $m^2 g^{-1}$程度であるとされている．

(b) 電解液

EDLCの電解液に求められる特性は，

- 安全性
- 高い分解電圧
- 高い誘電率
- 高いイオン伝導度

などがあげられる．分解電圧が高ければ，式(11.1)に従ってエネルギー密度を大きくすることが可能になる．また，誘電率が高い，すなわちイオンの解離度が大きければ，電気二重層形成に必要なイオン数を増やすことにつながり，さらにそのイオンが安定に存在することができるようになる．電解液のイオン伝導性が高ければ，EDLCの大きな利点である急速充放電特性を損なうことがない．

これらの特性をすべて兼ね備えている電解液を開発することは，実際問題として困難なことである．そこで，これらの特性のうちのいくつかを満たすものとして，市販EDLCの電解液では，電解質（支持塩）を溶解させたプロピレンカーボネート（PC）やγ-ブチロラクトン（GBL）といった有機溶媒（図11.3），あるいは硫酸H_2SO_4や水酸化カリウムKOH水溶液が用いられている．

[*4] この現象については，実験・測定編L『交流インピーダンス測定』の項も参照されたい．
[*5] エネルギーUの単位はジュール（J）で，$U = QV$．なお，Qは電荷，Vは電圧である．
[*6] 単位グラムあたりで，約2000 m^2もの比表面積をもっている．

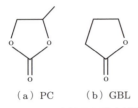

●図11.3● EDLC用有機電解液（溶媒）の分子構造

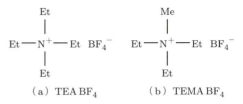

●図11.4● EDLC用電解質（支持塩）
（Et：C_2H_5-，Me：CH_3-）

有機系電解液は誘電率が高く，水溶液よりも分解電圧が高いため，電解液とすれば作動電圧の高いEDLCを得ることができる．一方，水溶液系では，導電率が有機電解液よりも高いため大電流で作動させることが可能になる．

また，有機電解液では作製時に水分の混入が起こらないように細心の注意を払う必要があるが，水溶液電解液ではその必要はなく，さらに不燃性であるために，有機系よりも安全性が高いという利点がある．

なお，最近では電解液をポリマーやゲル状にして漏液を防ぐ研究や，有機電解液より安全で分解電圧の高いイオン液体を用いる研究がなされている．

EDLCでは，どんなに電極の比表面積が大きくても，電気二重層を形成するイオンが電解液中に十分に存在していないことには，容量を大きくすることはできない．したがって，電解液にはイオン源となるものをあらかじめ高濃度に溶解させておく必要がある．有機溶媒を電解液とするものでは，図11.4に示すような四級アンモニウム塩であるテトラエチルアンモニウムテトラフルオロボレート（TEA BF$_4$）やトリエチルメチルアンモニウムテトラフルオロボレート（TEMA BF$_4$）などを溶解させ，水を電解液に用いる場合は硫酸や水酸化カリウムを加えている．これらのものが選択されているのは，溶媒に対する溶解性やイオンのサイズ，電解液中におけるイオンの移動度（イオン伝導性）がもっとも適しているからである．

(c) セパレーター

セパレーターはキャパシター中において，正負両極の短絡を防ぎ，電解液を保持するはたらきがある．セパレーターは電解液中のイオンがスムーズに移動できるような経路を有していなければならない．したがって，紙や不織布，ガラス繊維のような繊維類のほか，ポリプロピレンやポリエチレンのような多孔質ポリマーが，おもなセパレーター材料として用いられている．

市販されているEDLCの構成や形状は電池と類似しており，電解液を十分に含ませたセパレーターを二枚の電極ではさむことで単セルを構成し，それをもとに，コイン型や円筒状，あるいは角型にしている．

11.3 擬似キャパシター

EDLCでは，充放電時に電極表面上で酸化還元（ファラデー）反応が起こることはなく，あくまでも静電引力によるイオンの吸着-脱離によって容量が発現していたわけであるが，酸化還元反応を利用して容量を大きくしたキャパシターも存在する．この種のキャパシターは，擬似キャパシター（シュードキャパシター：pseudocapacitor）あるいはレドックスキャパシター（redox capacitor）として分類され，これによって発現する容量を擬似容量[*7]とよんでいる．

酸化還元反応を利用している点において，擬似キャパシターの作動原理は二次電池と同様である

[*7] 擬似容量を利用すれば，EDLCの106倍もの容量を有するキャパシターを構築することができるようになる．

と考えてしまうが，二次電池は充電や放電の間，図11.5 (b) で示すように，電圧がほぼ一定であるのに対して，擬似キャパシターではEDLCと同様に，電荷の通過量に比例するように電圧が変化する（図11.5 (a)）．

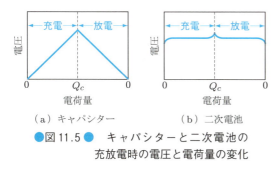

● 図 11.5 ● キャパシターと二次電池の充放電時の電圧と電荷量の変化

これは，擬似キャパシターの電極に分布している酸化還元サイトのエネルギーが分散しており，そのために，電池のように一定の電圧で反応が継続して起こらないからである．

擬似キャパシターでは，レドックス容量が得られる電位の範囲がせまい．そのため，金属の価数が複数変化する酸化ルテニウム RuO_2 や酸化イリジウム IrO_2 といった金属酸化物や，あるいはレドックス電位が複数存在することにより，幅広い電位範囲で大きな容量が得られる導電性高分子が電極材料として注目されている．擬似キャパシターにおけるレドックス容量は電極材料に固有のものであり，電極材料に導電性高分子を用いた場合では，その理論エネルギー密度[*8]が $10^2\,W\,h\,kg^{-1}$ となる．この値は金属酸化物を用いた場合（$10^0 \sim 10^1\,W\,h\,kg^{-1}$）よりも高い値であるため，導電性高分子は電極材料としてたいへん有望である．

11.4 未来の電気化学キャパシター

近年，二次電池とEDLCそれぞれの特徴を兼ね備えた新型のキャパシターが提案され，ハイブリッドキャパシター (hybrid capacitor) とよばれている．これは，一方の電極に二次電池用の電極を，もう一方の電極にEDLC用電極を用いており，さらに二次電池用の電解液を使用しているものである．その作動メカニズムは擬似キャパシターとは異なり，片方の電極においては電気二重層形成が起こる一方で，残りの電極ではファラデー反応が起こることになっている．代表的なものとして，リチウムイオン二次電池用炭素負極および電解液，活性炭電極を正極としたハイブリッドキャパシターなどが検討されている．このキャパシターの場合，充電時に負極ではリチウムイオンのインターカレーション反応（9.2.4項参照）が起こり，正極では電解質塩由来のアニオン種の活性炭表面上への吸着が起こることになる．放電時には，負極からのリチウムイオンの脱インターカレーションおよび正極からのアニオン脱離が起こる．

一方，負極に活性炭を用いながら，正極には黒鉛系材料を用いているハイブリッドキャパシターも検討されている．こちらのキャパシターでは，充電（放電）時に電解液中のアニオンを正極にインターカレーション（放電時には層間のアニオンを脱インターカレーション）させるという作動メカニズムになる．

ハイブリッドキャパシターは実用化のめどが立ったばかりであるが，蓄電可能な静電容量の増大と，作動電圧の高電圧化が可能になると期待されている．

[*8] キャパシターや電池でよく使われるエネルギー単位 $W\,h$ は，$W\,s \times 60 \times 60$ となるので，$J\,(=W\,s)$ と3600倍異なる．

2.5 Vで作動する有機電解液の電気二重層キャパシターと1 Vの水系キャパシターが同じエネルギー U を貯めるには，何倍の容量 C をもつ必要があるか．

解答 式(11.1) $U = \frac{1}{2}CV^2$ より，6.25 倍の容量をもつ必要がある．

Step up 電解コンデンサー

コンデンサーにはいくつかの種類があるが，その中でも電解コンデンサー（アルミ電解コンデンサーやタンタル電解コンデンサー）だけは，ほかとは異なる構造になっている．電解コンデンサーとは，電解陽極酸化によって形成した酸化物誘電体被膜を利用しており，その構造上，電解液が陰極のはたらきを担っている（図 11.6 参照）．

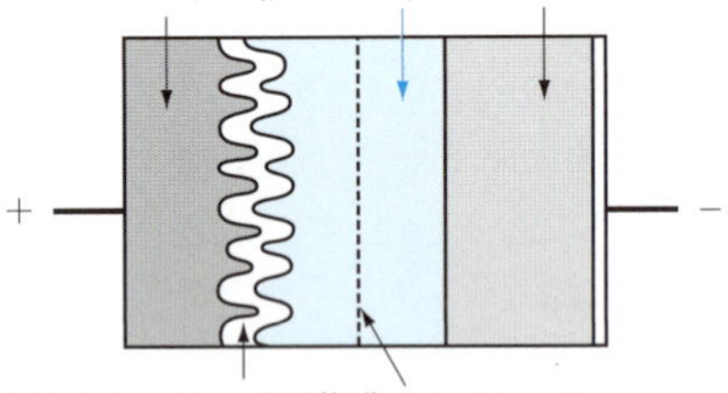

●図 11.6　電解液陰極アルミニウム電解コンデンサーの構造模式図

このような特徴から，電解コンデンサーは電気化学キャパシターに含まれると考えたり，あるいはそれらを混同したりする人がいるかもしれない．だが，正確に分類するなら，電解コンデンサーは電気化学キャパシターの中には含まれないものであり，あくまでもコンデンサーの一種である．

ところで，この電解コンデンサーには電解液が使用されているが，その耐熱性（温度特性）や電気伝導率が十分でないことや，漏液といった問題があった．そこで，それらの問題を払拭すべく，電池やキャパシターと同様にポリマー電解質を使用することが提案され，現在では導電性ポリマーを電解質とした，固体電解コンデンサーが市販されるようになった．

コンデンサーは電子機器に欠かせない重要なデバイスの一つである．とくに昨今の高性能コンピューターの開発において，コンデンサーには厳しい特性が要求されている．本章では電気化学キャパシターの説明に終始したため，コンデンサーの影が薄くなったかもしれない．だが，コンデンサーもまた，先端技術の結晶であり，縁の下の力持ちなのである．

演・習・問・題・11

11.1 キャパシターと二次電池との電気化学的特性の違いを説明せよ．

11.2 キャパシターの長所を活かした利用用途を，本文中であげたこと以外に考えて提案せよ．

11.3 電気二重層キャパシターと擬似キャパシターの蓄電メカニズムの違いを説明せよ．

11.4 エネルギー U と電圧 V，電荷 Q との関係は $U = QV$ であるが，キャパシターのエネルギーが式(11.1)の $U = \frac{1}{2}CV^2$ で表される理由を図 11.2 から考えよ．

11.5 水溶液系と有機溶媒系の電気二重層キャパシターについて，それぞれの長所，短所をあげよ．

第12章
光触媒

日本発の画期的な技術である酸化チタン光触媒は，クリーンで無尽蔵な太陽エネルギーを利用した材料として注目されている．本章では第5章で学んだ光電気化学の基礎知識をもとにして，光触媒作用と光励起超親水性効果について理解し，すでに実用化が進んでいる環境浄化用触媒などの応用について説明する．

KEY WORD

光触媒	酸化還元対	正 孔	酸化チタン	アナターゼ
ルチル	ブルッカイト	光誘起超親水性	可視光応答性光触媒	スパッタリング法
ゾル-ゲル法	セルフクリーニング効果			

12.1 光触媒の原理

12.1.1 光触媒の酸化分解力

触媒とは「それ自身は変化せず，化学変化の反応速度を速めたり遅らせたりする物質[*1]」であり，通常は反応速度を速める物質を指す．そのような触媒の中で，光が当たると触媒作用を示すものが光触媒（photocatalyst）とよばれる．間違ってはいけないのは，光化学反応を促進する触媒という意味ではないということである．

緑色植物の光合成では，クロロフィル（葉緑素）が光を吸収して二酸化炭素と水からデンプンと酸素をつくる．しかし，二酸化炭素と水に光を当てただけでは，植物と同じような光合成反応は起こらない．クロロフィル自身は反応の前後で変化せず，光を吸収して初めて触媒作用をもつようになるので，まさに光触媒といえる．

植物の光合成はクロロフィルを触媒とする酸化還元対（Red-Ox couple）で，クロロフィル自身は光吸収をして励起し，エネルギーを二酸化炭素CO_2や水に与えて安定化し，元の状態に戻る．このようなクロロフィルと同様な作用をする光触媒として，酸化チタンTiO_2（titanium dioxide）がよく知られている．図12.1に粉末光触媒上での酸化還元反応を示したが，励起電子で還元反応が起こり，電子の抜けた穴の正孔（positive hole）で酸化反応が引き起こされる．

つまり，光触媒反応は植物の光合成反応の初期反応過程と非常によく似た過程を経過する．そのため，光触媒反応による合成反応を人工光合成と

[*1] 反応速度を速める触媒を正触媒，遅くする触媒を負触媒とよぶが，とくに断りがなければ，通常，触媒といえば正触媒を指す．

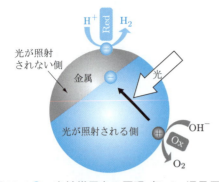

●図 12.1● 光触媒反応の原理（Red：還元反応，Ox：酸化反応）

よぶことができる．ΔG*2 が正で，通常の条件下では起こらない化学反応を光エネルギーの注入で起こすようにする人工光合成型の光触媒反応は，いずれもエネルギー貯蔵型の光触媒反応である．その代表的な反応を表 12.1 に掲げた．

■表 12.1■ エネルギー貯蔵型光触媒反応

反応の種類	化学式	ΔG [kJ mol^{-1}]
水の分解	$H_2O \longrightarrow H_2 + \frac{1}{2}O_2$	237
炭酸固定	$CO_2 + H_2O \longrightarrow HCOOH + \frac{1}{2}O_2$	270
	$CO_2 + H_2O \longrightarrow HCHO + O_2$	476
	$CO_2 + 2H_2O \longrightarrow CH_3OH + \frac{3}{2}O_2$	257
	$CO_2 + 2H_2O \longrightarrow CH_4 + 2O_2$	818
窒素固定	$N_2 + 2H_2O \longrightarrow N_2H_4 + O_2$	624
	$N_2 + 3H_2O \longrightarrow 2NH_3 + \frac{3}{2}O_2$	339

これらの反応は，太陽エネルギーを化学エネルギーに変換するシステムとして光触媒を応用するもので，近未来技術として期待されている．いまのところ，量子収率は非常に小さい値ではあるが，無尽蔵の太陽エネルギーを利用した人類にとっての夢のある技術である．

n 型半導体である酸化チタンを水溶液に浸漬すると，第 5 章で述べたように，界面の半導体内部にショットキー障壁を生じる．半導体にそのバンドギャップ以上のエネルギーをもつ光を照射すると，半導体が光を吸収し，図 12.2 のように価電子帯の電子が伝導帯に励起され，価電子帯には電子の抜け穴に相当する正孔が生じる．

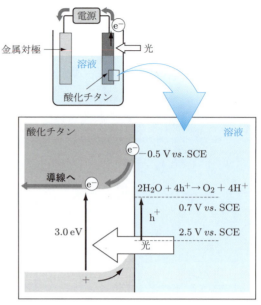

●図 12.2● 酸化チタン電極への光照射とエネルギー準位

これらの電子-正孔対は，半導体内部に向かって形成された空間電荷層のバンドの曲がりに従って，半導体内部に押しやられる結果，価電子帯に生じた正孔との電荷分離が促され，導線を通じて金属対極では電子捕獲反応の還元反応が，半導体面では正孔捕獲の酸化反応が引き起こされる．金属対極として白金電極を使えば電気化学光電池となり，外部に仕事をしながら水分解を起こすことができるようになる．

光触媒では，この電気化学光電池の電極対になっている半導体電極と金属電極からリード線をなくして直接接合させた微粒子とみることができる．その概念図を図 12.3 に示した．μm オーダーにまで微小化した光触媒を水溶液中に分散したとき，微粒子がミクロの光電池となって，電子と正孔を微粒子表面に取り出し，吸着物質と反応させて酸化還元反応を起こさせるのである．半導体に担持した金属は助触媒*3 としてはたらき，光触媒反応を促進するが，金属がなくても半導体の光照射部

* 2 ΔG はギブズエネルギー変化で，これが負の値になる変化で自発的に起こる．
* 3 触媒の活性を増大させる物質のことをいう．

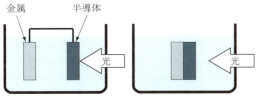

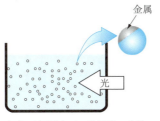

●図12.3● 電気化学光電池と微粒子光触媒の概念図

(a) 電気化学光電池の半導体と金属の電極対
(b) 半導体と金属との接合
(c) 水溶液中での光触媒の分散

位と別の部位において、酸化反応と還元反応が進行する．

光触媒に強い酸化力と強い還元力を期待するなら，バンドの下端（価電子帯（valence band）の位置）が深く，バンドの上端（伝導帯（conduction band）の位置）が高い半導体を選ぶのがよい．図12.4に各種半導体のエネルギーバンドを示す．

酸化チタンのほかに水分解が可能なエネルギーバンドの半導体がいくつかあるが，半導体自身が多少とも反応するなど，実用上の問題を抱えている．たとえば，酸化亜鉛 ZnO では亜鉛イオン Zn^{2+} が溶出し，硫化カドミウム CdS では硫黄 S が表面に析出する．セレン化カドミウム CdSe もやはりそれ自身が溶解反応を起こす．光を当てたときに安定していて，光活性を有する半導体では，酸化チタンに勝るものは現在のところまだ見い出されていない[*4]．

光触媒として作用するとき，酸化チタン表面上では，式(12.1)，(12.2)のような反応が起こっている．

$$(TiO_2) + h\nu \longrightarrow e^- + h^+ \tag{12.1}$$
$$H_2O + h^+ \longrightarrow \cdot OH + H^+ \tag{12.2}$$

光触媒表面には水溶液中でなくとも吸着水とよばれる水があり，図12.1で説明したように，酸化チタンの光吸収で生じた正孔（h^+）によって酸化され，酸化分解力の強いヒドロキシラジカル（$\cdot OH$）を生成する．

もう一方のキャリアである伝導帯からの電子は，空気中あるいは酸素雰囲気下では水素発生の代わりに酸素の還元反応が進行し，スーパーオキサイドアニオン（$\cdot O_2^-$）が生成する．このスーパーオキサイドアニオンは，さらに $\cdot HO_2$，H_2O_2，$\cdot OH$ などの活性種となる．なお，元素記号に付した・印はラジカル（遊離基）を意味する．

$$H^+ + e^- \longrightarrow H \cdot \tag{12.3}$$
$$O_2 + e^- \longrightarrow \cdot O_2^- \tag{12.4}$$
$$\cdot O_2^- + H \cdot \longrightarrow HO_2^- \tag{12.5}$$
$$HO_2^- + h^+ \longrightarrow \cdot HO_2 \tag{12.6}$$
$$2 \cdot HO_2 \longrightarrow H_2O_2 + O_2 \tag{12.7}$$
$$H_2O_2 + \cdot O_2^- \longrightarrow \cdot OH + OH^- + O_2 \tag{12.8}$$

このようにして，光触媒表面上では，酸化サイトと還元サイトが，ともにヒドロキシラジカルのような活性種を生成するので，酸化チタン表面上にある有機物（RHとする）を容易に酸化分解することができる．また，正孔自体が強い酸化力を有しているので，直接有機物を酸化分解することもある[*5]．その分解の初期過程は，次のように考

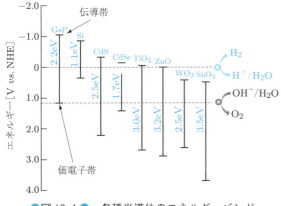

●図12.4● 各種半導体のエネルギーバンド

[*4] チタン酸ストロンチウム $SrTiO_3$ や層状構造をもつニオブ酸カリウム $KNbO_3$ などが見い出されたが，いずれも酸化チタンに勝るものではない．
[*5] 一般に，有機化合物は水よりも酸化されやすいため，有機化合物の濃度が高くなると，正孔が有機化合物の酸化反応に使われる確率が高くなり，キャリアどうしの再結合の割合は減少する．

えられる.

$$RH + \cdot OH (or \cdot HO_2) \longrightarrow ROH + H \cdot \quad (12.9)$$
$$RH + h^+ \longrightarrow RH^+ + h^+ \longrightarrow RH^{2+} \quad (12.10)$$

通常よく用いられる殺菌剤や水処理剤と比較して，光励起酸化チタン表面上に生成した正孔および・OHの酸化力[*6]がいかに強いかを図12.5に示す．図中，数値が高いほど酸化剤の酸化力は強い．

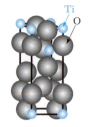
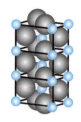

（a）アナターゼ型　　（b）ルチル型

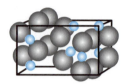

（c）ブルッカイト型

● 図12.6 ● 酸化チタンの結晶構造

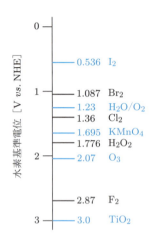

● 図12.5 ● 種々の酸化剤の酸化電位

ところで，酸化チタンには図12.6に示すような結晶構造の異なる3種類の結晶があり，光触媒としては主にアナターゼ（anatase）型（同図(a)）が用いられる．ルチル（rutile）型（同図(b)）は白色顔料や塗料として使われることが多

いが，ブルッカイト（brookite）型（同図(c)）の工業目的の利用はあまりない．アナターゼ型の酸化チタンは，1個のTi原子を中心に6個の酸素原子が配位し，大きな酸素原子の充塡したすきまに小さいTi原子がはさまり，結晶構造のC軸方向に鎖状に伸びた8面体構造の正方晶系の結晶[*7]である．

光触媒活性の違いは粒径の違いにあると考えられ，一般にルチル型の酸化チタンの粒子がアナターゼ型の粒子より粒径が大きく光触媒活性が劣っている．しかし，最近では，ルチル型についても微粒子化を行うことによって光触媒活性が高くなっている．

> **例題** アナターゼ型とルチル型の酸化チタンのバンドギャップは，それぞれ3.2 eVと3.0 eVである．光触媒として使える励起波長は，それぞれ何nm以下の波長となるか．
>
> **解答** 式(5.4)にプランク定数と光速度を代入すれば，$\varepsilon_p [eV] = 1240/\lambda [nm]$ の関係式が得られる．この式から3.2 eVのバンドギャップをもつアナターゼ型では388 nm以下の波長の光で励起し，3.0 eVのバンドギャップをもつルチル型では413 nm以下の波長の光で励起することがわかる．

[*6] 酸化チタン光触媒によって生成する活性酸素として，・OHとO_2^-のほかに，下記の反応で，それらより酸化力の強い原子状酸素OやO^-，O_3^-などが主に関与するともいわれている．
$O_2 + e^- \longrightarrow O_{2,ad}^-$, $O_{2,ad}^- + h^+ \longrightarrow 2O_{ad}$, $O_{ad} + e^- \longrightarrow O_{ad}^-$

[*7] ルチル型もアナターゼ型と同じく正方晶系の結晶で，ブルッカイト型は斜方晶系の結晶である．

12.1.2 光触媒の超親水性

酸化チタン光触媒には，光を当てることによって超親水性となる性質がある．身近な材料には，ガラス面のように比較的水に濡れやすい（なじみやすい）ものから，フッ素コートしたフライパンのようにほとんど水に濡れない（なじまない）ものまで，さまざまな水との濡れやすさ（なじみやすさ）がある．

一般的に，酸化チタンを空気中から水溶液中に入れたときの全エネルギー変化，すなわち分散の仕事は，固-液界面エネルギー γ_{SL} と固体の表面エネルギー γ_S によって式(12.11)で表される．

$$\Delta G = 6(\gamma_{SL} - \gamma_S) \tag{12.11}$$

ここで，γ_S は液滴の接線と固体面との角度 θ と液体の表面エネルギー γ_L によって式(12.12)で表される．

$$\gamma_S = \gamma_{SL} + \gamma_L \cos\theta \tag{12.12}$$

よって，ΔG は次のように書き換えることができる．

$$\Delta G = -6\gamma_L \cos\theta \tag{12.13}$$

このように，酸化チタンの**濡れやすさ**は $\gamma_L \cos\theta$ によって決まり，同じ表面張力 γ_L をもつ液体に対しては**接触角** θ が小さいほど濡れやすいことがわかる（図12.7参照）．

材料表面の濡れやすさは，この接触角により評

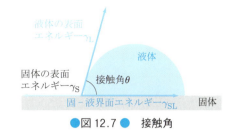

● 図 12.7 ● 接触角

価することができ，通常，150°以上を**超はっ水性**，90°以上を**はっ水性**，60〜90°を**疎水性**，30°以下を**親水性**，5°以下を**超親水性**の目安としている．

酸化チタンでは，図12.8に示すように，表面に光が当たることにより水滴の接触角が0°になって，水と非常になじみやすい表面となる．この酸化チタンの**光誘起超親水性**（photo-induced super-hydrophilicity）は1時間前後光照射をしたあとに現れるなど，まだ作用メカニズムは十分解明されていないが，光触媒の酸化分解のメカニズムとは異なり，光励起により引き起こされる酸素欠陥など光触媒自身の構造変化に起因するものと推定されている．

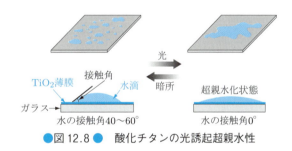

● 図 12.8 ● 酸化チタンの光誘起超親水性

12.2 光触媒の応用

12.2.1 光触媒としての酸化チタンとその固定化法

光触媒原料は，光触媒の用途開発が進むにつれて多種多様なものが提供されており，それらのうち主なものを図12.9に示す．

もっとも単純に市販の酸化チタン TiO_2 粉末をそのまま水に懸濁させて使うのが手軽であるが，使用後に水と粉末を分離するのに手間がかかり，現在ではあまり用いられない．

10 nm 程度の微細な酸化チタン粒子を水などの溶媒に分散させた酸化チタンゾルは，光を散乱しない程度の微細な粒子が凝集せずに分散しているため，コーティングしたあと焼き付ければ，ほぼ透明な薄膜が得られる．焼くと金属酸化物になる酸化チタンの前駆体であるアルコキシド[*8]を，ア

[*8] チタニウムイソプロポキシドなどのアルコキシドは，水と反応しやすく不安定なので，保存の際に注意が必要である．

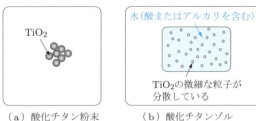

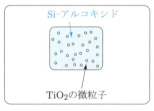

●図 12.9● 主な酸化チタン光触媒原料

ルコールに溶かしてコーティングすると空気中の水分子と反応し，さらに分子どうしが結合してガラスのような非晶質の酸化チタンを形成する．これを焼けば透明な結晶質の酸化チタンとなる．高温で焼き付けをしなくとも，酸化チタンゾルに常温近くで硬化するシリカなどのシロキサン系のバインダーを添加したコーティング剤も開発されている．

光触媒の実用化の第一歩は，酸化チタンの基材への固定化技術を開発することである．たいていの場合，光触媒は基材表面に薄膜を形成させて利用されるので，つまりは酸化チタンの基材への成膜技術が重要となってくる．この成膜技術には，図 12.10 に示すように大別して気相系成膜技術と水系成膜技術の 2 種類ある．

気相系成膜技術の代表的なものとして，真空装置中でイオン化させたアルゴン Ar をチタン Ti あるいは酸化チタンに高速でぶつけてチタン原子をたたき出し，その微小な塊を基材上にとばして成膜するスパッタリング法（スパッタ法，sputtering method）（第 16 章参照）などがある．

一方，水系成膜技術の代表的なものとして，ゾル-ゲル法（sol-gel method）がある．これは，チタンの有機化合物であるチタンアルコキシドやハロゲン化チタンの加水分解によりチタンの水酸化物（チタニアゾル）を得て，この溶液をスピンコーティングなどにより基材上に塗布して焼成し，成膜する方法である．ポリマーフィルム上への固定化にあたっては，ポリマー自身の光触媒分解を防ぎポリマーと酸化チタンとの密着性をよくするために，中間に接着層を介在させる工夫もなされている．この接着層として，図 12.11 に示すように，有機・無機ハイブリッド材料や傾斜材料が応用されるようになっている．

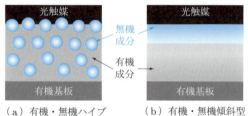

（a）有機・無機ハイブリッド中間型　　（b）有機・無機傾斜型中間層

●図 12.11● 光触媒コーティング接着層のモデル

12.2.2 光合成型光触媒反応

酸化チタン粉末表面に助触媒として白金 Pt を担持し，水蒸気通気下で粉末に紫外光照射をすると，水が分解して水素と酸素が発生する．また，半導体粉末としてチタン酸ストロンチウム $SrTiO_3$ を用い，同様に貴金属を 1 ％（質量分率）程度担持して光照射すれば，水蒸気のみならず，液相の水も分解することができる．その後の研究で，六ニオブ酸カリウム $K_4Nb_6O_{17}$ などの複合酸化物などが，水分解からの水素生成に効果的であることが見い出されている．

しかし，波長 400 nm 以下の紫外光をすべて水の分解反応に利用できたとしても，太陽エネルギー変換効率はわずか 3.3 ％程度である．そこで，

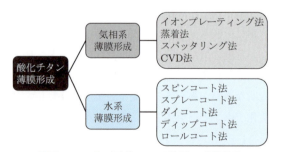

●図 12.10● 酸化チタン薄膜の成膜技術

光触媒の可視光応答化が主として酸化物光触媒への異種元素ドープなどにより検討されてきている。たとえば，ロジウム Rh とアンチモン Sb を共ドープしたチタン酸ストロンチウム光触媒による可視光下での水の全分解が報告されている．ほかにも，酸窒化物の価電子帯が酸化物の価電子帯より卑な（負の）電位にシフトすることでバンドギャップがせばまり，可視光吸収を可能にする先駆的な研究成果もある．この研究では，窒化ガリウム GaN と酸化亜鉛 ZnO の固溶体からなる光触媒を用い，可視光照射下で水を水素と酸素に化学量論的に分解できることが確認されている．

可視光応答性光触媒によるこの人工光合成反応は，人類にとって大変魅力的な研究対象であり，太陽光利用の観点からも実用化に向けた開発が活発に行われている．

12.2.3 光触媒の応用技術

前項までに述べた酸化チタン光触媒の酸化分解力と光誘起超親水化現象を利用すれば，光触媒は，これまでになく環境にやさしい，しかも強力な環境浄化技術を提供できる．

すでに実用化され，商品化されている用途に，図 12.12 に示すように，酸化分解力を利用した大気や水の浄化技術，消臭・脱臭および殺菌・抗菌技術があり，超親水性機能との併用で防曇，防汚の技術などがある．

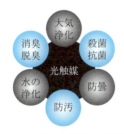

●図 12.12● 光触媒の応用技術

光触媒は，汚染物質や有害物質との接触反応により効果が出るので，実用化の点では，それらの物質の拡散速度の速い大気中での利用が先行している．また，光触媒は少量の物質の分解に適しているので，高濃度処理は従来法で行い，最終段階で光触媒技術を利用するといった併用処理法が理にかなっている．要するに，光触媒の強い酸化分解力を効果的に活かせる条件が必要なのである．そのため，たとえばクロロエチレンのように水に対して溶解度の低い揮発性有機塩素化合物などは，あえて水中で処理せず曝気により拡散速度の速い大気中に移してから処理するのが賢明である．

酸化チタン表面における超親水化現象は，水との接触角が $0°$ を示し，表面に水滴を滴下しても水が無制限に濡れ広がる．したがって，酸化チタンをコーティングした窓ガラスや外壁などでは，光が当たると，雨水などが油汚れなどの下に浸入して汚れを浮かせ洗い流してくれる．加えて光触媒表面での酸化分解作用で，表面上に付着した汚れが分解除去される．光が当たると自然に汚れが落ちるといった酸化チタン光触媒がもつこの機能は，セルフクリーニング効果（self-cleaning effect）とよばれている．

『エコ技術』ともいえる光触媒の用途開発は日進月歩の状態で，日本が世界をリードしている技術でもある．表 12.2 に，主な光触媒技術の用途開発例をあげた．

■表 12.2■ 光触媒技術の用途開発例

応用分野	応用例
大気浄化	NO_x, SO_x
水の浄化	ガラス食器，浄水器，24 時間風呂
消臭・脱臭	空気清浄機，エアコン，不織布シート，透明シート，壁紙，障子紙，造花，介護用品，窓ガラス，照明器具，ブラインド，カーテン
抗菌・殺菌	タイル，衛生陶器，チタン合金建材，包丁，まな板
防曇	鏡，窓ガラス
防汚	照明用ランプ，観賞魚用水槽，窓ガラス，外壁

Coffee Break

ガラス上の光触媒を長持ちさせる工夫

ソーダガラス基板上に成膜する場合に，焼結の際にガラス中のナトリウムが拡散して酸化チタンと反応し，光触媒活性をもたないチタン酸ナトリウムとよばれる化合物を生成することがある．そのため，基板のガラスと酸化チタン層との間にシリカ SiO_2 層などを入れることによって，ナトリウムの拡散を防ぎ，光触媒活性の劣化を防止する工夫がなされている．

演・習・問・題・12

12.1 光触媒の酸化分解力を高めるのに必要な条件を3項目選び，その理由を説明せよ．

12.2 ポリマー上への酸化チタン薄膜形成において，接着層として有機・無機ハイブリッド材料や傾斜材料が有効なのはどのような理由からか，説明せよ．

12.3 光触媒粉末を水の浄化に利用する場合，使用後の光触媒の回収をしなければならない．通常，沪過，遠心分離による回収が考えられるが，光触媒表面にあらかじめ金属担持を行って回収を促進する方法を考案せよ．

第13章
湿式太陽電池

光触媒と同様に,半導体の光励起作用を利用した色素増感太陽電池が注目されている.低コストという大きな魅力を有しており,エネルギー変換効率も次第に向上してきている.本章では,第5章で学んだ光電気化学の基礎知識と第12章で学んだ光エネルギーの化学的エネルギー変換のしくみとも関連させて,湿式太陽電池について説明する.

KEY WORD

| 酸化チタン | 光増感電解酸化 | 湿式太陽電池 | 電気化学光電池 | 半導体電極 |
| 色素増感 | 色素増感太陽電池 | グレッツェル・セル | 透明電極 | ITO |

13.1 湿式太陽電池

金属アノードの代わりに酸化チタン TiO_2 (titanium dioxide) のようなn型半導体電極 (n type semiconductor electrode) を用い,酸化チタンのバンドギャップより大きなエネルギーの光を照射すると,より負の電位で水の光増感電解酸化 (photosensitized electrolytic oxidation) が起こる.

図13.1に示すように,正・逆両方向の反応が起こりやすい酸化・還元対を電解液に溶かしておくと,金属カソードとの間に起電力が発生する.

還元体と酸化体は,式(13.1)と式(13.2)のような反応に従い,溶液中で電荷を運ぶ役割をしている.このような電池を,第5章で述べたように,湿式太陽電池 (wet-type solar cell) あるいは電気化学光電池 (electrochemical photocell) とよぶ.

* 1 Reductant の略.
* 2 Oxidant の略.

Red*1(還元体)+h$^+$
　　$\longrightarrow$ Ox*2(酸化体)　酸化チタン電極　(13.1)
Ox(酸化体)+e$^-$ $\longrightarrow$ Red(還元体)　金属電極
　　　　　　　　　　　　　　　　　　　　(13.2)

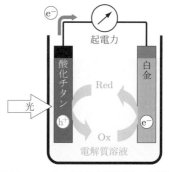

●図13.1● 湿式太陽電池の原理

通常の全固体の太陽電池では，半導体のp-n接合でバンドを傾斜させ，価電子帯の正孔と伝導帯の電子の分離を行うが，湿式太陽電池では，価電子帯の正孔で溶液中の還元体（Red）を酸化して正孔と電子の分離を行う．

n型半導体電極としてシリコン太陽電池と同じようにn型シリコン基板を用い，白金電極と組み合わせて電解質溶液に浸すと湿式太陽電池となる．しかし，n型シリコン基板表面が変質し，急速に発電能力が低下するので実用的な意味はない．

13.2 色素増感太陽電池

電解液の中で安定に使用できる電極材料として，アノードに金属酸化物半導体，カソードに白金Ptあるいは炭素Cが考えられる．しかも可視光を吸収する酸化物半導体となれば，バンドギャップの小さい半導体に限られ，それらはいずれも電解液中で不安定で自ら分解してしまう．そこで考え出されたのが，植物の光合成をモデルにして，可視光を吸収する色素をコーティングした可視光増感である．すなわち，色素の電子を可視光で励起し，その電子を半導体の伝導帯に注入するというものである．このように，色素を介して，長波長の可視光を利用することを色素増感（dye sensitization）といい，これを利用した湿式太陽電池を色素増感太陽電池（dye-sensitized solar cell）とよぶ．

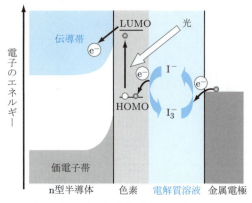

●図13.2● 色素増感太陽電池の原理

13.2.1 色素増感太陽電池の原理

色素増感太陽電池の原理を図13.2に示す．

半導体電極では吸収が起こらないが，電極表面に吸着した色素分子で吸収される長波長の太陽光を電極に当てると，色素分子が光励起を受ける．光照射で色素の励起準位に上げられた電子が，半導体電極の伝導帯に注入される[*3]．その結果，色素分子は基底準位にあった電子を失って酸化状態となるため，溶液中の電解質（図13.2ではヨウ化物イオンI^-）から電子を奪って元の状態に戻る．この場合，ヨウ化物イオンは酸化されてヨウ素I_2となる．半導体電極から外部回路に移動した電子は，電気的仕事をして対極に達し，ヨウ素を還元してヨウ化物イオンに戻す．つまり，この色素増感太陽電池においては，可視光の吸収を色素にゆだね，電荷分離を半導体が担っているといえる．色素や電解質の正味の変化はなく，光エネルギーが電気エネルギーに変換されて仕事をすることになる．

色素増感は電子移行過程で支配されるため，色素分子のエネルギー準位と半導体のバンド位置の相対関係が鍵となる．たとえば，酸化チタン電極では，ローダミンBやエオシンなどのLUMO（ルモ：最低空軌道）[*4]の位置が高い色素で色素増感が観察されるが，メチレンブルーやチオニンなどのLUMOの位置が低い色素では観察することができない．

ところで，半導体が吸収する光の波長は，半導

[*3] p型半導体では，色素のHOMO（highest occupied molecular orbital，ホモ：最高被占軌道）が半導体の価電子帯よりも低い場合に色素増感が生じる．この場合は，励起されて空いたHOMOの準位へ価電子帯からの電子注入（価電子帯への正孔注入）が起こる．

[*4] lowest unoccupied molecular orbital．電子が存在しない空の軌道のうち，最低エネルギー準位にある軌道である．他方，HOMOは電子が存在する軌道のうち最高エネルギー準位にある軌道である．

体自身のバンドギャップで必然的に決まってくる．ヒ化ガリウム GaAs や硫化カドミウム CdS のようなバンドギャップの比較的小さい半導体は可視光吸収が可能だが，前述したように，光照射時に電解液中で半導体自身の溶解反応[*5]などが起こる．

一方，色素増感を利用すれば，色素分子のエネルギー準位によって，感光域を容易に広げることができる．また，色素増感系では光の吸収を色素が担っているため，半導体の価電子帯にある電子を励起する必要はない．そのため，半導体に格子欠陥など正孔-電子対の再結合センターが多数存在したとしても，量子収率への影響はほとんどないといった特徴を有している．

  p 型半導体表面に色素が固定されており，半導体の価電子帯よりも色素の HOMO エネルギーが低く，伝導帯より LUMO エネルギーが低い位置にあると仮定して，色素が励起された場合に想定される半導体と色素の間の電子注入機構を図示せよ．

設問の条件下では，色素の励起されて空いた HOMO の準位へ価電子帯からの電子注入（価電子帯への正孔注入）が起こることが考えられる．

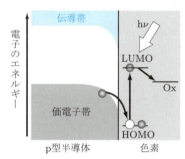

●図 13.3● p 型半導体から励起色素への電子注入

13.2.2 グレッツェル・セル

n 型半導体に色素を担持（固定）させ，酸化還元対を含む電解質溶液中で実用化に向けたさまざまな検討がなされてきたが，光エネルギー変換効率は 1 ％程度にとどまっていた．

その問題点として，
- 色素による光吸収が不十分
- 色素から半導体に注入された電子が色素に戻ることがある．そうなると，電子は外部回路に流れずに，酸化状態の色素を還元して元の状態に戻してしまう．
- 光照射による色素の分解

などが考えられる．色素増感には半導体表面の色素の単分子層のみが関与する．それゆえ，単分子層で吸収される光はわずかで，ほとんどの光が透過してしまう．色素増感の効率を上げるためには，電極の比表面積を大きくし，吸着力の強い色素を使わなければならない．

そうした観点から，1991 年，グレッツェル（M. Grätzel）[*6]らは酸化チタンのナノ粒子を焼結させた多孔質電極上にルテニウム錯体色素を吸着させたグレッツェル・セル（Grätzel cell）を報告した．このグレッツェル・セルの断面を模式図で表したのが図 13.4 である．

見かけの表面積に対して実効表面積の大きい多孔性の酸化チタン膜[*7]に，光吸収域の広いルテニ

[*5] 半導体自身が溶解する反応をフォトコロージョンとよぶ．
[*6] 研究発表時，スイスのスイス連邦工科大学（ローザンヌ校）教授．
[*7] ラフネスファクター（基板の単位面積に対する多孔質膜内部の実表面積の割合）が 1000 を超す広い実効表面積の酸化チタン膜が使われる．

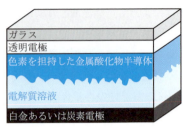

●図 13.4● グレッツェル・セルの断面模式図

ウム Ru 錯体を単分子層で吸着させた電極を使っているのが特徴である．この色素増感太陽電池では，図 13.5 に示すように，可視光のほぼ全域を高い効率で利用することができる．ちなみに，グレッツェルらが作製した電池では，短絡電流 18.3 mA cm^{-2}，開放電圧 0.72 V，変換効率は 10% に達している．グレッツェル・セルでは，色素分子から酸化チタンへの電子注入はきわめて速く，数 100 フェムト*8 秒の速さである．

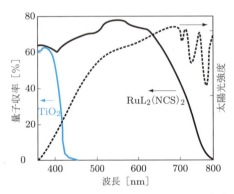

●図 13.5● グレッツェル・セルの量子収率

13.2.3 グレッツェル・セルの構成

グレッツェル・セルの特徴として，

- 使用する原料が酸化チタン，色素，ヨウ素など資源的な制約が少ない
- 環境汚染物質の排出が少ない
- 高真空，高温の製造プロセスを要しない

など，エコロジーとエコノミーの両面でメリットがあり，追試実験においても 7〜8% の変換効率が実証され，世界各国で実用化に向けた活発な研究が行われている．

次に，グレッツェル・セルの要素技術の概要を説明する．

(a) **透明電極**：アモルファスや薄膜多結晶シリコンの太陽電池で用いられる透明電極付きのガラス基板がよく用いられる．

(b) **酸化物半導体（oxide semiconductor）**：酸化チタンは光触媒活性が高いので紫外光で直接励起され，色素を分解するおそれがある．しかし，単独の酸化物半導体では酸化チタンに勝るものはなく，酸化亜鉛-酸化スズなどの**金属酸化物複合体電極**などが高効率化を目指して開発されつつある．

(c) **増感色素**：これまで，太陽光を効率よく吸収する色素と酸化物半導体の組み合わせが研究されてきたが，図 13.6 に示すグレッツェルらが

Coffee Break

透明導電性薄膜

図 13.4 の中にある透明電極（optically transparent electrode）は導電性の薄膜で，その代表的なものに ITO（indium tin oxide）膜がある．この ITO 薄膜は，数 100 nm の膜厚で可視光透過率が 90% 以上，低抵抗（導電性）といった特性を有している．3.2 eV より大きなバンドギャップをもつ半導体からできているので，電子のバンド間遷移による光吸収は，およそ 400 nm 前後からそれ以上のエネルギーをもつ紫外光領域で起こる．そのため可視光域での光吸収はなく，薄膜の透明性を維持することができるのである．これらの透明導電性薄膜は液晶ディスプレイ，プラズマディスプレイ，有機 EL（electro luminescence）などの基礎素材となっており，その需要は急速に伸びている．

一方，酸化された色素が酸化チタンの伝導帯に注入された電子を再捕獲するのはマイクロ秒オーダーの速さなので，正孔と電子の電荷分離の効率はきわめて高くなる．また，酸化された色素分子が電解質溶液内の酸化還元対から電子を受け取るのもナノ秒のオーダーと速いことから，色素分子の劣化が抑制されていると考えられている．

---

*8　フェムト：10^{-15}，ピコ：10^{-12}，ナノ：10^{-9}，マイクロ：10^{-6}

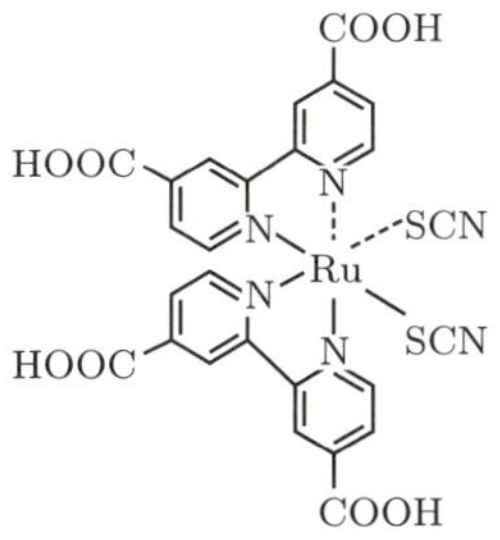

●図 13.6● グレッツェル・セルに用いられる増感色素の一例（*cis*-di(thiocyano)-bis(2,2′-bipyridyl-4,4′-dicarboxylic acid)-ruthenium(Ⅱ)）

用いたルテニウムを上回る効率の増感色素を見つけることが重要な課題である．

なお，最近では色素の代わりにペロブスカイト化合物[*9]を用い固体電解質と組み合わせて，変換効率15％を超えるものも開発されている．

(d) 電解液：グレッツェル・セルの難点は電解質溶液を用いていることである．屋外使用に耐えるには長期間の安定性の確保が重要なので，固体化に向けた検討が行われている．固体電解質としては，完全な固体とゲル電解質のような凝固体がある．固体電解質は，溶媒に溶かしたp型半導体のヨウ化銅 CuI やチオシアン酸銅 CuSCN を多孔質膜に浸透させ，多孔質内で析出させて電解質を充填してつくる．他方，ゲル電解質は，寒天やゼリーのような，原子や原子団が網状に結合してできている三次元架橋体に，液体の電解質溶液を保持させたものである．

エネルギー変換効率としては，現在，アモルファスシリコンと同程度であるが，製造コストの格段に低い色素増感太陽電池が実用化される可能性が高くなってきている．カラフルで薄くてフレキシブルな固体化した色素増感太陽電池は，電池寿命が長くなれば，一挙に現実味を帯びてくるだろう．

演・習・問・題・13

13.1 グレッツェル・セルをはじめとする湿式太陽電池の欠点として電解質溶液を用いることがあげられる．どのような問題を生じるおそれがあるのか考察せよ．

13.2 光触媒と湿式太陽電池の電子移動機構を比較し，相違を説明せよ．

[*9] ペロブスカイト（灰チタン石，$CaTiO_3$）と同じ結晶構造をもつ RMO_3 のような3元系からなる遷移金属酸化物である．Rは金属元素，Mは遷移金属元素で，たとえばチタン酸バリウム $BaTiO_3$ などがある．

第14章
化学センサー

センサーとは，ある特定の情報を識別，計測し，電気信号に変換する装置である．センサーはまずある特定の対象を識別する部分と，その対象の情報を電気信号に変換する部分とに分けることができる．本章では，対象を「認識する部分」に注目し，その認識機構に電気化学的な原理が利用されているpHセンサー，イオンセンサー，ガスセンサー，バイオセンサーについて説明する．

KEY WORD

| ガラス電極 | 膜電位 | イオン選択性電極 | 固体電解質 | 酸化物半導体 |

14.1 pHセンサー

pHセンサーはイオンセンサーの一種であり，溶液中の水素イオンH^+を選択的に認識し，その濃度を測定することができる．代表的なpHセンサーとしてはガラス電極（glass electrode）を使用したものがよく知られている．図14.1にガラス電極の構造を示す．

センサーの先端にあるガラス電極には，溶液中のH^+のみを選択的に透過させることのできる性質を有するガラス膜[*1]が使用されており，その内部にはpHが一定の内部液が充填されている．図14.2のように，ガラス電極と参照電極を試料溶液に浸し，参照電極とガラス電極内部の内部参照電極との間の電位差を測定することにより，試料溶液のpHが測定できる．

いま，このガラス電極を試料溶液中に入れたときのことを考える．ガラス電極の内部液と試料溶液間でH^+濃度が違っていれば，濃度の高いほうから濃度の低いほうへH^+がガラス膜を透過して移動する．このとき，対イオンであるアニオンはガラス膜を透過することができないため，H^+濃度の高い溶液側はアニオンが増加した状態となる．

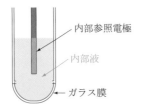

●図14.1● ガラス電極の構造

[*1] pH測定用のガラス電極は，ケイ酸を主成分とし，酸化カルシウムや酸化ナトリウムを含むガラス膜である．

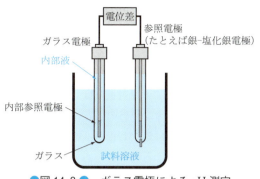

●図 14.2● ガラス電極による pH 測定

一方，H^+ 濃度の低い溶液側はカチオンが増加した状態となる．

その結果，H^+ 濃度の高い溶液側はマイナスに帯電し，H^+ 濃度の低い溶液側はプラスに帯電することになり，ガラス膜をはさんで電位差が発生する．この電位差は，さらなる H^+ の透過を妨げる向きに生じるため，濃度差につりあうだけの電位差が発生したところで H^+ の透過は見かけ上なくなり，平衡状態に達する．このとき発生する電位差は **膜電位（membrane potential）** とよばれる．

膜電位 E は，液間電位と同様にネルンストの式に従い，試料溶液と内部液の H^+ 濃度をそれぞれ c，c_0 とすると，式(14.1)で表される．

$$E = \frac{RT}{F} \ln \frac{c}{c_0} \tag{14.1}$$

ここで，内部液の H^+ 濃度 c_0 はあらかじめわかっており，一定であるので，試料溶液中の H^+ 濃度に依存して膜電位は変化することとなる．したがって，この膜電位を測定することにより，試料溶液の H^+ 濃度，すなわち pH を知ることができる．式(14.1)より，内部液の H^+ 濃度 c_0 は既知であり一定（const.）であるので，膜電位 E と試料溶液の pH とは，25℃では次のような関係となる．

$$E = \text{const.} - 0.059\,\text{pH} \tag{14.2}$$

この式よりわかるように，25℃においては，試料溶液の pH が 1 変化することにより 59 mV の電位変化が起こることになる．

14.2 イオンセンサー

14.1 節で述べた pH センサーは，H^+ のみを選択的に透過するガラス膜を利用したものであったが，このガラス膜の部分をほかの特定のイオンのみに感応する物質に変えることにより，pH センサーと同様の原理で，ある特定のイオン種の濃度を測定することのできるセンサーである **イオン選択性電極（ion-selective electrode）** をつくることができる．リチウムイオン Li^+，ナトリウムイオン Na^+，カリウムイオン K^+ などのアルカリ金属イオンセンサーには，それぞれのイオンに感応性を有するガラス膜が利用される．また，難溶性無機塩を膜として用いたもの[*2]も多い（図 14.3 (a)）．たとえば，硫化銀と金属硫化物との焼結体の膜は，硫化物とする金属の金属イオン用のイオンセンサーとして使用されている．

ガラスや無機塩を膜として利用したものと，それ以外に液膜や高分子膜を利用したものもある（図 14.3（b））．

環状ペプチドのバリノマイシン，環状ポリエーテルであるクラウンエーテルといった大環状化合物は，リチウムイオン Li^+，ナトリウムイオン

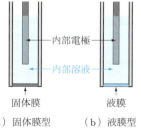

(a) 固体膜型 　(b) 液膜型
イオンセンサー　イオンセンサー

●図 14.3● 代表的なイオンセンサーの構造

[*2] フッ化ランタン LaF_3 膜を感応膜とするフッ化物イオン電極，塩化銀 $AgCl$-硫化銀 Ag_2S 混合物膜を感応膜とする塩化物イオン電極，硫化銅 CuS-硫化銀 Ag_2S 混合物膜を感応膜とする銅イオン電極などがある．

Na^+，カリウムイオン K^+，アンモニウムイオン NH_4^+ といった特定のイオンを選択的にその環状構造の中に捕捉する能力をもっている．これらの大環状化合物は，有機溶媒に溶解され，これを高分子膜中に含浸保持したものが利用されている．捕捉されたイオンは，膜内外のイオンの濃度差に応じて，濃度の高いほうから低いほうへと膜内を移動する．その結果，ガラス膜を利用したセンサーと同様に，膜内外にイオンの濃度差に対応した膜電位が発生することとなり，この電位の測定よりイオン濃度を選択的に測定することが可能となる．

このようなイオンセンサーを使用するにあたっては，イオン選択膜の目的イオンの選択性が重要である．これらのイオン選択膜は，少なからず試料溶液中の目的イオン以外の共存イオン（妨害イオン）の影響を受ける．したがって，これらイオンセンサーを使用する場合は，あらかじめ妨害イオンを除いておくなどの注意が必要である．

14.3 イオン感応性電界効果トランジスター

小型化が可能で微量サンプルの測定に優れたイオンセンサーとして，イオン感応性電界効果トランジスター（ISFET：ion-sensitive field effect transistor）*3 がある．ISFET は，イオン選択性電極と違い固体型のセンサーであり，その動作原理は，MOSFET（metal oxide semiconductor FET）と同様である．MOSFET とは，図 14.4 のような構造をもった素子であり，ゲート部が金属（metal）・酸化物（oxide）絶縁膜・半導体（semiconductor）の順に積層した構造となっているため，それぞれの頭文字をとって MOSFET とよばれる．図 14.4 の素子は p 型ケイ素 Si を基板として用いた素子であり，基板の 2 箇所に n 型半導体の領域を形成し，それぞれソースおよびドレインとし，基板表面を酸化させて二酸化ケイ素 SiO_2 を形成させて金属を蒸着することによりゲート電極としている*4．

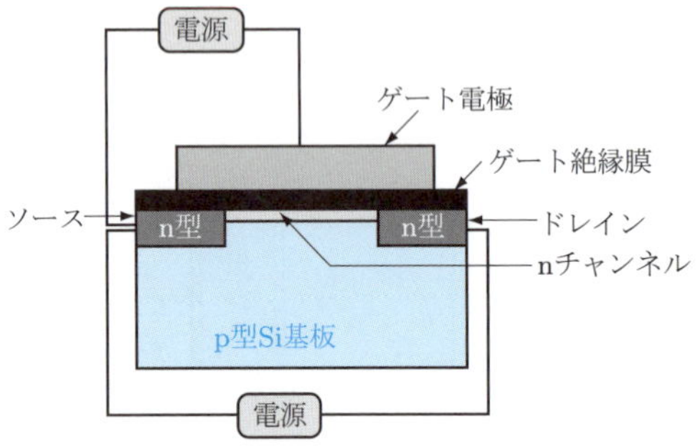

いま，ゲートにソースに対して正のバイアス電圧を加えていく（印加）と，まず酸化膜を隔ててゲートに近接している p 型領域中の多数キャリアである正孔が追い出され，空乏層が形成される．さらにゲート電圧を大きくしていくと，半導体中の小数キャリアである電子がゲートに近接している領域に引き寄せられ，基板の p 型とは反対の n 型層が形成される．この n 型層は反転層とよばれ，電子が流れることのできる n チャンネルとなり，ソース–ドレイン間をドレイン電流が流れることとなる．ドレイン電流はゲート電圧により制御され，ゲート電圧が印加されないときには n チャンネルが形成されないためドレイン電流は流れず，正のゲート電圧が大きいほどチャンネルキャリアは多くなりソース–ドレイン間を流れる電流（ドレイン電流）は大きくなる．

ISFET の場合，図 14.5 に示すように，ゲート電極は金属の代わりに参照電極となり試料溶液中におかれる．また，ゲート絶縁層としてイオン感応膜が使用される．ISFET の場合，試料溶液中

● 図 14.4 ● MOSFET の構造

---

*3 ISFET は小型化が容易であるため，一つのチップ上に多数のセンサーを配置するマルチセンサーシステムを構築することが可能であり，さまざまなものが開発され，その応用範囲は拡大している．

*4 FET の動作の基本は，ソースからドレインに向かって流れるキャリアの流れを，ゲート電極によって制御することである．これはゴムホース中を流れる水量が，ゴムホースの中程につけられたクリップにより制御されるのと類似であり，ソース（水源），ドレイン（流し口）という名称もここからきている．

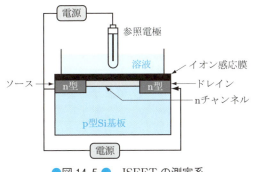

● 図 14.5 ● ISFET の測定系

のイオン濃度により，ゲート部分の電界が変化し，nチャンネル中のチャンネルキャリアの数が変化する．たとえば，pH-ISFET の場合，参照電極-ソース間の電圧を一定に保っているとすると，H^+ 濃度が高くなると感応膜の電位が正の方向に増加することとなり，ゲート部分にかかる電位が正に大きくなる．その結果，nチャンネルキャリア数が増加しドレイン電流が大きくなる．したがって，ドレイン電流を測定することにより試料溶液中の H^+ 濃度を測定することができる．また，ドレイン電流を一定に保つようにゲート電圧を負の方向に印加することによっても，同様に試料溶液中の H^+ 濃度を測定することが可能である．つまり，測定溶液中のイオン濃度によりイオン感応膜の膜電位が変化し，その結果ゲート電圧が変化することによりイオン濃度の測定を行っている．ISFET のイオン感応膜の膜電位は，イオン感応性電極と同様にネルンストの式で与えられる．

pH 測定用の ISFET のイオン感応膜としては，酸化アルミニウム Al_2O_3 や酸化タンタル Ta_2O_5 といった金属酸化物の膜が利用されている．また，イオン選択性電極に使用されているガラス膜や環状化合物を有機膜に固定化したものなどをイオン感応膜とした ISFET の作製が試みられている．

14.4 ガスセンサー

気体成分を検出するセンサーとして**固体電解質ガスセンサー**と**半導体ガスセンサー**について取り上げる．

固体電解質（solid electrolyte）とは，電子は動くことができないがイオンは動くことのできる固体の**イオン伝導体**のことである．固体電解質ガスセンサーの代表的なものは酸化物イオン O^{2-} 伝導体である**安定化ジルコニア**による**酸素センサー**[*5]である．安定化ジルコニアとは，ジルコニア（酸化ジルコニウム） ZrO_2 に酸化イットリウム Y_2O_3 や酸化カルシウム CaO を 10 mol% 程度固溶[*6]したものであり，O^{2-} 伝導体である．ジルコニア ZrO_2 の Zr^{2+} の位置に Y^{3+} もしくは Ca^{2+} が置換することにより，O^{2-} の位置に空孔が生成する[*7]．この空孔を経ることにより O^{2-} が移動する．

いま，図 14.6 のように O^{2-} 伝導体である安定化ジルコニアの両側で酸素濃度に差がある場合を考える．

このとき，酸素は高濃度側から低濃度側へ流れようとするが，安定化ジルコニアは O^{2-} しか通さないため高濃度側での反応が進行し，一方，低濃

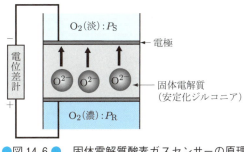

● 図 14.6 ● 固体電解質酸素ガスセンサーの原理

---
*5 自動車排気ガス中の酸素濃度測定に応用されており，空燃比制御に利用されているほか，ボイラの炉の燃焼制御やガス器具の不完全燃焼の検出にも使われている．
*6 固体結晶中に他の元素が入り込み，結晶を構成する原子の間，あるいは結晶を構成する原子と置き換わる形で安定な位置を占め，完全に均一な相となること．
*7 空孔とは，結晶中で原子あるいはイオンが本来の格子点位置に存在しないものである．全体の荷電のバランスをあわせるために O^{2-} の位置に空孔が生成する．カルシウムイオン Ca^{2+} 1 個あたり O^{2-} イオン 1 個の空孔ができ，イットリウムイオン Y^{3+} 2 個あたり O^{2-} イオン 1 個の空孔ができる．

度側ではこの逆反応が進行する．

$$O_2 + 4e^- \longrightarrow 2O^{2-} \tag{14.3}$$

このとき発生した O^{2-} は安定化ジルコニア内を移動するが，電子は外部回路を通って移動することになる．これはいわゆる酸素濃淡電池であり，高濃度側の酸素分圧を p_R，低濃度側の酸素分圧を p_S とすると，この電気化学反応が平衡に達したとき，式(14.4)のネルンストの式に従った起電力が発生する．

$$\Delta E = \frac{RT}{4F} \ln \frac{p_S}{p_R} \tag{14.4}$$

これより，一方の側の酸素分圧がわかっていると，起電力を測定することによりもう一方の側の酸素分圧を測定することができる．

  安定化ジルコニア酸素センサーにおけるネルンストの式(14.4)を導け．

安定化ジルコニア酸素センサーでは，次の電気化学反応が平衡に達している．
$$O_2 + 4e^- \longrightarrow 2O^{2-}$$

低酸素濃度側および高酸素濃度側のそれぞれの電極におけるネルンストの式は，標準電極電位を E_0，低濃度側の酸素分圧を p_S，その電極電位を E_S，高濃度側の酸素分圧を p_R，その電極電位を E_R，安定化ジルコニア中の O^{2-} 濃度を $[O^{2-}]$ とすると，

$$E_S = E_0 + \frac{RT}{4F} \ln \frac{p_S}{[O^{2-}]^2}$$

$$E_R = E_0 + \frac{RT}{4F} \ln \frac{p_R}{[O^{2-}]^2}$$

である．したがって，両電極間で発生する起電力は次式のようになる．

$$\Delta E = E_S - E_R = \frac{RT}{4F} \ln \frac{p_S}{p_R}$$

安定化ジルコニア酸素センサーは，自動車の空燃比制御における排気ガス中の酸素濃度測定に使用されているほか，ボイラの炉の燃焼制御やガス器具の不完全燃焼の検出にも使用されている．図14.7に自動車の排気ガス用酸素センサーの構造を示す．このセンサーは，固体電解質にガス透過性を有する多孔質の白金電極を設けており，空気と排気ガス中の酸素濃度の差に応じた起電力を測定することにより，排気ガス中の酸素濃度を測定している．

安定化ジルコニア酸素センサーの作動温度は，白金電極を用いた場合で 600 ℃以上であるが，活性の高い電極を使用することにより 200〜300 ℃の低温で作動させることも可能である．

半導体に，ある特定のガス種が接触したときの電気伝導性の変化を利用したものが**半導体ガスセンサー**[8] である．半導体とガス分子が接触すると，半導体表面へのガス分子の物理吸着および化学吸着が起こる．化学吸着が起こると，半導体と吸着分子の間で電子授受が起こり，半導体のキャリア濃度が変化し電気伝導度が変わる．半導体ガスセンサーには，金属酸化物の焼結体が利用されている．

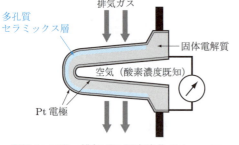

●図 14.7● 排気ガス用安定化ジルコニア酸素センサー

---

[8] 小型，低コストなうえに感度が高いため，家庭用のガス漏洩検知器として広く利用されている．

いま，半導体表面にガス分子が吸着し，吸着分子が半導体から電子を受容するような電子移動が起こった場合（負電荷吸着），半導体表面近傍にあった電子が吸着分子に移動する．その結果，表面が負に帯電し電子のエネルギーを示すバンドが上方に曲がり，半導体表面近傍の電子濃度が減少し電気伝導度が減少する（図14.8 (a)）．一方，半導体が吸着分子から電子を受容するような電子移動が起こった場合（正電荷吸着），半導体表面近傍の電子濃度が増加し電気伝導度が増加する（図14.8 (b)）．

半導体ガスセンサーの材料となる半導体は，n型の酸化スズ SnO_2，酸化亜鉛 ZnO，酸化インジウム In_2O_3 などの金属酸化物半導体がほとんどである．測定対象となるガスとしては，負電荷吸着する酸素，窒素酸化物のような酸化性ガスと，水素，一酸化炭素 CO，炭化水素，アルコールのような正電荷吸着する還元性ガスに分けられる．

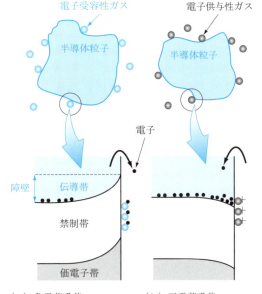

（a）負電荷吸着 （b）正電荷吸着
：電子受容性ガスの吸着 ：電子供与性ガスの吸着

●図14.8● 半導体ガスセンサーの原理
（n型半導体の場合）

14.5 バイオセンサー

ある特定の対象を識別する部分に，生体分子などの生体由来のものを利用したセンサーをバイオセンサーという．生体分子は非常に優れた分子識別能を有しているため，高精度で低コストなセンサーを構築することができる．信号検出機構に電気化学を利用したバイオセンサーの代表的な例として，酵素電極を使用し，酵素が触媒する反応で，生成あるいは消費される物質を電気化学的に検出する形式のバイオセンサーがよく知られている．ここでは，代表的な電気化学バイオセンサーとして，グルコースセンサーについて説明する．

グルコースセンサーには，次式で示すような，β-D-グルコースの酸化反応の触媒としてはたらく酵素であるグルコースオキシダーゼを，分子識別部として用いる．

β-D-グルコース＋酸素
　⟶ D-グルコン酸＋過酸化水素　　　(14.5)

この反応の前後で酸素が消費され，グルコースの量が増えれば消費される酸素の量も増加するはずである．したがって，溶存酸素量を酸素電極で測定することにより，グルコース濃度の測定が可能になる．代表的な酸素電極法によるグルコースセンサーを図14.9に示す．酸素電極としては，クラーク型酸素電極がよく用いられる．作用電極である Pt と，対極である Ag/AgCl 電極が一体化されており，Pt 電極の表面がテフロンやポリエ

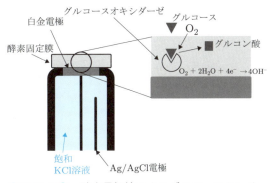

●図14.9● 酸素電極法によるグルコースセンサーの概略図

チレンなどの，酸素が透過できるガス透過膜で覆われている．その上に，高分子膜にグルコースオキシダーゼを結合させて固定したもの（酵素膜）が置かれる．Pt 電極の電位は，-0.6 V vs. Ag/AgCl 程度にされており，酸素は Pt 電極上で還元され過酸化水素となることにより電流が流れる．試験溶液中にグルコースが含まれていると，酵素膜中で式(14.5)の反応が進行し，酸素が消費されるため，グルコースが含まれていないときに比べて電流値が減少することになる．このようにして，グルコース濃度が選択的に測定される．酸素電極の代わりに，式(14.5)で生成する過酸化水素を，過酸化水素電極を用いて測定することでも，同様にグルコース濃度を測定することができる．

ここで説明したグルコース以外の物質を測定するための酵素センサーも数多く開発されており，すでに市販もされている．また，酵素の有する触媒機能のみならず，抗体や DNA などの有する優れた分子認識機能を利用した各種センサーが開発されている．

Step up 生物の感覚器官とセンサー

本章では，電気化学的な機構を利用したセンサーについて述べたが，そのほかにも，温度センサー，ひずみ，圧力などの機械的変位を検出する機械量センサー，光センサー，磁気センサーなどのさまざまな種類のセンサーがあることはご存知のとおりである．センサーは人や生物の感覚器官を代替し，その機能の拡張発展を意図してつくられた機械ということができる．たとえば，ガスセンサーは嗅覚に，光センサーは視覚に対応する．また，pH センサーは味覚に対応するであろう．測定範囲や精度，感度などの物理的特性での比較ではセンサーのほうが生物の感覚器官よりも優れている点があるが，空間的に広がりをもつ状態やモデル化困難な複雑な状態の把握となると，生物の能力よりもはるかに劣っている．つまり，センサーは，信号を検出変換する『感知』には優れているが，状態を認知したり同定したりする『認知』に劣っているといえる．近年，センサーの認知能力を向上するために，多数のセンサーと信号処理機能との集積化や，人工知能による信号処理機能の開発が行われている．つまり，生物における信号処理器官である脳のはたらきをセンサーに組み込もうとする試みが進んでいる．

演・習・問・題・14

14.1 ガラス電極による pH 測定について，電池式を書き，式(14.2)を導け．

14.2 イオンセンサーによる各種イオン濃度測定において注意すべき点はどのようなことか．

14.3 ISFET の動作原理について説明せよ．

14.4 式(14.4)を $O_2+4e^- \longrightarrow 2O^{2-}$ の反応のギブズエネルギー変化から導け．

14.5 700 ℃で作動中の排気ガス用安定化ジルコニア酸素センサーで -100 mV の電位差が発生した．このときの排気ガス中の酸素分圧を求めよ．ただし，空気中に含まれる酸素の割合は 21 %（体積分率）とする．

第15章
金属の腐食と防食

自然界の中で，鉄や銅などの金属は腐食される．腐食により無駄になる資源，エネルギーは相当な量に達し，経済的に大きな損失となっている．また，建造物，機械などに金属が多用されていることを考えると，安全性の観点からも重要な問題である．腐食は金属の酸化反応であり，電気化学的な観点から理解することができる．本章では，金属の腐食を電気化学的に理解し，腐食をいかにして防ぐか（防食）ということについて説明する．

KEY WORD

| 腐 食 | 防 食 | 局部電池 | プールベイダイアグラム | 不動態 |

15.1 金属の腐食

金属の腐食（corrosion）は，電気化学的な酸化還元反応で説明することができる[*1]．酸性水溶液中に浸された鉄 Fe の腐食について考えてみる．鉄は酸性水溶液中で式(15.1)のような酸化反応により溶解する．

$$Fe \longrightarrow Fe^{2+} + 2e^- \tag{15.1}$$

この溶解反応により電子が生成するが，生成した電子が消費されなければ，鉄の溶解反応はとまる．しかし，酸性水溶液中には水素イオン H^+ が存在しており，これが還元され，次式のように水素ガスが発生する．

$$2H^+ + 2e^- \longrightarrow H_2 \tag{15.2}$$

この両者の反応が同時に進行するため，鉄の溶解反応が連続的に起こる．このときの全反応は次のようになる．

$$Fe + 2H^+ \longrightarrow Fe^{2+} + H_2 \tag{15.3}$$

通常の金属は均一というわけではなく傷や粒界が存在しており，一つの金属の中に溶解の起こりやすい場所，水素発生の起こりやすい場所が存在する[*2]．図15.1 に示すように，一つの金属中で鉄の溶解という酸化反応と水素発生という還元反応が同時に起こる．このような状態は，電池の正極と負極を短絡させた状態と同様と考えることができ，このことからこのような腐食メカニズムを局部電池（local cell）機構とよび，酸化反応の起

[*1] 実際の腐食は，もっと複雑な機構で起こるが，ここでは原理的には同じで比較的単純明瞭な溶解現象を例として説明する．
[*2] 非常に高純度の鉄は，腐食速度が遅く耐食性に優れている．これは，局部電池が形成されにくいからである．

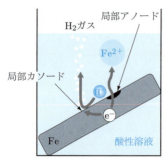

●図 15.1● 酸性水溶液中での鉄の腐食メカニズム

こる部分を局部アノード，還元反応の起こる部分を局部カソードという．

酸性水溶液中で，鉄を電極として電位を変えていくと，図 15.2 に示すような電流-電位曲線が得られる．電流値が 0 を示す電位が酸化電流と還元電流がつりあっている電位，つまり，鉄が酸性水溶液中で腐食溶解しているときに示す電位であり，**腐食電位**（E_{corr}[*3]）とよばれる．酸化反応（鉄の溶解反応）が起こる電位領域，つまり，腐食電位よりも正の電位領域で得られる酸化電流値の対数と，還元反応（水素の発生反応）が起こる，腐食電位よりも負の電位領域で得られる電流値の対数を電位に対してプロットすると，それぞれ酸化反応，還元反応の**ターフェルプロット**が得られる（図 15.3）．

それぞれのターフェル線の直線部分を延長して得られる交点は，鉄の溶解反応による酸化電流と水素の発生反応による還元電流がつりあった点であり，両反応が同じ速度で進行している状態を表す点である．この点の電位が腐食電位であり，このときの電流値は**腐食電流**とよばれ，**腐食速度**を表す．

酸性水溶液中での鉄の腐食反応においては，鉄の溶解反応（酸化反応，式(15.1)）にたいして対となる還元反応は，水素の発生反応（式(15.2)）である．しかし，この対となる還元反応は，鉄の溶解反応よりも貴[*4]な平衡電位をもつ電気化学反応であれば，原理的にどのような反応でもよい．たとえば，中性あるいは塩基性の水溶液中での場

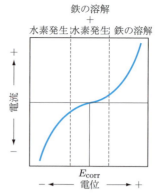

●図 15.2● 酸性溶液中での鉄の電流-電位曲線

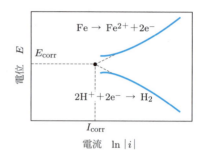

●図 15.3● 酸性溶液中での鉄のターフェルプロット

合，H^+ の濃度は非常に小さいため式(15.2)の代わりに，空気から水溶液中に溶け込んでいる溶存酸素の還元反応が鉄の溶解反応と対になって起こる．

$$\frac{1}{2}O_2 + H_2O + 2e^- \longrightarrow 2OH^- \qquad (15.4)$$

この場合の腐食の全反応は，次のようになる．

$$Fe + \frac{1}{2}O_2 + H_2O \longrightarrow Fe^{2+} + 2OH^- \qquad (15.5)$$

中性あるいは塩基性の水溶液中では，溶解した鉄は次の反応により**さび**を生成する．

$$Fe^{2+} + \frac{1}{4}O_2 + 2OH^- \longrightarrow FeOOH + \frac{1}{2}H_2O \qquad (15.6)$$

塩基性水溶液中で生成するさびの主成分は，オキシ水酸化鉄 FeOOH であるが，このほかに，三酸化二鉄 Fe_2O_3 や四酸化三鉄 Fe_3O_4 なども含まれている．

[*3] corr は corrosion（腐食）の略である．
[*4] 貴な電位とは正に大きい電位のことである．負に大きい電位のことは卑な電位という．

15.2 電位-pH 図

水溶液中での金属の溶解や腐食には電位と溶液のpHが深く関係している．したがって，金属元素がある環境下におかれたとき，どのような化学形が安定かを知ることは重要である．水溶液中でのある電位，pHで金属元素がどのような平衡状態にあるかを示した図を**電位-pH 図**または**プールベイダイアグラム（Pourbaix diagram）**という．この図より，ある金属の水溶液中での平衡状態を知ることができる．図15.4に，鉄 Fe を含むイオンの活量を $10^{-6}\,\mathrm{mol\,dm^{-3}}$ としたときの 1 atm，25℃の標準状態における鉄の電位-pH 図を示す．図中のそれぞれの直線は，次のようにして作図できる．

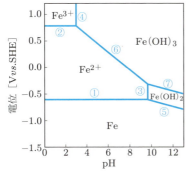

●図 15.4● 水溶液中の鉄の電位-pH 図

①は，次の反応の平衡を表す直線である．

$$\mathrm{Fe^{2+} + 2e^- \rightleftharpoons Fe} \qquad (15.7)$$

この反応の平衡電極電位 E はネルンストの式により次のように示される．

$$E = E^0 + \frac{RT}{2F}\ln\frac{a_{\mathrm{Fe^{2+}}}}{a_{\mathrm{Fe}}} = E^0 + \frac{RT}{2F}\ln a_{\mathrm{Fe^{2+}}} \qquad (15.8)$$

Fe は固体なので，$a_{\mathrm{Fe}}=1$ である．

ここで，式(15.7)の反応の標準電極電位は $E^0 = -0.44\,\mathrm{V}\,vs.\,\mathrm{SHE}$ であり，$R = 8.314\,\mathrm{J\,mol^{-1}\,K^{-1}}$，$T = 298.15\,\mathrm{K}$，$F = 96500\,\mathrm{C\,mol^{-1}}$ であるので，

$$E = -0.44 + 0.029\log a_{\mathrm{Fe^{2+}}} \qquad (15.9)$$

となる．いま，$a_{\mathrm{Fe^{2+}}} = 10^{-6}\,\mathrm{mol\,dm^{-3}}$ であるので，

$$E = -0.44 + (-0.17) = -0.61 \qquad (15.10)$$

となり，①の直線が引かれる．

②の直線は，

$$\mathrm{Fe^{3+} + e^- \rightleftharpoons Fe^{2+}} \qquad (15.11)$$

の平衡を表す線であり，式(15.11)の反応の標準電極電位 $E^0 = 0.77\,\mathrm{V}\,vs.\,\mathrm{SHE}$ であるので，①の直線のときと同様にして

$$E = E^0 + \frac{RT}{F}\ln\frac{a_{\mathrm{Fe^{3+}}}}{a_{\mathrm{Fe^{2+}}}}$$
$$= 0.77 + 0.059\log\frac{a_{\mathrm{Fe^{3+}}}}{a_{\mathrm{Fe^{2+}}}} = 0.77 \qquad (15.12)$$

となる．

③の直線は，

$$\mathrm{Fe(OH)_2 + 2H^+ \rightleftharpoons Fe^{2+} + 2H_2O} \qquad (15.13)$$

の平衡を表している．この反応の平衡は次の溶解度積の関係に従う．

$$K_{\mathrm{Fe(OH)_2}} = a_{\mathrm{Fe^{2+}}} a_{\mathrm{OH^-}}^{-2} = 8\times 10^{-16} \qquad (15.14)$$

ここで，$\log a_{\mathrm{OH^-}} = \mathrm{pH} - 14$ であるので，式(15.14)は次のようになり，③の直線が引かれる．

$$\mathrm{pH} = \frac{1}{2}\{-\log a_{\mathrm{Fe^{2+}}} + \log(8\times 10^{-16})\} + 14$$
$$= 9.45 \qquad (15.15)$$

直線④は式(15.16)の平衡を示している．

$$\mathrm{Fe(OH)_3 + 3H^+ \rightleftharpoons Fe^{3+} + 3H_2O} \qquad (15.16)$$

この反応の平衡は式(15.17)の溶解度積の関係に従い，直線③と同様にして式(15.18)のようになり，直線④が引かれる．

$$K_{\mathrm{Fe(OH)_3}} = a_{\mathrm{Fe^{3+}}} a_{\mathrm{OH^-}}^{-3} = 3.16\times 10^{-38} \qquad (15.17)$$

$$\mathrm{pH} = \frac{1}{3}\{-\log a_{\mathrm{Fe^{3+}}} + \log(3.16\times 10^{-38})\} + 14$$
$$= 3.50 \qquad (15.18)$$

⑤の直線は，次の反応の平衡を表す直線である．

$$Fe(OH)_2 + 2e^- \rightleftharpoons Fe + 2OH^- \quad (15.19)$$

この反応の平衡電極電位 E はネルンストの式により次のように示される．

$$E = E^0 - \frac{RF}{F} \ln a_{OH^-} \quad (15.20)$$

ここで式(15.19)の反応の標準電極電位は $E^0 = -0.891$ V $vs.$ SHE であり，$\log a_{OH^-} = pH - 14$ であるので，

$$E = -0.065 - 0.059\, pH \quad (15.21)$$

となり，⑤の直線が引かれる．

⑥の直線は，次の反応の平衡を表す直線である．

$$Fe(OH)_3 + 3H^+ + e^- \rightleftharpoons Fe^{2+} + 3H_2O \quad (15.22)$$

この反応の標準電極電位は $E^0 = 0.972$ V $vs.$ SHE であり，⑤の直線と同様の計算より，

$$E = 1.326 - 0.18\, pH \quad (15.23)$$

となり，⑥の直線が引かれる．

⑦の直線は，次の反応の平衡を表す直線である．

$$Fe(OH)_3 + e^- \rightleftharpoons Fe(OH)_2 + OH^- \quad (15.24)$$

この反応の標準電極電位は $E^0 = -0.556$ V $vs.$ SHE であり，⑤の直線と同様の計算より，

$$E = 0.27 - 0.059\, pH \quad (15.25)$$

となり，⑦の直線が引かれる．

---

  ⑥の直線を表す式(15.23)を導け．

解答 ⑥の直線は $Fe(OH)_3 + 3H^+ + e^- \rightleftharpoons Fe^{2+} + 3H_2O$ の平衡を表している．この反応の平衡電極電位 E はネルンストの式により次のように示される．

$$\begin{aligned}
E &= E^0 + \frac{3RF}{F} \ln a_{H^+} - \frac{RF}{F} \ln a_{Fe^{2+}} \\
&= E^0 + \frac{3(8.314)(298.15)}{96500} 2.3 \log a_{H^+} - \frac{(8.314)(298.15)}{96500} 2.3 \log a_{Fe^{2+}} \\
&= E^0 - 0.18 \log a_{H^+} - 0.059 \log a_{Fe^{2+}} \\
&= E^0 - 0.18\, pH - 0.059 \log(10^{-6}) \\
&= 0.972 - 0.18\, pH - (0.059)(-6) \\
&= 1.326 - 0.18\, pH
\end{aligned}$$

図15.4に示した電位-pH図より，卑な電位においては広い pH の範囲で鉄が安定に存在しうることがわかる．いま，pH=2 の酸性水溶液中において，電位を正方向へ上昇させていくと，直線①と交わるところから鉄が鉄イオン Fe^{2+} となる溶解反応が進行する．さらに電位が上昇すると，Fe^{3+} が生成し，さらに溶解反応が進行する．また，pH=7 の中性水溶液中では，電位を正方向へ上昇させていくと，直線①と交わるところから溶解反応が進行し，さらに電位が上昇すると，固体の $Fe(OH)_3$ が生成してくる．このように，電位-pH図より，15.1節で述べたように酸性水溶液中では鉄の溶解反応が進行し，中性あるいは塩基性の水溶液中ではさびの生成が起こることがわかる．

15.3 不動態

15.2節で示した図15.4の水酸化鉄 $Fe(OH)_3$ や $Fe(OH)_2$ が安定となる条件下においては，鉄 Fe の表面に薄い<u>酸化皮膜</u>が形成されることにより，金属のさらなる酸化が抑制され腐食速度が小

さくなる．このような状態のことを不動態（passive state）とよぶ．硫酸水溶液中の鉄の電流-電位曲線を図15.5に示す．

図15.5から，電極電位がかなり負の領域では水素の発生による電流が観察される．電極電位を正側に移動すると，鉄の酸化を示す電流が観察されるが，ある電位を境に電流値がきわめて小さくなる．ここでは，鉄の表面が不動態となっており，腐食速度がきわめて小さくなっている．さらに電位を正側に移動すると，酸素発生による酸化電流が観察される．鉄の場合，不動態化により溶解が完全にとまるわけではなく，多数存在するピンホールを通じてゆっくりと溶解反応は進行する．

チタン Ti，ニッケル Ni，クロム Cr などの金属においては非常に緻密な酸化皮膜が形成されるため，耐食性は非常に強い．鉄の場合，クロムやニッケルと合金化することにより，不動態化しやすくなり，耐食性が大幅に改善される．Fe-Cr，Fe-Ni-Cr のような合金はステンレス鋼[*5]とよばれ，さまざまなところで利用されている．

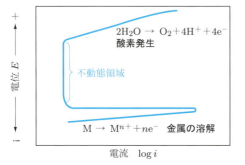

●図15.5● 硫酸水溶液中の鉄の電流-電位曲線

15.4 金属の防食

金属の腐食の防止は実用上はもちろんのこと，経済的にも非常に重要である．先に見たように，金属の腐食は電気化学的に進行するため，電気化学的に腐食を防止する防食（protection）が可能である．金属の腐食は，一つの金属中で溶解という酸化反応と水素発生という還元反応が同時に起こる局部電池機構で進行するため，金属表面上では還元反応だけが起こり，酸化反応はほかの場所で起こるような状況をつくりだせば腐食の進行を防ぐことができる．このような防食法を電気防食といい，犠牲アノード法，強制通電法といった防食法がある．

15.4.1 犠牲アノード法

犠牲アノード法は，被防食金属よりもイオン化傾向の大きい，つまり，標準電極電位が負側の金属を被防食金属と接続する方法である．この場合，酸化反応はよりイオン化傾向の大きい金属上で起こり，被防食金属上では還元反応が起こることになり腐食反応は進行しない．このような目的で接続される金属を犠牲アノードとよぶ．犠牲アノード法による地下埋設パイプラインの防食は図15.6のように行われ，犠牲アノードとしてイオン化傾向の大きい亜鉛 Zn やマグネシウム Mg が用いられる．

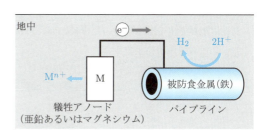

●図15.6● 犠牲アノード法による防食

15.4.2 強制通電法

被防食金属に対して，グラファイトなどの安定な電極を接続し，被防食金属がカソードに，他方がアノードとなるように両者間に外部から電圧を

[*5] Cr 約12％（質量分率）以上を含む炭素鋼を主体として，これに Ni，Mo，Ti，Nb などを添加したものをステンレス鋼という．含有する Cr が酸化物を形成し不動態化するため耐食性に優れる．化学工業機械，家庭用品，医療器具などに広く利用されている．

印加する強制通電法という防食法もある（図15.7）．これにより，被防食金属表面では常に還元反応が進行することになり被防食金属の腐食が抑制される．

これらの方法以外にも，金属表面を塗料，プラスチックなどにより被覆し，金属表面が空気や水分と接触しないようにして腐食を防ぐことも可能である．

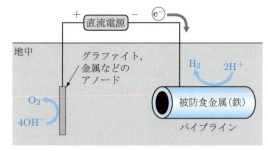

●図 15.7● 強制通電法による防食

Step up　いろいろな腐食

金属の腐食にはいろいろなタイプが存在する．次に，そのいくつかについて紹介する．

- 孔食：不動態膜の形成された金属表面の微小な孔に起こる腐食で，広さでなく深さの方向に急速に進行する．
- すきま腐食：配液管のフランジとゴムパッキンのすきまや，海水中で貝などが付着した部分などの金属のせまい間隙だけに起こる腐食．
- 粒界腐食：金属結晶の粒界およびその隣接部が優先的に腐食される現象のことである．粒界腐食は，表面から見ただけでは腐食の進行は明瞭にわからず，気づかないうちに腐食が進行し強度が著しく低下することがある．
- 応力腐食割れ：応力と腐食が，それぞれ単独であるならば破壊は生じない程度のものであっても，それらが同時に作用することで破壊を起こす現象．
- 微生物腐食：微生物の活動により腐食性環境条件が局部的に変化し，材料に腐食が生じたり，腐食速度に大きな影響を及ぼす腐食．

演・習・問・題・15

15.1 金属の腐食の機構について説明せよ．

15.2 図 15.4 の⑦の直線を表す式を導け．

15.3 25 ℃，1 atm において亜鉛 Zn は亜鉛，亜鉛イオン Zn^{2+}，水酸化亜鉛 $Zn(OH)_2$ の状態で存在することができる．これらの化学種の間には次のような平衡関係が存在する．

$$Zn^{2+} + 2e^- \rightleftharpoons Zn \qquad ①$$
$$Zn(OH)_2 + 2H^+ \rightleftharpoons Zn^{2+} + 2H_2O \qquad ②$$
$$Zn(OH)_2 + 2e^- \rightleftharpoons Zn + 2OH^- \qquad ③$$

ここで，①の反応の標準電極電位は $-0.173\,\mathrm{V}$ vs. SHE，Zn^{2+} と $Zn(OH)_2$ との間の平衡反応の平衡定数は 1.10×10^{-11}，③の反応の標準電極電位は $-1.246\,\mathrm{V}$ vs. SHE である．亜鉛を含むイオンの活量を $1\,\mathrm{mol\,dm^{-3}}$ としたときの亜鉛の電位-pH 図を作図せよ．

15.4 電気防食についてその原理を説明せよ．

第16章
表面処理

電気化学反応などを利用して材料表面にさまざまな処理を施すことで、材料の化学的あるいは物理的な特性を大幅に改善することができる。真空蒸着やプラズマ処理などの乾式表面処理技術は、現代科学に不可欠な表面処理技術として揺るぎない地位を築き上げている。また、めっきは、湿式表面処理として古くから装飾、防食、表面保護などを目的に広く使用されてきたが、近年、機能性表面処理技術として、より高度なニーズに対応しためっき技術が注目されている。

KEY WORD

| 電気めっき | 無電解めっき | 表面処理 | めっき浴 | 核生成 |
| 電着塗装 | プラズマ | スパッタリング | イオン注入 | |

16.1 電気めっきと無電解めっき

16.1.1 めっきの種類

各種材料表面を金属薄膜で被覆する技術がめっきである。奈良時代に、すでに日本には、アマルガムを用いて仏像の表面を金 Au で被覆する『滅金』技術が伝来していた。この『滅金』がめっきの語源であるといわれている。ここでは、アマルガムのような溶融金属を用いためっきではなく、溶液中に含まれる金属イオンを材料表面に金属薄膜として還元析出させるめっき技術について述べる。

めっきには、被めっき材料をカソードとして通電し、電気化学的還元反応を利用して電析を行う電気めっき (electroplating) と、化学反応のみを利用する無電解めっき (electroless plating) がある。それぞれ、表 16.1 に示す特徴があり、目的・用途に応じて使い分けされている。なお、めっきには、均一性、密着性、光沢性、耐久性、硬度といった特性が要求されるが、これらはめっき浴 (plating bath) 組成や還元条件などの直接的なめっき条件だけでなく、下地材料と析出金属の組み合わせ、前処理、材料形状、めっき槽の構造にも依存する。めっきの均一性や下地金属との密着性を高めるには、脱脂や酸化物皮膜の除去といった材料表面の前処理も重要な因子となる。

16.1.2 電気めっき

装飾品産業はもちろん、造船、家電、自動車などの大型機器の製造や時計をはじめとする精密機器、さらには情報や電子産業において、電気めっきは重要な役割を果たしている。主な電気めっきの種類と用途を表 16.2 に示す。

銅めっきやニッケルめっきは、主として防食、電気的特性の改善、表面硬度の向上、摩擦係数の

■ 表16.1 ■　めっきの種類とその特徴

種類	概要	長所／短所	主な用途
電気めっき	金属イオンを含む電解液中に被めっき物を浸し，これをカソードとして通電することで金属イオンを還元し，材料表面で金属を析出する．	**長所** 通電量によって，めっきの厚さを容易に制御できる．浴組成の制御が比較的容易である． **短所** 適当な陽極が必要であり，めっき品質が，めっき槽の構造や陽極配置，素材形状の影響を受ける．	装飾用 電子産業用 電気鋳造用・各種部品・素材の物理的・化学的な表面改質 （耐久性など）
化学めっき	外部から電気を供給せずにめっき液の化学反応を利用する．めっき液中の金属塩が共存する還元剤により還元されて被めっき物の表面に析出する．	**長所** セラミックス・プラスチックなどの不導体にも適用でき，素材形状に左右されずに均一な膜厚のめっきが得られる． **短所** 還元剤によっては，純粋な金属めっきを得ることが困難である．浴組成が変化しやすく，その制御が重要となる．	電気めっき用下地めっき 電子産業におけるプリント配線基板作成など

■ 表16.2 ■　電気めっきの種類とその用途

めっき金属	特徴	用途
銅 Cu	優れた導電性，熱伝導性，耐食性，装飾性	プリント基板のスルーホールめっき・銅箔製造・装飾めっきの下地
ニッケル Ni	銀白色で装飾的価値がある 耐食性・展延性 適当な硬度	貴金属めっきの下地めっき・クロムめっきの下地めっき・自動車部品・家電製品など鉄鋼製品の耐食性向上 耐摩耗エンジン部品
クロム Cr	耐食性・高硬度 耐摩耗性・潤滑性 装飾性(優れた金属光沢性)	最終仕上げめっき・自動車部品・家電製品など外装・エンジンシリンダ・金型・時計・工業製品の低コスト化
亜鉛 Zn	鉄 Fe の防食作用	鉄鋼製品の防錆めっき・建材
スズ Sn	鉄の防食作用	缶詰・電気ブリキ・電子工業部品
金 Au	高導電性・装飾性 耐食性・展延性	電子工業部品・電気接点や配線用
銀 Ag	高導電性	電子工業部品
黄銅 (銅-亜鉛)	耐食性，耐酸化性	電子工業部品
青銅 (銅-スズ)	高導電性	電子工業部品
鉄-ニッケル合金	磁性合金	電子工業部品・パーマロイめっき（鉄20％（質量分率）-ニッケル合金）

低減といった材料の物理的・化学的特性の改善に用いられるが，装飾目的としても重要な役割を果たしている．また，電気めっきは，被めっき材料の電位を変化させることで金属を電析[*1]させることができるため，めっき金属による制限が少なく，膜厚制御や微細加工が可能といった利点を有しており，現在，電子情報機器の高度化・小型化を支える技術として，その地位はますます高くなっている．

16.1.3　電気めっきの原理

電気めっきは，基本的には次の反応式で示され，

[*1] 電気分解によって，金属などを析出させること．

めっき量はファラデーの法則に基づいて計算することができる．

$$M^{x+} + xe^- \longrightarrow M$$

ここで，M はめっき金属，M^{x+} はその金属の陽イオンである．

しかし，膜厚，光沢性，耐食性の制御などのめっき質の議論や，学問的な見地から電析を扱うとき，単に金属イオンが還元されて金属になるという過程だけでめっきを議論することはできない．そこで，電気めっきの機構を時系列的に眺めてみよう（図16.1）．

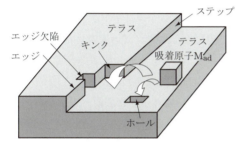

●図16.1● 電極表面における金属析出の様子

(a) 物質移動過程

溶液中に存在する金属の錯イオンあるいは水和イオンが拡散などによって電極表面近傍（バルク溶液から拡散層を経て外部ヘルムホルツ面[*2]の外側）まで運ばれる．

(b) 電荷移動過程

電極表面近傍まで運ばれた金属イオン・金属錯イオンは段階的に配位子と酸化数を減じながら内部ヘルムホルツ面に達して還元体である吸着原子（M_{ad}）として電極の活性点に析出する．

(c) 結晶成長過程

電極表面には無数の粒界が存在しており，しかも単結晶表面上でさえ図16.1に示すようなテラス（terrace）[*3]，ステップ（step）[*4]，キンク（kink）[*5]，エッジ（edge）[*6] などが存在するため平滑ではない．通常，テラス上の活性点に吸着した原子（M_{ad}）は，エネルギー的により安定化するステップなどに表面拡散したのち，キンクやエッジに組み込まれて結晶が成長する．

エネルギー的には，キンクやエッジがほぼ埋まるまでステップ上面のテラスへの核生成（nucleation）は困難なので，結晶成長速度と核生成速度のバランスによってはキンクやエッジの特定方向に結晶が成長して，ピラミッド状，層状，樹枝状の結晶形態を与えたり，ステップが成長してらせん状の結晶成長を引き起こしたりする．このため，電解液組成，浴温度，電解電位，電流密度，下地材料の種類が，電析物の形態に大きな影響を与える．

低電流密度で過電圧を低くすると電荷移動律速になるため，核生成速度が遅くなって大きな結晶が成長しやすくなり表面が粗くなる．そこで，光沢めっきを得るためには，結晶が方位性をもたないような条件でめっきを行う必要がある．たとえば，高電流密度にして過電圧を大きくすると拡散律速になり，表面原子の格子エネルギー差の影響が少なくなって方向性をもたない細かな結晶が生成するため平滑な光沢面が得られやすくなる．しかし，電流密度を高くしすぎると水素発生などの副反応が進行するとともに粉末状のめっきが得られるようになる．浴組成にもよるが，一般に過電圧が小さくなると電場や素地結晶方向に配向した結晶が，大きくなると無配向性結晶を経て粉末状の結晶が生成しやすくなる．

安定しためっきを行う最適条件を決めるためには，被めっき物の構造に応じたアノード配置やめっき槽構造の工夫などで電流密度分布を均一にすることや，めっき浴に各種添加剤を加えて反応物

[*2] 第3章および図3.3を参照．外部ヘルムホルツ面と内部ヘルムホルツ面がある．
[*3] 台地状の面．
[*4] テラスの段差．
[*5] ステップの段差．
[*6] 稜．

質の拡散状態を一定にするなどの注意が必要である．また，めっき浴を安定化させるために，金属イオンを錯化したり溶液pHを制御したりしてめっき反応の過電圧を制御することも効果的である．

めっき金属をアノードとして用いると，アノードの溶解によって自然に金属イオンが補充されてめっき浴中の金属イオン濃度を一定に保つことができるが，アノードバッグ*7 を設置するなどしてめっき時の電流密度を均一にする必要がある．

電流密度分布を一定にするためにはハーリングセル*8 のような矩形セルや遮蔽板の設置も有効である．

16.1.4　特殊なめっき

多層めっき，合金めっき，電鋳（エレクトロフォーミング）などの機能性めっき技術は，精密加工やCDなどの原盤作成など各方面で利用されている．また，めっき浴にさまざまな微粒子を分散させることで，めっき皮膜中に微粒子を均一に分散させて改質効果をねらった複合めっきとして知られる機能性めっきもある．たとえば，窒化ホウ素などをめっき金属中に分散させると，硬度の高い皮膜を，四フッ化エチレン C_2F_4（PTFE：poly tetra Fluor Ethylene）などを分散させると，はっ水性皮膜を得ることができる．

16.1.5　無電解めっき

無電解めっきは化学めっきともよばれ，電気を通じずに溶液内での化学的な反応を利用して被めっき材料の表面に金属薄膜を形成させる技術である．電解めっきと異なり膜厚を大きくすることが困難で，めっき可能な金属の種類が限定されるという点はあるものの，複雑な形状を有する材料やセラミックス，プラスチックなどの導電性をもたない材料にも均一にめっきできるという利点から，電気めっきの下地としてだけでなく，精密めっきとして電子工業用を中心に広く利用されている．

無電解めっきは，めっき金属イオンと共存させた溶液中で安定な還元剤を被めっき物の表面で分解することで，金属イオンを還元析出させる触媒型めっきと，素材の表面金属とめっき金属イオンの置換（酸化還元反応）によって金属を析出させる置換型めっきの2種類がある．後者の場合薄膜が，前者の場合比較的厚膜を得ることができる．化学めっきでは，材料表面の触媒活性が析出速度を左右し，均一なめっき面を与える原動力となる．触媒型無電解めっきにおける金属析出過程を次に示す．

(a) 感応処理（還元剤の分解触媒を析出させる吸着処理）

一般的には，塩化スズの水溶液に浸漬して第一スズイオン Sn^{2+} を表面に吸着させるなどの触媒還元物質の吸着処理である．

(b) 触媒析出（被めっき物表面への触媒析出過程）

Sn^{2+} の還元力を利用して，Pdなどの触媒核を被めっき物表面に析出させる（この核が還元剤の分解触媒としてはたらく）．

(c) めっき金属の析出過程（被めっき物表面でのめっき過程）

被めっき物の表面に析出した触媒核によって還元剤の分解を促進させ，金属イオンを還元して表面上に金属を析出させる．

還元剤としては，ホルムアルデヒド HCOH，次亜リン酸 H_3PO_2，亜硫酸 H_2SO_3，ヒドラジン H_2NNH_2，水素化ホウ素 $NaBH_4$ などの塩類が使用され，これらの試薬によって還元可能な銅，ニッケル Ni，コバルト Co などの金属めっきを行うことができる．一般に，溶液pHが高くなると還元剤の酸化還元電位が卑になるためアルカリ性のめっき浴が利用される．そこで，水酸化物の生成を防止してめっき液を安定にする目的で各種錯化剤*9 が添加される．

---

*7　陽極の溶解で生じる不純物による浴の劣化を防止するために陽極全体を覆う多孔性袋．
*8　めっき条件を検討する際使用する電解セル．ハルセルとは異なり，矩形型のセルの両端にアノードが，中央部分に陰極が設置されている．陰極位置は可変である．ハルセルは，めっき面を陽極に対して傾けたセルである．
*9　析出させたい金属のイオンと錯イオン形成させるための配位子を含む試薬．

16.2 電着塗装

水溶性の塗料（あるいは水分散性樹脂）は，カルボキシ基（$-COO^-$）などをもつアニオン性樹脂か，アミノ基（$-NH^+$）などをもつカチオン性樹脂を含んでいる．比較的低濃度のこれらの水溶性塗料溶液中に金属の被塗装物を入れ，被塗装物と対極との間に直流電圧をかけ，塗料の薄い膜を形成する方法を電着塗装という．被塗装物をカソードとするカチオン型と，アノードとするアニオン型とに大別されるが，アニオン型の場合，被塗装物の酸化溶解や腐食が問題となるため，現在はカチオン型が主流である．

カチオン型の場合，図16.2のようにカチオン性樹脂を含む塗料溶液中に，カソードとする被塗装物とアノードとする対極を入れ，両極間に50〜350 Vの直流電圧を印加する．カチオン性樹脂は電気泳動（第3章3.5節参照）によりカソードのほうへ移動する．カソードに移動したカチオン性樹脂は，カソードで生成したOH^-と反応し不溶化する．この不溶化した成分が被塗装物の表面に凝着して塗膜を形成する．塗膜が形成した部分は電気抵抗が大きくなり，それ以上の膜形成は行われないが，塗膜が未形成の部分は塗膜形成が進

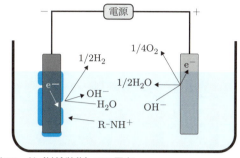

カソード（被塗装物）での反応
$$H_2O + e^- \rightarrow OH^- + \frac{1}{2}H_2$$
$$R\text{-}NH^+ + OH^- \rightarrow R\text{-}N (析出) + H_2O$$

アノード（対極）での反応
$$OH^- \rightarrow \frac{1}{2}H_2O + e^- + \frac{1}{4}O_2$$

● 図16.2 ● カチオン型電着塗装の原理

行し，均質で緻密な塗膜が形成される．

電着塗装は，均質で緻密な塗膜が形成できる，複雑な形状や凹部内面への塗装が可能，塗料ミストが発生しないため作業環境がよい，水溶性塗料を使用するため火災の危険性がない，といった特徴をもっており，被塗装物が導電性の材料に限定されるものの，自動車のボディ，建材，スチール家具などの塗装に利用されている．

16.3 プラズマを利用した表面処理技術と材料加工技術

16.1，16.2節では，材料上への表面処理（surface treatment）技術として，湿式表面処理技術である電気めっき，無電解めっきおよび電着塗装について説明したが，本節では乾式表面処理技術のうちプラズマ[*10]を利用した表面処理技術および材料加工技術について説明する．

16.3.1 プラズマとは

プラズマとは[*11]，分子，原子，イオンおよび電子が共存し，全体として中性を保っている気体状態のことをいう．プラズマは自然界にも存在しており，オーロラや稲光は自然界における代表的なプラズマである．プラズマは人工的につくりだすこともでき，蛍光灯やネオンサインは身近でみられるプラズマである．

人工的なプラズマは，一般的に放電を利用してつくられる．低圧の真空下に置かれた2枚の電極間に数百〜数千Vの電圧を印加すると，宇宙線や紫外線などの作用によりわずかに存在する電子やイオンなどの荷電粒子が加速され，高エネルギ

[*10] 『プラズマ』という言葉は，1929年にラングミュア（I. Langmuir）により名付けられた．
[*11] より広義には，気体状態に限らず，自由に運動をする，正，負の荷電粒子が共存して電気的中性になっている物質の状態のことをいい，溶融塩のような液体や電子と正孔とが共存している半導体のような固体もプラズマとみなされることがある．

ーを得て，ほかの分子や原子と衝突して解離やイオン化をもたらす．このようにして生成した粒子も電場により加速され，イオン化を起こす．この過程が繰り返されることにより放電が持続し，安定した<u>プラズマ状態</u>がつくりだされる（図16.3）．

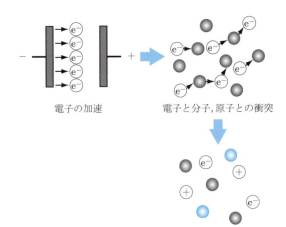

● 図 16.3 ● 放電によるプラズマの生成

16.3.2 平衡プラズマと非平衡プラズマ（低温プラズマ）

図16.4は，気体の圧力とプラズマ温度の関係を示したものである．気体の圧力が 10^4 Pa 以上では，電子はすぐにほかの粒子に衝突してしまうため，電子は十分に加速されない．また，同時に電子の運動エネルギーは熱エネルギーとしてガス分子に吸収されるため電子温度とガス温度が等しい熱平衡の状態にある．このようなプラズマを<u>平衡プラズマ</u>[*12] という．

一方，圧力が 10^4 Pa 以下の低圧では，電子がほかの粒子と衝突しないで進む距離が大きくなり，電子の運動エネルギーが大きく，つまり，電子の温度が高い状態となる．しかし，気体分子や陽イオンの運動エネルギーは小さいままである．つまり，電子は高温状態にあり，陽イオンおよび気体分子温度は低い状態となる．このようなプラズマ状態を<u>非平衡プラズマ</u>あるいは<u>低温プラズマ</u>とよぶ．低温プラズマは実験室で放電により簡単に得ることができ，材料合成や材料加工の分野で広く利用されている．

プラズマ中では，酸素，窒素のような比較的安定な分子も原子状やイオン化された状態で存在しており，活性な状態にある．このような状態をうまく利用することにより，通常では高温でしか実現できないような反応を低温で起こすことや，材料を加工することが可能になる．ここでは，プラズマを利用した表面処理として，<u>プラズマスパッタリング法</u>による薄膜合成およびプラズマによる表面改質について概説する．

16.3.3 プラズマスパッタリング法による薄膜合成

スパッタリング（sputtering）[*13] とは，低圧力雰囲気下において，数十eV以上の運動エネルギーを有したイオンが固体に衝突し，固体表面から固体を構成する原子，分子をはじき飛ばす現象のことである．ある値以上の運動エネルギーをもったイオンが固体表面に衝突すると，固体表面から原子や分子が飛び出す（スパッタリング）．さらにエネルギーが大きくなると，入射イオンが固体内部に侵入する<u>イオン注入</u>が起こる．イオン注入は半導体材料への不純物のドーピング技術や金属への窒素のドーピングによる表面硬化技術などに利用されている（図16.5）．

スパッタリングによる薄膜合成についてはさまざまな手法が開発されているが，ここでは平行平

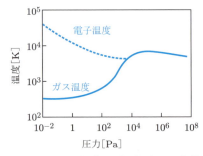

● 図 16.4 ● 電子温度，ガス温度の圧力依存性

[*12] アーク放電やプラズマジェットによりつくられる．また，核融合反応を起こすのに利用されるのも，高温高密度の完全電離プラズマである．
[*13] sputter とは，つばを飛ばしてしゃべる，パチパチ音を立てる，という意味である．

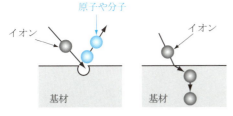

●図16.5● スパッタリングとイオン注入現象

板型直流2極スパッタリングについて説明する．図16.6に示すように，1 Pa程度の減圧下にある真空チャンバー内に，薄膜にしたい材料（ターゲット）を陰極に，薄膜を堆積させる基板を陽極とし，この両極間に数kVの電圧を印加すると，電極間にグロー放電が生じ，電極間はプラズマで満たされる．プラズマ中に存在している陽イオンは陰極近傍で加速され，運動エネルギーを得てターゲットに衝突し，ターゲット原子をスパッタリングする．スパッタリングされた粒子は，陽極上におかれた基板上へ堆積し，薄膜が作製される．平行平板型直流2極スパッタリングの場合，放電が維持できなくなるためターゲットには電気伝導体しか利用することができないが，直流の代わりに高周波を利用することにより，二酸化ケイ素SiO_2などの絶縁体をターゲットとして利用することができる．

プラズマスパッタリング法には，これら以外にもマグネトロンスパッタリング法，電子サイクロトロン共鳴（ECR：electron cyclotron resonance）プラズマスパッタリング法，イオンビームスパッタリング法など，さまざまな方法が開発されている．

16.3.4 プラズマによる材料加工技術

先に述べたように，プラズマ中には電子とともに，イオン，ラジカル，励起分子，励起原子などの活性種が存在している．これらの活性種と固体材料との表面反応を利用して，半導体の微細加工や金属やプラスチックの表面改質に利用されている．

(a) ドライエッチング

プラズマによる半導体の微細加工はドライエッチングとよばれている．ドライエッチングとは，気相中の活性種により，固体表面をエッチングする技術であり，微細加工の精度が高いという特徴をもっている．ドライエッチングはその機構により，スパッタリング現象を利用する『物理的エッチング』，プラズマにより生じた活性種と基材物質との反応により揮発性物質を生成させることによりエッチングを行う『化学的エッチング』，イオンのもつ運動エネルギーにより反応を促進させる化学的エッチングである『イオンアシストエッチング』に大別される．

(b) イオン注入

数keV[*14]から数百keVの高い運動エネルギーをもつイオンを固体表面に照射すると，照射粒子は固体内に侵入し，固体内で運動エネルギーを失い固体内に注入される．これをイオン注入という．イオン注入はもともと半導体への不純物添加法として始まったが，金属，とくに鉄鋼の表面改質にも広く利用されている．金属へ窒素イオンを注入し，表面に金属窒化物層を形成することにより，金属材料の特性を損なうことなく，表面層のみ硬

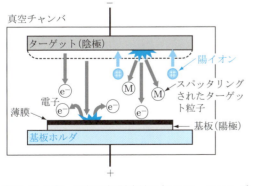

●図16.6● 平行平板型直流2極スパッタリング

[*14] eVはエネルギーの単位であり，『電子ボルト』もしくは『エレクトロンボルト』と読む．1 eVは，電子1個を1 Vの電位差で加速したときのエネルギーであり，$1\,\text{eV} = 1.60218 \times 10^{-19}\,\text{J}$である．

化し機械的特性を向上するといったことが行われている．

Step up 高度なめっき技術

携帯情報端末やカメラなどの携帯電子機器の小型化・高機能化にともない，電子回路を実装するプリント配線にも高密度化が要求され，かつての平面的な実装から多層プリント板を用いた三次元的な高密度実装へと技術が進化してきた．ビア[*15]の内側表面だけに銅めっきを施す『スルーホールめっき』で配線する技術も使用されているが，回路の信頼性を高めるためには孔全体を銅のような導体で埋めるほうが望ましい．機械的な加工では困難なため，孔全体を緻密な銅めっきで埋めるビアフィルめっき（Via filling）が開発された．ビアフィルめっきは，高密度三次元配線の信頼性を高めるだけでなく，精密な配線加工を実現するきわめて高度なめっきとして注目度の高い技術である．

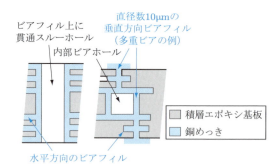

●図 16.7● 高度なビアフィルめっきを施した多層プリント基板

演・習・問・題・16

16.1 貴金属の光沢めっきを行う際の留意点を調べよ．

16.2 金 Au，銅 Cu，ニッケル Ni，クロム Cr の各代表的な電気めっき浴組成を調べ，含まれる成分の役割を考えよ．

16.3 プラズマ状態とはどのような状態のことか説明せよ．

16.4 運動エネルギーを有したイオンが固体に衝突したときの挙動について説明せよ．

[*15] 多層プリント板の垂直配線のために使われる直径が数 10 μm 程度の細くて長い孔である．アスペクト比（直径と深さの比）は 7 程度である．

実験・測定編

A　pH測定による酸-塩基中和滴定

強酸および弱酸の水酸化ナトリウムNaOH水溶液による中和滴定をpH測定から行い，電離平衡定数を求めるとともに指示薬の選択について考察する．

A.1　塩酸の水酸化ナトリウムによる中和滴定

pH測定による酸-塩基中和滴定のうち，ここでは強酸を強塩基で中和したときの滴定曲線から指示薬についての選択について考察する．

1．操　作

(1) スタンドに取り付けたビュレット[★1]に，漏斗を用いて，調製した濃度 $0.1\ \mathrm{mol\ L^{-1}}$ の水酸化ナトリウムNaOH水溶液を満たす．

(2) 濃度 $0.1\ \mathrm{mol\ L^{-1}}$ のHCl標準溶液 10 mLをホールピペットで正確に計りとって[★2] 300 mLビーカーに移し，水を加えて100 mLとし，フェノールフタレイン溶液2，3滴を加えておく．この液に撹拌子を入れ，マグネチックスターラーで撹拌を開始する．

(3) pHメーターの複合電極（図A.1）を，ビーカーの底や撹拌子に接触しないよう気をつけて，試料溶液中に浸漬させる．

(4) pHメーターのスイッチを入れ，pHの値とそのときの温度を測定し，記録する．

(5) ビュレットから水酸化ナトリウムNaOH水溶液を，はじめは約1 mLずつ滴下し，滴下量とpHの値を記録する．同時にグラフ用紙に図A.2のような滴定曲線をプロットしていく．この操作を約9 mLまで続けて行い，終点が近づいたら，1回の滴下量を 0.1 mL程度として正確な滴定曲線を描く．また，終点付近ではpH変化が激しく不安定になることがあるが，pHメーターの指針が安定するのを待ってから読み取るようにする．

2．結果の整理と考察

図A.2のような中和滴定曲線が得られたが，滴定の終点は滴定曲線の変曲点とするのが普通であり，次のような方法がある．

pHがある点で鋭く変化する場合には，図A.2に示すように，傾き45°の2本の接線を引き，これに平行な等分線が滴定曲線と交わる点の横座標 v_e を中和点，縦座標 pH_e を終点のpHとする．

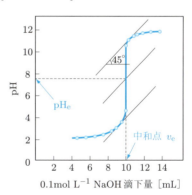

●図A.2●　HClのNaOHによる中和滴定曲線

より正確に終点を求めたいとき，またはpHの変化がゆるやかで，終点が明確でない場合には，図A.3のような示差曲線を描き，その極大点を終点とすればよい．示差曲線は図のように滴定曲線の微係数 $d\mathrm{pH}/dv$ を滴定液の使用量に対してプロットしたものであるが，実験的には，滴定液の微少量 Δv を加えた場合

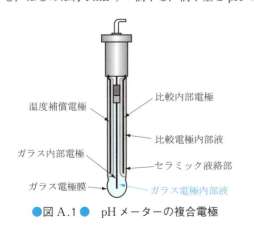

●図A.1●　pHメーターの複合電極

★1　ビュレットはよく洗浄し，使用する水溶液で内壁をよく洗ってから，コックの下部に気泡が残っていないことを確認して滴定液を満たす．
★2　標準溶液をピペットにとるときは，使用する水溶液の少量で共洗いしたあと，計りとる．

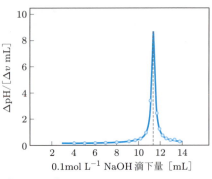

●図 A.3● CH₃COOH の NaOH による中和滴定の示差曲線

の pH 値の変化量 ΔpH を滴下量に対してプロットした差分 ΔpH$/\Delta v$ を用いればよい．

この方法で中和点を求め，塩酸標準溶液の濃度が正確であるとして，水酸化ナトリウムの濃度評定を行い，ファクター f を求める．また，中和滴定の終点の pH を求め，表 A.1 を参考にして，本実験で中和の指示薬としてフェノールフタレインを使用したことについて考察する．

■表 A.1■ 指示薬の色と変色 pH 範囲

指示薬	酸性色	変色 pH 範囲	アルカリ性色
メタニルイエロー	赤	1.2〜2.3	黄
メチルオレンジ	赤	3.1〜4.4	橙黄
メチルレッド	赤	4.2〜6.3	黄
ブロモチモールブルー	黄	6.0〜7.6	青
フェノールフタレイン	無色	8.3〜10.0	紅色
チモールフタレイン	無色	9.3〜10.5	青

A.2 酢酸の水酸化ナトリウムによる中和滴定

pH 測定による酸-塩基中和滴定のうち，ここでは弱酸を強塩基で中和したときの滴定曲線から指示薬についての選択について考察する．

1．操 作

(1) スタンドに取り付けたビュレットに，漏斗を用いて，調製した濃度 0.1 mol L⁻¹ の水酸化ナトリウム NaOH 水溶液を満たす．

(2) 濃度 0.1 mol L⁻¹ の酢酸水溶液 10 mL をホールピペットを用いて正確に計りとり，300 mL ビーカーに入れ，水を加えて 100 mL とする．

(3) 指示薬としてメチルオレンジとフェノールフタレインの各 2，3 滴を同時に加えて用いる．pH 測定は，1.1 節の操作と同じ手順で行う．滴定は 2 回行い，1 回目の滴定は，中和点がおよそどの程度かを知るための予備実験で，滴下量をあまり細かくとる必要はない．このとき，各指示薬の変色点とその前後の色を確認しておく．

(4) 2 回目の滴定は，1 回目の滴定結果に基づいて，中和点付近でとくに正確な滴定曲線を求めるようにする．

(5) 使い終わった pH メーターは，複合電極の先端を洗浄後，水を入れたビーカーの中に浸しておく．

2．結果の整理と考察

図 A.4 のような滴定曲線が得られるので，既述の方法で中和点（$v_e/2$）と中和点の pK_a（$=-\log K_a$）を求める．中和滴定の指示薬としては，中和点での pH がこの値に等しくなるような指示薬を選ぶのがよい．今回の実験結果をもとに考察する．また，酢酸の電離定数 K_a を求めよ．

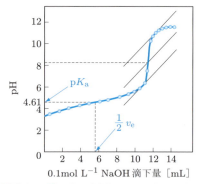

●図 A.4● CH₃COOH の NaOH による中和滴定曲線

なお，図 A.3 のように滴定曲線を示差曲線で表し，中和点を正確に求めてみる．また，水酸化ナトリウムの濃度が既知であるとして，酢酸の濃度評定を行う．

B 電気伝導率測定と電気伝導率滴定

酢酸 CH_3COOH の希薄水溶液のモル電気伝導率を測定し，電離定数および電離度を求める．また，電気伝導率測定から強酸および弱酸の水酸化ナトリウム NaOH 水溶液による中和滴定を行う．

B.1 酢酸水溶液の電気伝導率測定

酢酸 CH_3COOH の希薄溶液について電気伝導率を測定し，この値からモル電気伝導率を算出し，アレニウスの電離説に基づいて電離度と電離定数を求め，弱電解質の特徴を考察する．

1. 操作

(1) 伝導率測定容器の容器定数を決定するために，標準溶液の濃度 $0.1 \, mol \, L^{-1}$ の塩化カリウム KCl 水溶液を次のように調製する．デシケーター内の塩化カリウム 0.742 g を正確に 100 mL メスフラスコに計りとる．これに 100 mL 弱の脱イオン水を刻線のおよそ 1 cm 下まで加え，溶解させる．メスフラスコを 30.0 ℃ の恒温槽につけ，しばらく待ち，希釈用の脱イオン水も同時に三角フラスコに入れて恒温槽内に浸しておく．およそ 10 分後，脱イオン水を追加してメスフラスコの刻線にメニスカスを正確に合わせる．こうして調製した標準溶液は温度が変化しないよう恒温槽につけたままにしておく．

(2) 伝導率測定容器 (図 B.1) に脱イオン水を 3 分の 2 ほど入れ，容器内部および電極部を 2，3 回ていねいにすすぐ．最後にピペットを使って脱イオン水 20 mL を入れる．測定容器を恒温槽内に 15 分以上保持したあと，脱イオン水の電気伝導率を測定する．
なお，電気伝導率の測定にはいつも同じ量の試料を入れるようにする．5 分待って同じ試料について再度測定し，0.01 μS 未満の差であることを確認する．もし，それ以上の差がある場合には，電極の洗浄が十分ではなかったと考えられるので，再度洗浄を行ってから測定する．

(3) 測定容器を $0.1 \, mol \, L^{-1}$ 塩化カリウム水溶液で 2，3 回共洗いし，容器内部および電極まわりの脱イオン水を標準溶液で完全に置換する．先の測定と同量の標準溶液を入れ，10 分間恒温槽に浸したあと，標準溶液の電気伝導率を測定する．

(4) 次に，酢酸水溶液の電気伝導率を測定するため，200 mL メスフラスコに酢酸およそ 0.72 mL を 5 mL メスピペットで計りとり，およそ $1/16 \, mol \, L^{-1}$ の濃度の酢酸水溶液を調製する．水溶液は恒温槽内に浸しておく．この酢酸水溶液 10 mL をホールピペットで正確に計りとり，100 mL 三角フラスコに入れ，濃度 $1/50 \, mol \, L^{-1}$ の水酸化ナトリウム標準溶液で滴定して正確な濃度を決めておく．滴定は 3 回行い，その平均値を用いる．指示薬にはフェノールフタレイン溶液を使用する．

(5) 調製した酢酸水溶液で 2，3 回測定容器を共洗いしたあと，20 mL の酢酸水溶液を満たし恒温槽に 10 分間浸してから電気伝導率を測定する．5 分後に測定値の一致を確かめるための再測定を行う．この場合，±1 μS の再現性を目安とする．

(6) 10 mL のピペットで容器内の溶液の 1/2 を吸い出し，代わりに同量の脱イオン水を追加して溶液をもとの濃度の 1/2 に希釈する．希釈した溶液を 10 分間恒温槽内に保持したあと，電気伝導率を測定する．5 分後に再測定で測定値の確認を行う．

(7) (6) の希釈操作を 3 回繰り返し，$1/16 \, mol \, L^{-1}$，$1/32 \, mol \, L^{-1}$，$1/64 \, mol \, L^{-1}$，$1/128 \, mol \, L^{-1}$ の合計 4 種の濃度の溶液について電気伝導率を測定[*3]する．

2. 結果の整理と考察

濃度 $0.1 \, mol \, L^{-1}$ の塩化カリウム水溶液の測定値か

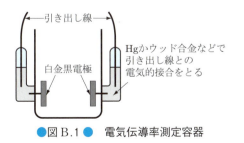

● 図 B.1 電気伝導率測定容器

■ 表 B.1 ■ 無限希釈におけるイオンのモル電気伝導率 $[S \, cm^2 \, mol^{-1}]$

カチオン	λ_+^∞	アニオン	λ_-^∞
H^+	350	OH^-	196
Na^+	50.5	Cl^-	76
K^+	74	CH_3COO^-	41

[*3] 測定容器の電極を乾燥させないよう，実験終了後は脱イオン水を満たしておく．

ら，式(B.1)を用いて電気伝導率測定容器の容器定数 S/l を決定する．

$$\lambda = \kappa \frac{S}{l} \tag{B.1}$$

なお，$0.1\,\mathrm{mol\,L^{-1}}$ 塩化カリウム水溶液の κ の値は $0.014113\,\mathrm{S\,cm^{-1}}$ とせよ．また，この容器定数を電極面積 S と電極間の距離 l の概算値から求めた値と比較せよ．

容器定数が明らかになったので，酢酸水溶液について測定した電気伝導率の値を式(B.1)に代入して比電気伝導率 κ を求め，式(B.2)からモル電気伝導率 Λ が求められる．ただし，c は酸のモル濃度に酸の価数をかけた量である．

$$\Lambda = \frac{1000\kappa}{c} \tag{B.2}$$

なお，無限希釈におけるモル電気伝導率 Λ^∞ は，表B.1に掲げた無限希釈におけるイオンのモル電気伝導率の加成性から算出することができる．Λ と Λ^∞ がわかれば，式(B.3)で表されるアレニウスの電離説から電離度 α を求めることができ，

$$\alpha = \frac{\Lambda}{\Lambda^\infty} \tag{B.3}$$

式(B.4)から電離定数 K を算出することができる．

$$K = \frac{\alpha^2 c}{1-\alpha} = \frac{c\Lambda^2}{\Lambda^\infty(\Lambda^\infty - \Lambda)} \tag{B.4}$$

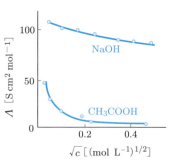

●図 B.2 ● 電解質溶液の Λ vs. $\sqrt{c}$ プロット

一般に，Λ を $\sqrt{c}$ に対してプロットすると，図B.2に示すように，強電解質では直線，弱電解質では曲線となる．今回の実験で得られた各種濃度の酢酸水溶液について，どのようになるか調べてみよ．

B.2 塩酸と酢酸水溶液の水酸化ナトリウム水溶液による中和滴定

塩酸 HCl と酢酸 $\mathrm{CH_3COOH}$ 水溶液にそれぞれ水酸化ナトリウム NaOH 水溶液の滴下を繰り返し，滴下のたびに電気伝導率の値を読み取ることにより中和点を求め，電気伝導率に寄与しているイオン種について考察する．

1．操作

(1) 電気伝導率測定用セルの容器定数が未知の場合は，1.2節に従って容器定数を求めておく．

(2) 濃度 $0.1\,\mathrm{mol\,L^{-1}}$ の塩酸 $10\,\mathrm{mL}$ を $200\,\mathrm{mL}$ ビーカーにとり，水を加えて $100\,\mathrm{mL}$ とする．

(3) 電気伝導率測定用セルに回転子を入れ，スターラーで撹拌しながら，あらかじめビュレットに入れておいた濃度 $0.1\,\mathrm{mol\,L^{-1}}$ の水酸化ナトリウム水溶液[*4] $0.5\,\mathrm{mL}$ を滴下し，電気伝導率の値を測定する．

(4) 続いて，$0.1\,\mathrm{mol\,L^{-1}}$ 水酸化ナトリウム水溶液 $0.5\,\mathrm{mL}$ を滴下し，そのたびに電気伝導率を測定し，記録する．

(5) 同様にして，濃度 $0.1\,\mathrm{mol\,L^{-1}}$ の酢酸水溶液について $0.1\,\mathrm{mol\,L^{-1}}$ 水酸化ナトリウム水溶液による中和滴定を行い，測定した電気伝導率の値を記録しておく．

2．結果の整理と考察

$0.1\,\mathrm{mol\,L^{-1}}$ 水酸化ナトリウム水溶液の滴下量を横軸に，縦軸に電気伝導率をとって中和滴定曲線を描き，滴定の終点を求める．また，中和点および終点前後において電気伝導率に寄与しているイオン種について考察する．

[*4] アルカリ水溶液を入れたビュレットは，使用後酢酸水溶液で洗浄し，水洗しておく．

C 酸化還元電位差滴定

酸化還元反応の例として酸性水溶液中における過マンガン酸カリウム $KMnO_4$ による鉄（Ⅱ）イオン Fe^{2+} あるいは過酸化水素 H_2O_2 の酸化反応を扱い，この水溶液中に電極を浸して電池を構成し，電池の起電力（電位差）測定から酸化還元反応の終点を求める．この終点の濃度から水溶液中における Fe^{2+} および H_2O_2 の濃度を定量する．

C.1 電位差滴定による鉄（Ⅱ）イオンおよび過酸化水素の定量

過マンガン酸カリウム $KMnO_4$ 水溶液による酸化反応を利用した電位差滴定を行い，鉄（Ⅱ）イオン Fe^{2+} および過酸化水素 H_2O_2 の定量を行う．

1．操 作

(1) およそ濃度 $0.05\,mol\,L^{-1}$ の硫酸鉄（Ⅱ）$FeSO_4$ 水溶液 10 mL をピペットで 100 mL ビーカーにとり，これに濃度 $1\,mol\,L^{-1}$ の硫酸 H_2SO_4 20 mL を加える．この水溶液に複合電極（白金電極と Ag/AgCl 電極[*5]）を図 C.1 のように浸し，起電力（電位差）を計り記録しておく．

(2) 次に，ビュレット内の濃度 $0.1\,mol\,L^{-1}$ の過マンガン酸カリウム水溶液を滴下する．このとき，はじめは 1.0 mL 間隔で，反応の終点付近では 0.1 mL 間隔で滴下する．よく撹拌したあと起電力（電位差）を測定し，滴下量と起電力（電位差）の関係をグラフ用紙にプロットする．滴定は図 C.2 に示すような滴定曲線が得られるまで続ける．

(3) およそ 1 % の過酸化水素水溶液 1 mL を，ピペットで 100 mL ビーカーにとり，$1\,mol\,L^{-1}$ 硫酸 20 mL を加えて酸性とし，この溶液に複合電極を浸し，(2) の操作を行って，電位差滴定曲線を得る．

(4) (3) で用いたおよそ 1 % の過酸化水素水溶液 1 mL をピペットで 100 mL ビーカーにとり，$1\,mol\,L^{-1}$

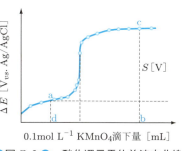

●図 C.2● 酸化還元電位差滴定曲線

硫酸 5 mL を加えて酸性として，$0.1\,mol\,L^{-1}$ 過マンガン酸カリウム水溶液で滴定し，過酸化水素水溶液の正確な濃度を求める．滴定は 3 回行って平均値を採用する．

2．結果の整理と考察

実験で得られた電位差滴定曲線から，図 C.3 のような微分滴定曲線を描く．

図 C.3 中，$\Delta(\Delta E)/\Delta v$ は被滴定液に濃度 $0.1\,mol\,L^{-1}$ の過マンガン酸カリウム水溶液を $0.1\,mL\,(=\Delta v)$ 加えたときの起電力（電位差）の変化である．微分滴定曲線から被滴定液である過マンガン酸カリウム水溶液と過酸化水素 H_2O_2 水溶液の濃度を決定する．なお，過酸化水素水溶液については，電位差滴定とは別に通常の滴定から求めた濃度と比較しておく．

Fe^{2+} の酸性水溶液中における過マンガン酸カリウムによる酸化反応は，式 (C.1) のように表される．

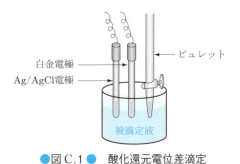

●図 C.1● 酸化還元電位差滴定

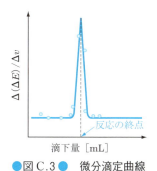

●図 C.3● 微分滴定曲線

[*5] Ag/AgCl 電極の代わりに飽和甘コウ電極であってもよい．

$$\mathrm{MnO_4^- + 8H^+ + 5Fe^{2+} \longrightarrow Mn^{2+} + 4H_2O + 5Fe^{3+}} \tag{C.1}$$

式(C.1)は全電池反応[*6]でもあり，関係する電子数は5電子である．この電池反応が平衡状態のときに起電力 ΔE は 0 V となるので，式(C.2)が成立する．

$$E^0_{\mathrm{MnO_4^-/Mn^{2+}}} - E^0_{\mathrm{Fe^{3+}/Fe^{2+}}} = \frac{RT}{5F} \ln K \tag{C.2}$$

この式の左辺は，図C.2の電位差滴定曲線における電位差ジャンプ(S)に相当し，S を読み取ることによって，$\mathrm{Fe^{2+}}$ および $\mathrm{H_2O_2}$ の酸性水溶液中における過マンガン酸カリウムによる酸化反応の平衡定数 K を求めることができる．

D 分解電圧の測定

さまざまな電解質溶液について，2電極法あるいは3電極を用いた電極電位法から分解電圧を測定し，電解質の種類による分解電圧の違いは何に基づくものなのかを考察する．

D.1 2電極法による分解電圧の測定

2電極により酸性，中性，アルカリ水溶液について分解電圧を測定し，標準ギブズエネルギーから求めた理論分解電圧と比較し考察する．

1．操 作

(1) 分解電圧測定回路を図 D.1 のように結線する．まず，電解容器に濃度 0.5 mol L^{-1} の硫酸 $\mathrm{H_2SO_4}$ を入れ，5分おきに極性を切り替えて白金電極の前処理を行う．その後，電極を蒸留水で洗浄する．これらの電極の前処理操作は，すべての実験を終えたあとにも実施する．電解容器内の硫酸は別の容器に移して，電極前処理用として再利用する．

(2) 電解容器を水洗し，試料溶液の 0.5 mol L^{-1} 硫酸を入れる．測定は最初，電流と電圧を0目盛にしておいてから直流安定化電源をONにし，そのあと，およそ100 mV ずつ電圧を上げていき，そのたびに電圧計と電流計の目盛を読み取ると同時に，電極で起こっている現象を観察する．この測定は，電極面から気体が発生し始めたあとも10回以上続けて行う．

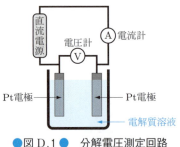

●図 D.1● 分解電圧測定回路

(3) (2)の操作を，濃度 1 mol L^{-1} の水酸化カリウム KOH 水溶液と濃度 0.5 mol L^{-1} の硫酸亜鉛 $\mathrm{ZnSO_4}$ 水溶液についても行う．

2．結果の整理と考察

たとえば，塩化亜鉛 $\mathrm{ZnCl_2}$ の水溶液に白金電極を挿入して電解すると，亜鉛 Zn がカソードに析出し，塩素 $\mathrm{Cl_2}$ がアノードで発生する．この場合，次のような可逆電池を考えることができる．

$$\ominus \; \mathrm{Zn | ZnCl_2(a=1) | Cl_2(1\ atm),\ Pt} \; \oplus$$

25 ℃における $\mathrm{Cl_2 | Cl^-}$ および $\mathrm{Zn^{2+} | Zn}$ の標準電極電位は，それぞれ 1.36 V および -0.76 V であるから，電池の起電力は $\Delta E = 1.36 - (-0.76) = 2.12$ V となり，この電池を放電させると電池内では次のような反応が起こることになる．

$$\mathrm{Zn + Cl_2 \longrightarrow ZnCl_2} \tag{D.1}$$

この電池を外部の電源に接続して 2.12 V 以上の電圧で電池内を逆方向に電流を通過させると，式(D.1)の逆反応が起こり，カソードに亜鉛が析出し，アノードで塩素が発生する．

一般に任意の溶液を電解するときには，この溶液と接触している二つの電極上に析出する物質の間で生じる電池の起電力に等しい外部電圧を加える必要がある．実際には電解液を電解すると，溶液中を流れる電流は，図 D.2 のように外部電圧が小さい間はほとんど流れず，ある点に達して初めて連続的に電解が起こるようになる．

このように連続的に電解を起こさせるのに必要な最

[*6] この電池反応で，カソード還元反応は $\mathrm{MnO_4^- + 8H^+ + 5e^- \longrightarrow Mn^{2+} + 4H_2O}$，アノード酸化反応は $\mathrm{5Fe^{2+} \longrightarrow 5Fe^{3+} + 5e^-}$ である．

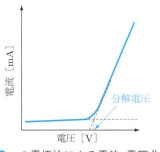

●図 D.2● 2電極法による電流-電圧曲線からの分解電圧測定

小の外部電圧を，この電解質の分解電圧とよぶ．分解電圧は測定した電流と電圧を図 D.2 のようにプロットして求める．実験から求めた分解電圧を，標準ギブズエネルギー（ΔG^0）の値から算出した理論分解電圧と比較し，それらのずれは何に起因するものか考察する．

D.2 電極電位法による分解電圧の測定

2電極法の場合と同様に，酸性，中性，アルカリ水溶液について3電極法で電極電位を測定し，得られた電流-電位曲線から分解電圧を求めたあと，標準電極電位から算出した理論分解電圧との比較と電極反応についての考察を行う．

1．操　作

(1) まず，図 D.3 のように測定装置を組み立てる．fとeの容器はあらかじめ洗浄しておく．反応セル fと中間セル e の中に濃度 $0.5\,\mathrm{mol\,L^{-1}}$ の硫酸 H_2SO_4 を入れ，ルギン毛管[*7] c によって両セルをつなぐ．参照電極 d に付属の塩橋 g の先端[*8]を蒸留水で洗っ

てから中間セル e に浸す．本実験では，参照電極に銀-塩化銀電極を，作用極と対極には，ともに白金電極を使用する．

(2) 電極電位を負の電位に設定する．この場合，反応電流が急激に増加し始める電位をいくらか超えたところに設定する．その後，電極電位を正の方向に 100 mV ずつ上げていき，1分経過後の電極電位と反応電流を，それぞれ電圧計と電流計で読み取り記録する．この測定は，反応電流が急激に増加し始める電位を少し超えた電極電位（正の電位）まで続ける．

(3) 装置のダイアルなどをすべて最初の状態に戻してから，f と e の容器を水洗し，濃度 $1\,\mathrm{mol\,L^{-1}}$ の水酸化カリウム水溶液に入れ換え，(2)と同じ操作で電極電位と反応電流を記録する．

(4) 同じく，濃度 $0.5\,\mathrm{mol\,L^{-1}}$ の硫酸亜鉛 $ZnSO_4$ の水溶液についても測定を行う．実験終了後は，参照電極付属の塩橋の先端を水洗してから，飽和塩化カリウム KCl 水溶液に浸しておく．また，電極部 a, b, c は $0.5\,\mathrm{mol\,L^{-1}}$ 硫酸を入れた反応セル中に浸しておく．

2．結果の整理と考察

測定によって得られる電流-電位曲線は，およそ図 D.4 に示す曲線のようになる．E_a よりも正の電位で起こる反応と E_c よりも負の電位で起こる反応が，同時に二つの電極で起こるためには，少なくとも $E_a - E_c$ に相当する電圧を加えなければならない．この電圧が分解電圧である．

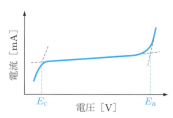

●図 D.4● 電流-電位曲線からの分解電圧測定

測定結果から，それぞれの電解質溶液について電流-電位曲線を作成し，それぞれについて E_c と E_a を求め，さらに分解電圧を算出する．また，各電解質溶液中での電極反応をアノード反応とカソード反応に分けて説明し，それらの標準酸化還元電位から理論分解電圧を算出して実測値と比較してみる．

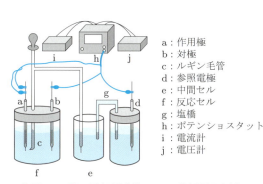

a：作用極
b：対極
c：ルギン毛管
d：参照電極
e：中間セル
f：反応セル
g：塩橋
h：ポテンショスタット
i：電流計
j：電圧計

●図 D.3● 電極電位法による分解電圧測定の装置図

[*7] 液体内に電位分布があると，目的とする場所の電位を正確に測定することは困難である．そこで，電位測定したい場所に，電解液を介して参照電極につながるガラス毛管の先端を近づけると，参照電極までのオーム損を低減できる．この目的で使用されるガラス毛管をルギン毛管とよぶ．
[*8] 参照電極に付属した塩橋の先端は，飽和塩化カリウム KCl 水溶液に浸して保管しておく．

E 電気分解とファラデーの法則

電解質を含む水溶液の電気分解を行い，発生する気体を定量してファラデーの法則が成立することを確かめ，電流効率を算出する．

E.1 硫酸水溶液の電気分解

水の電気分解によって水素と酸素が電解電気量に比例して発生することから，ファラデーの法則が成立することを確かめる．

1．操 作

(1) 実験には，図 E.1 にあるような H 型ガスビュレットの下部に白金電極が挿入されている電解槽を用い，ガスビュレット内には濃度 $0.5\,\mathrm{mol\,L^{-1}}$ の硫酸 H_2SO_4 を入れておく．

(2) ビュレット上部の一方のコックを閉じ，他方を開いて液溜を徐々に持ち上げてビュレット内のガスを排除し，液がわずかにビュレットのコックを通過したところでコックを閉じる．次に，閉じてあった他方のビュレット内のガスを同様に完全に排除する．

(3) 電源のスイッチを入れ，ガスの発生を確認してからスイッチを切る．再度ビュレット内のガスを完全に排除したあとスイッチを入れる．このスイッチを入れたあとからの時間を計り，同時に電流の値も記録しておく．ビュレットの上部にガスが溜まったのを確認してからスイッチを切る．

(4) 発生ガスが全部ビュレット上部に集まるように，軽くビュレットを指先でたたき，およそ 1 分間待つ．液溜を動かして，ビュレット内の液面と液溜の液面とが同じ高さになるように調節し，ビュレット内のガス圧を大気圧と同じにしてから，左右のビュレット内のガスの体積をそれぞれ読み取り記録する．

(5) 再びスイッチを入れ，同じ電流値で電気分解を先の実験と異なる時間実施し，(4)の操作を行う．これらの操作を合計 5 種類の電解時間について実施する．なお，電解中は電解電流を一定に保ち，定電流で行う．

(6) 同様の実験操作を，別の電流値に設定して 5 種類の電解時間について実施する．

(7) 実験を行った場所の気温と気圧を測定しておく．

2．結果の整理と考察

電解電流（一定）に時間を乗じて電解電気量を求め，酸素ガスと水素ガス[*9]についてそれぞれ，横軸の電気量に対して縦軸に発生ガスの体積をプロットする．

別の電解電流についてもプロットしてみる．いずれについても，ファラデーの法則に従って比例関係の直線となるはずである．

測定した大気圧から，その温度における水蒸気圧を引けば，ビュレット内の酸素と水素のガス圧となる．このガス圧と発生したガスの体積，温度を理想気体の状態方程式に代入して，酸素および水素のモル数を計算し，電解電気量に対してプロットしてみる．こうして得られた直線の傾きから 1 クーロン（C）あたりの物質量，すなわち電気化学当量（$\mathrm{mol\,C^{-1}}$）を求める．ファラデーの法則が成立すると仮定して，この電気化学当量にファラデー定数の 96500 C をかけ，得られた値を理論的に予想される値と比較する．

さらに，水の電気分解におけるアノード反応とカソード反応の化学方程式を示し，水分解に関与する電子数を考慮して，酸素生成および水素生成のそれぞれの電流効率を計算してみる．

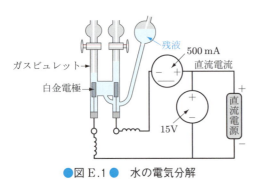

●図 E.1● 水の電気分解

[*9] 水の電気分解では，$2H_2O \longrightarrow 2H_2 + O_2$ の反応が進み，両極に発生する酸素ガスと水素ガスの体積比は，定温，定圧下で水の成分組成比と同じ 1 : 2 となる．

F 化学電池の起電力と電流変化の測定

濃度の異なる 2 種の電解質から構成される濃淡電池, イオン化傾向 (酸化還元電位) の異なる 2 種の金属電極を電解質に浸漬して構成されるボルタ電池, イオン化傾向の異なる 2 種の金属電極を隔膜か塩橋を介してそれぞれの金属イオンを含む水溶液に浸して構成されるダニエル電池について, それぞれの電池の起電力あるいは電流の変化を測定し, 化学電池の原理を理解する.

F.1 濃淡電池

異種濃度の硝酸銀 $AgNO_3$ 水溶液を組み合わせて濃淡電池をつくり, 起電力を測定して理論値と比較してみる.

1. 操作

(1) まず, 濃度 0.1 mol L^{-1}, 0.01 mol L^{-1}, 0.005 mol L^{-1} の硝酸銀水溶液をそれぞれ 30 mL のビーカーに入れる. これらのビーカーの中央に, 塩橋として硝酸カリウム KNO_3 水溶液を入れた 50 mL のビーカーを置き, 図 F.1 のように塩橋の先端をこれらの硝酸銀水溶液につけて硝酸銀濃淡電池をつくる.

(2) 3 種の濃度の硝酸銀水溶液を組み合わせると, 3 種の濃淡電池を構成することができる. それらの濃淡電池についてデジタルマルチメーターかポテンショメーターを用いて, 起電力を測定する. 同一の電池について 3 回起電力を測定し, それらの平均値を採用する.

(3) ほかの 2 種の濃淡電池についても同様にして起電力測定をする.

2. 結果の整理と考察

本実験の 2 種の濃度 (c_1, c_2) からなる硝酸銀濃淡電池の電池式[*10] は次のように表される.

$$\ominus \; Ag | AgNO_3(c_1) | KNO_3(0.1 \text{ mol L}^{-1}) | AgNO_3(c_2) | Ag \; \oplus \quad c_1 < c_2$$

この電池の起電力 ΔE は, 式 (F.1) で理論的に計算でき, 25 °C では式 (F.2) を用いて求められる. なお, 活量係数 (f_1, f_2) は表 F.1 の値を参考にすればよい.

$$\Delta E = \frac{RT}{zF} \ln \frac{f_2 c_2}{f_1 c_1} \quad (F.1)$$

$$\Delta E = 0.0591 \log \frac{f_2 c_2}{f_1 c_1} \quad (F.2)$$

■表 F.1 ■ 硝酸銀溶液の平均活量係数 (f) と分析濃度 ($c [\text{mol L}^{-1}]$)

$c [\text{mol L}^{-1}]$	0.1	0.05	0.02	0.01	0.005
f	0.733	0.795	0.858	0.892	0.922

こうして理論的に求めた起電力を, 実際に測定して得られた起電力の値と比較してみる.

F.2 ボルタ電池

硫酸 H_2SO_4 中に亜鉛 Zn 板と銅 Cu 板を入れてボルタ電池を構成し, 電流の経時変化から分極による電池反応の阻害現象を観察して考察する.

1. 操作

(1) 200 mL ビーカーに濃度 0.05 mol L^{-1} の硫酸 200 mL をとり, その中に亜鉛板と銅板を入れて, 2 ~ 3 分間気体発生などの様子を観察する.

(2) 両金属板を取り出し, 水洗後, 表面を紙やすりな

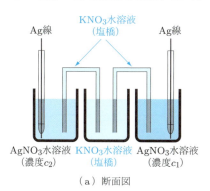

●図 F.1 ● 硝酸銀濃淡電池の起電力測定

[*10] この電池の電極反応は, 全体としての変化には化学反応は含まれず, 濃度 c_2 の溶液から濃度 c_1 の溶液へ Ag^+ が移動するだけである.

どでよく磨き，極板を所定の位置にセットする．銅板を正極（カソード），亜鉛板を負極（アノード）として，両極板の間に直流電流計（レンジ：500 mA）を接続する．このとき，両極板の間隔はできるだけ小さくし，平行になるようにする．

(3) 図 F.2 のように，両極板を(1)の 0.05 mol L^{-1} 硫酸に浸し，1 分ごとに直流電流計から電流値を読み取り，10 分間続ける．同時に，実験開始直後からの両極板の気体発生などの様子も記録しておく．

(4) 10 分経過後，銅板付近に 3 %（質量分率）過酸化水素 H_2O_2 を 3 mL 添加する．このとき，両極板の変化を観察し，同時に電流変化を 1 分ごとに測定し，10 分間続ける．

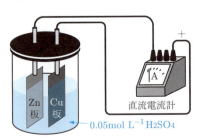

●図 F.2● ボルタ電池

2．結果の整理と考察

ボルタ電池の電池式は次のように表される．

$$\ominus\ Zn\,|\,H_2SO_4(0.05\ mol\ L^{-1})\,|\,Cu\ \oplus$$

亜鉛は銅よりもイオン化傾向が大きいため，硫酸中に溶け出し，亜鉛極に残された電子は回路を流れて銅極に移動する．この電子を受け取って銅極では水素が発生する．次第に電流が低下するのは，水素の気泡が銅極に付着して電池反応を阻害するからである．また，水素ガス自身もイオンになろうとして，逆起電力となり，電池反応を抑制する．このような分極を防ぐためには，強い酸化剤である過酸化水素を消極剤（減極剤）として添加し，式(F.3)のように水素を酸化すればよい．

$$H_2 + H_2O_2 \longrightarrow 2H_2O \tag{F.3}$$

実際に過酸化水素を添加した際の電流変化と電極付近の様子から，この効果を確かめる．

なお，ボルタ電池における電流変化を時間軸に対してプロットし，電池反応について考察する．

F.3 ダニエル電池

亜鉛板と銅板を，隔膜を介してそれぞれの金属イオンを含む水溶液に浸してダニエル電池を構成し，電流の経時変化を測定し，電極板の質量変化から電池反応を考察する．

1．操　作

(1) 実験 F.2 で使用した亜鉛板と銅板を水洗後，水分をペーパータオルなどで拭き取り，その表面を紙やすりなどでよく磨く．

(2) 200 mL ビーカーに濃度 1 mol L^{-1} の硝酸亜鉛 $Zn(NO_3)_2$ 水溶液 100 mL をとり，亜鉛板を入れる．素焼きの容器には，濃度 1 mol L^{-1} の硝酸銅 $Cu(NO_3)_2$ 水溶液 60 mL をとり，銅板を入れて，それぞれの電極板の様子を観察する．

(3) (2)で使用した亜鉛板と銅板を水洗後，水分をペーパータオルなどで拭き取る．極板の表面を紙やすりなどでよく磨き，それぞれの質量を電子天秤で小数点以下第 3 位まで計る．

(4) 銅板を浸した 1 mol L^{-1} 硝酸銅水溶液を入れた素焼きの容器を，1 mol L^{-1} 硝酸亜鉛水溶液を入れた 200 mL ビーカーに水溶液をこぼさないように入れ，図 F.3 のように両極を所定の位置にセットする．銅板を正極（カソード），亜鉛板を負極（アノード）として，両電極間に直流電流計（レンジ：500 mA）を接続する．

(5) 電極を液に浸したときから 1 分ごとに直流電流計で電流を読み取り，10 分間続ける．このとき，両極板の様子や気体発生の有無などを記録しておく．

(6) 10 分経過後，両極板を取り出し，極板の様子を観察し，洗浄用メタノールを用いて素早く乾燥させる．電子天秤でそれぞれの質量を小数点以下第 3 位まで計る．

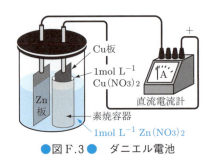

●図 F.3● ダニエル電池

2．結果の整理と考察

ダニエル電池は次のような電池式で表される．

$$\ominus\ Zn\,|\,Zn(NO_3)_2(1\ mol\ L^{-1})\,\|\,Cu(NO_3)_2(1\ mol\ L^{-1})\,|\,Cu\ \oplus$$

この電池では，亜鉛が溶液中に溶けて亜鉛イオン Zn^{2+} となり，残った電子が回路を通じて銅電極に移

動し，銅イオン Cu^{2+} が Cu となって析出する．この電池反応[*11] は，式(F.4)のようになる．

$$Zn + Cu^{2+} \longrightarrow Zn^{2+} + Cu \tag{F.4}$$

電池反応に基づく電極の質量変化の実測値を，式(F.4)の電池反応と関連して考察する．

G 電極反応速度論の実験

水溶液中，白金電極での水素発生反応を例にとり，電極電位と電流密度の関係から交換電流密度や電気化学反応次数を求める．この実験を通じて，電極反応速度論について理解する．

G.1 酸性水溶液中，白金電極での水素発生反応

酸性水溶液中，白金電極での水素発生反応について，電極電位と電流密度を測定し，ターフェルプロットを行って，交換電流密度，平衡電位，電気化学反応次数を求める．

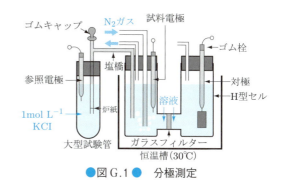

●図 G.1● 分極測定

1．操 作

(1) まず，濃度 $1\,mol\,L^{-1}$ の塩酸 HCl 250 mL と濃度 $1\,mol\,L^{-1}$ の塩化カリウム KCl 水溶液 500 mL を調製する．これらの水溶液を表 G.1 のように混合して，塩化物イオンの濃度（C_{Cl^-}）が一定で水素イオン濃度（C_{H^+}）の異なる水溶液を 100 mL ずつ調製する．

(2) 調製した水溶液の pH を，pH メーターで測定する．この測定に用いた水溶液も，次の分極測定に使用するので捨てないようにする．

(3) 試料電極として，白金線（直径 0.50 mm）を用いる．この電極の長さを測定し，表面積を計算しておく．1 回目の測定前に約 10 分間，メタノール CH_3OH 中で超音波洗浄を行い，蒸留水で十分洗ったあと，ただちに使用する[*12]．2 回目以降は，とくに汚れている場合以外は水洗のみでよい．

(4) 対極には，樹脂に埋め込んだグラファイトを用いる．とくに汚れていなければ，蒸留水で洗って使用する．また，参照電極には銀/塩化銀電極を用いる．

(5) 測定には，図 G.1 に示すように，ガラスフィルターで区切られた H 型セルと塩橋によってつないだ大型試験管を用いる．H 型セルに表 G.1 の水溶液 1 を入れ，30 ℃ の恒温槽に浸す．

(6) 大型試験管に $1\,mol\,L^{-1}$ 塩化カリウム水溶液を入れ，参照電極を浸し，一端にろ紙を固く詰めた塩橋を固定する．塩橋は，水溶液 1 をゴムキャップで吸い上げて満たす．30 分間窒素ガス N_2 を通じたあと，試料電極を水溶液に浸す．窒素ガスは水溶液中の酸素を除くため，測定中も吹き込み続ける．

(7) 試料電極を浸漬してから，電極電位を 5 分おきに測定する．30 分以内に電位はほぼ一定となる．

(8) 試料電極を水溶液に 30 分浸漬したあと，定電位でカソード分極を行う．電極電位は(7)の操作で安定した電位の値から始めて，25 mV 間隔でカソード側の電位に設定し，各電位に 1 分間保持してそのときの電流値を電流計で読み取る．測定は，水溶液 1 で $-650\,mV$，水溶液 3 で $-600\,mV$，水溶液 5 で $-550\,mV$（いずれも銀/塩化銀電極基準）の電位までを目安にする．

(9) これらの操作を表 G.1 の各水溶液について行い，電極電位ごとの電流値を測定する．

■表 G.1■ HCl-KCl 水溶液

水溶液 No.	$1\,mol\,L^{-1}$ HCl/mL	$1\,mol\,L^{-1}$ KCl/mL	予想される溶液の pH
1	1.0	99.0	およそ 2.0
2	3.0	97.0	1.5
3	10.0	90.0	1.0
4	30.0	70.0	0.5
5	100	0	0.1

[*11] 負極：$Zn \longrightarrow Zn^{2+} + 2e^-$，正極：$Cu^{2+} + 2e^- \longrightarrow Cu$
[*12] 表面を研磨する必要はないが，表面が汚れていると測定値に大きな誤差を与えるので注意が必要である．

2. 結果の整理と考察

一般の化学反応の速度は濃度や圧力と関係し，反応速度定数が活性化エネルギーや温度と関係する．電極反応においては，電子の授受がともなうので，反応速度を電流の関数として，エネルギーを電極電位の関数としてそれぞれ扱うことができる．電極反応は不均一相での反応であり，電荷移動過程と物質移動過程が関係する．本実験では主に電荷移動過程を想定して実験結果を整理する．

まず，測定した電極電位と電流密度（電流値から計算）をもとに，各溶液について E vs. $\log |i|$ プロットを行い，ターフェルの式が成立する電位範囲を確認し，平衡電位における電流密度，すなわち交換電流密度 (i_0) を求める．なお，各濃度における水素電極反応の平衡電位 E_r は，式(G.1)から算出することができる．

$$E_r = \frac{2.303 RT \log C_{H^+}}{F} \tag{G.1}$$

また，ターフェルの式が成立する電位における電流密度を水素イオン濃度に対して両対数プロットを行うことによって，その傾きから電気化学反応次数[*13]を求めることができる．

H 定電流電解と定電位電解

電気化学は化学工業にとどまらず，電気化学分析のための電気化学計測などきわめて広い分野に応用されている．電気化学計測が有利なのは，化学反応の推進力を電位で，反応速度を電流で，反応量を電気量でそれぞれ電気信号として計測できるところにある．そうした前提で，電気化学計測を電位規制法，電流規制法，電気量規制法に分類することができる．ここでは，電気化学の基礎的知識と実際的な応用を念頭において，電解合成の代表的な方法である定電流電解と定電位電解について説明する．

H.1 定電流電解

電極–電解質溶液–電解槽の組み合わせで，外部電源から電気エネルギーを与えて化学反応を起こさせ生成物を得ることができる．この場合，合成目的で比較的多量の生成物を得る電解をマクロ電解とよぶ．マクロ電解に際し条件設定を行う必要がある．その条件因子は，電解電流，電極電位，反応物質の濃度，溶液量，温度，撹拌の有無，さらには電極，電解質，溶媒の種類などさまざまであり，電流を一定にして電解する場合に定電流電解とよばれる．

ここでは，実験室規模のバッチ式の定電流電解法について説明する．電解セルには無隔膜セルと隔膜セルがあり，無隔膜セルを用いて電解酸化を行う場合には，図H.1のようにビーカーのような開放型で間に合わせることができる．

しかし，電解還元を行う場合には，電解液中に溶け込んだ空気中の酸素が還元されるため，密閉型のセルを用い窒素 N_2 やアルゴン Ar と置換して不活性ガスの雰囲気下で行うのがよい．定電流電解の条件は目的に応じて適当に工夫すればよいが，知っておくと都合のよいことがらを，参考までに列挙する．

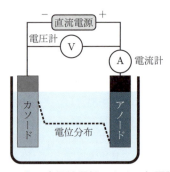

● 図 H.1 ● 定電流電解のための無隔膜セル

(1) 直流電源としては，鉛蓄電池や充電用整流器でもよいが，出力電圧 20〜100 V，最大電流 11 A 程度の装置を準備するのがよい．

(2) 電解用の電極には，カソードとして白金 Pt，銀 Ag，炭素 C（グラファイト，グラシーカーボン）などが代表的なもので，アノードとしては白金，炭素，酸化鉛（Ⅳ）PbO_2，酸化ニッケル（Ⅱ）NiO などがよく用いられる．また，反応性電極として亜鉛 Zn，マグネシウム Mg，アルミニウム Al，銅 Cu などをアノードとして用いることもある．

白金板を白金線に接続したり，白金線を銅線に接

[*13] $(\partial \log i / \partial \log C_{H^+})C_{Cl^-} = n_{H^+}$

続するには，白金板や白金線を白熱し，予熱した白金線や銅線を圧接する方法がある．ガラス管に封入するには軟質ガラスを用い，白金線の部分でガラス管に封入するようにして，銅線部分が電解液に触れないように注意する．なお，ガラス管の代わりに絶縁性で耐電解液の樹脂を用いてもよい．

白金電極は繰り返し使用するため，洗浄，電解研磨を行う．電解研磨は，使用した白金電極をアノードとし，ステンレスなどをカソードにして過塩素酸水溶液中で電解する．

(3) 電解には支持電解質が必要であり，それを溶かすための化学的および電気化学的に安定な極性溶媒を用いる必要がある．水，エタノールC_2H_5OH，酢酸CH_3COOHなどのプロトン性溶媒では，種々の酸，アルカリ，塩などを支持電解質として用いることができる．非プロトン性極性溶媒としては，アセトニトリルCH_3CN，ニトロベンゼン$C_6H_5NO_2$，プロピレンカーボネート$C_4H_6O_3$などが電解酸化用に使われ，一方，N,N'-ジメチルホルムアミド（DMF）C_3H_7NO，ジメチルスルホキシド（DMSO）C_2H_6SO，アセトニトリル，プロピレンカーボネートなどが電解還元用に一般によく使われる．このような非プロトン性溶媒中の支持電解質としては，過塩素酸テトラブチルアンモニウム塩などの四級アンモニウム塩がもっともよく用いられている．

(4) 電解生成物が対極側で反応したり，対極側の生成物と反応するような場合には隔膜セルを用いる．隔膜には支持電解質のイオンは通すが，反応物質や生成物質は通さないような材料を選ぶ．たとえば，5～10 μmの孔径のガラスフィルターや素焼き材料，ナフィオンなどのイオン交換膜がある．

(5) その他，収率や選択性の向上のために，電極の回転，マグネチックスターラーでの撹拌，電解温度を変えるなどの電解条件を検討する．

(6) 定電流電解では一定電流で電解を行っているので，電解電流に通電時間をかければ電気量となり，その値から電流効率[*14]を算出することができる．

H.2 定電位電解

電極電位を一定に保持して電解を行うのが定電位電解である．この定電位電解では電極電位を規制しているので，ある特定の電気化学反応だけを進行させることができる．目的の反応を行わせる作用電極の電極電位は，単に対極との間の槽電圧（電解電圧）を規制するだけでは一定に保つことはできない．図H.1で示すように，槽電圧には作用極と対極の両者の電極電位の変動が加わっている．そこで，作用極の電極電位を独立して制御するには，電位の基準とする参照電極[*15]を電解液中に挿入し，作用極との電位差（参照電極基準の電極電位）を規制することによって行う．

この操作を自動的に行うのが定電位電解装置（ポテンショスタット）であり，市販されている．図H.2に定電位電解の模式図を示した．

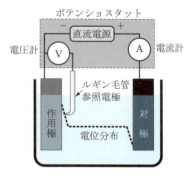

● 図 H.2 ● 定電位電解の原理

定電位電解では，一般に電流効率と反応の選択性がともに高くなるが，定電流電解においても80～90%反応が進むまでは，作用極の電極電位が大きく変化することは少ないので，ポテンショスタットなどの装置がない場合には電位変化を確認しながら定電流電解を行えばよい．参考事項は前節の定電流電解で列挙したことと共通しているので，重複しない事項に限って，次に説明する．

(1) 参照電極からのルギン毛管（Luggin capillary）の先端を，対極に向かい合った側の作用極表面に近い位置にセットする[*16]．

(2) 電解が進むにつれ反応物質が消費されて電流値が減少する．通電した電気量をクーロンメーターで直読するか，電流値を記録しておき，時間で図上積分する方法もある．

[*14] 電流効率＝(目的とする電極反応に使われた電気量)/(全通過電気量)

[*15] 参照電極の銀・塩化銀電極の作り方：銀線を3 mol L^{-1} 硝酸に浸漬し，水洗したあと，0.1 mol L^{-1} 塩酸中，0.4 mA cm^{-2} の電流密度でおよそ30分間アノード酸化する．

[*16] ルギン毛管は，オーム損を少なくするために，電極表面に近い位置に置く．ただし，毛管先端部の外径の2倍以内の距離には近づけないようにする．

I サイクリックボルタンメトリー

時間とともに電極電位を変化させ，そのときの電流を測定し電流-電位曲線として記録する方法が，電位走査法によるボルタンメトリーである．そして，電位走査を繰り返し行う場合に，サイクリックボルタンメトリーとよばれる．この方法は，得られる情報が多いうえに比較的簡単に測定できるので，主要な電気化学測定法の一つとなっている．ここでは，初学者が実際に測定を行う場合を想定して説明する．

I.1 サイクリックボルタンメトリーの測定

作用電極の電位を時間とともに変化させると，電流-時間曲線が得られる．この曲線は電流-電位曲線に対応しており，その測定法を電位走査法によるボルタンメトリーとよぶ．前述した定電位電解は，一定電位での電気化学反応を観察する，いわゆる定常法であるのに対して，電位走査法は，制御する電位が時間の関数になっているので非定常法である．この電位走査を繰り返し行うのがサイクリックボルタンメトリー (CV：cyclic voltammetry) であり，得られた電流-電位曲線をサイクリックボルタモグラムとよぶ．CVからは，反応電位（酸化還元電位），反応機構，反応速度など，対象としている電気化学系の概要を知ることができる．図I.1に三角波の電位走査と，それにより得られるサイクリックボルタモグラムを示している．ただし，対象の酸化還元 (Red-Ox) 系は可逆系の場合である．

次に，実際にCV測定を行う場合の手順について説明する．

(1) 対象の電気化学反応系にふさわしい溶媒と支持電解質を選択し，酸素の関与が懸念される場合には，測定前に不活性ガスで置換して溶存酸素を除去[*17]しておく．

(2) 電極[*18]としては，作用極に白金や金などの電気化学的に安定な金属や炭素など，対極には表面積の大きな白金電極など，また，参照電極には銀-塩化銀電極を用いる場合が多い．

(3) ポテンショスタットとファンクションジェネレーターを接続し，XYレコーダーかパソコンでデータを記録あるいは記憶できるようにする．

(4) 開始電位，折り返し電位，電位走査範囲，電位走査速度を設定する．そのためには，自然浸漬電位をみて，その前後0.3Vに開始電位を設定するか，あるいは対象の電気化学系を含まない基礎液について，

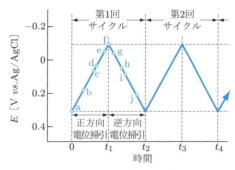

(a) 三角波の電位走査

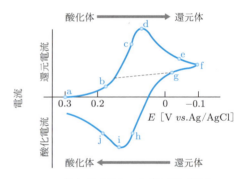

(b) サイクリックボルタモグラム

● 図 I.1 ● 三角波の電位走査とサイクリックボルタモグラム

その電位窓の範囲で測定して，開始電位，折り返し電位，電位走査範囲を判断する．電位走査速度は数 $10\,\mathrm{mV\,s^{-1}}$ 程度から測定しつつ判断する．

(5) 電流レンジは，試料濃度と電極面積から判断し，設定する．

I.2 サイクリックボルタンメトリーからの知見

ここでは，CV測定の結果を解析するための理論について，詳細は省略するが，測定結果から得られる情報について簡単に説明する．

(1) CVの電位走査速度 v による変化をみると，ピー

[*17] 不活性ガスの通気は，およそ30分を目安とし，測定中は通気を止め静止状態を保つようにする．
[*18] 電極と電解液については，定電流電解および定電位電解と基本的に同じであるため，実験・測定編 H を参照．

ク電流 i_p は可逆,非可逆を問わず式(I.1)のように $\nu^{1/2}$ に比例する.

$$i_p \propto \nu^{1/2} \tag{I.1}$$

(2) 図I.2に示すように,可逆系の場合はアノード電流のピーク電位 E_{pa} とカソード電流のピーク電位 E_{pc} が電位走査速度に依存せず一定で,両ピーク電位の差 ΔE_p は反応電子数 n によって決まる.25℃では式(I.2)の関係があり,反応の可逆性の目安となる.

$$\Delta E_p = E_{pa} - E_{pc} \approx \frac{57}{n} \,[\mathrm{mV}] \tag{I.2}$$

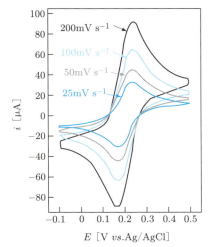

●図I.2● 電位走査速度を変えたときのサイクリックボルタモグラム(1 mmol L^{-1} K$_4$Fe(CN)$_6$,0.2 mol L^{-1} Na$_2$SO$_4$,Pt電極)

反応が非可逆の場合には,ΔE_p は式(I.2)の値よりも大きくなる.

(3) 反応の可逆性の目安として,アノードピーク電流 i_{pa} とカソードピーク電流 i_{pc} の絶対値が等しくなることからも判断できる.

$$|i_{pa}| = |i_{pc}| \tag{I.3}$$

なお,反応が非可逆な場合には i_{pa} に比べて i_{pc} が小さくなる.

(4) 反応が可逆の場合には,電極と反応物質との間の電子交換が速く,電位を変化させても平衡状態が保てるので,ネルンストの式が電極表面で成立する.

$$E = E^0 + \frac{RT}{nF} \ln \frac{C_{ox}}{C_{Red}} \tag{I.4}$$

(5) 電位走査速度が小さいと,反応は可逆に近づく.

(6) 溶液が静止状態なので,物質移動は拡散による.電極表面での早い反応に対して溶液バルクからの反応物質の供給が追いつかなくなる.すなわち,拡散律速となりピーク電流となる.このとき電極反応速度は,拡散による反応物質の供給速度に相当し,電流の減少は電位の関数ではなく,時間の関数となる.

(7) 電気化学反応のあと後続化学反応が起こる場合には,折り返し以降の電位走査でピーク電流が消滅あるいは減少する.

(8) 表面吸着種の電気化学反応では,可逆,非可逆に関係なく電流の積分値が表面濃度 Γ に相当する.

$$nFA\Gamma = \int i \, dt \tag{I.5}$$

J クロノアンペロメトリーとクロノポテンショメトリー

電極-電解質溶液系に対して電圧を印加したとき,あるいは電流を流したとき,系に含まれる酸化・還元種の濃度変化や電極-電解質溶液界面における電気二重層形成のため,系に流れる電流や電極の電位が時間とともに変化する.この現象を利用すれば,特定成分の反応挙動の解析や定量を行うことができる.

J.1 クロノアンペロメトリー

クロノアンペロメトリーとは,電極-電解質溶液系において,電位を変化させたときの応答電流の時間に対する変化を測定する手法である.これを解析することにより,電気二重層の形成やファラデー反応の有無[19]という情報や,電極反応に寄与する化学種に関する知見が得られる.

なお,アンペロメトリーの電位変化は,設定電位に変化させたあと,その電位での電極反応が完了する(電流が流れなくなる)まで同じ電位を維持させるパターンおよび一定時間だけ同一電位を維持させたあと,さらにほかの電位に変化させるパターンがある.これらのパターンはステップ法[20]とよばれている.

---

*19 系に酸化・還元種が含まれているかどうか判断できる.
*20 二段階で電位をステップさせるパターンは,ダブルステップ法とよばれる.

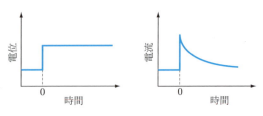

(a) 電位のステップ　　(b) 応答電流の時間経過にともなう変化

●図 J.1● 電位のステップに対する電流応答曲線

図 J.1 (a) には，電位をステップさせたときの典型的な電流応答の変化を示している．この図に示すように，電位が変化すると電流値が急激に変化するものの，時間の経過とともに反応が終結に向かうため，電流値は徐々に小さくなる[*21]．

図 J.1 (b) のように，電位ステップに対して得られた時間-応答電流曲線を，クロノアンペログラムとよぶ．

ある電位にステップさせたとき，その電位で起こる電極反応の種類が，式(J.1)で示すような単純な還元反応である場合，電流応答がどのようになるか考えてみよう．

$$\text{Ox} + ne^- \longrightarrow \text{Red} \tag{J.1}$$

電解液が十分な量の電解質を含んで静止した状態にあり，溶液中には Ox のみが存在しているとする．さらに，Ox や Red の物質輸送が拡散によって起こり，初期電位が式(J.1)より十分に正であるとする．電位を Ox が還元される電位にステップさせて電極上で Red を生成させると，その反応は Ox の供給（拡散）速度によって規制される，すなわち拡散律速になる．このときの電流変化は電極の大きさや形状によって異なるが，単純な平板電極の場合，電流値の時間変化は式(J.2)で表される[*22]．この式は，一般にコットレルの式とよばれる．

$$i = -\frac{nFAD_0 c_0}{\sqrt{\pi D_0 t}} \tag{J.2}$$

式(J.2)で F はファラデー定数，A は電極の面積，D_0 は Ox の拡散係数，c_0 は電解液中における Ox の濃度，t は電位をステップさせたあとの時間である．この式から，電流値は $t^{1/2}$ に反比例して減少することがわかる．電流 i を $t^{-1/2}$ に対してプロットした図をコットレルプロットとよび，実験結果が理論どおりであるなら，プロットは原点を通る直線になるはずである．そして，この直線の傾きから拡散係数や濃度を求めることができる[*23]．ただし，実際には電位ステップにより，電極表面上に電気二重層を形成する電流も流れている．したがって，観察される電流はファラデー反応による式(J.2)の電流と，電気二重層形成による電流の両方を合わせた値となる．

ファラデー反応が起こらない系においては，電位をステップさせることで電気二重層の充電による電流のみが流れる．この場合，電流の時間変化は式(J.2)とは異なり指数関数的な挙動になる．

系に流れた電流のほぼすべてが，注目している化学種だけの酸化や還元に消費された場合，すなわち電流効率が 100% となる場合では，クロノアンペロメトリーを利用して定量を行うことも可能である．この定量法は定電位クーロメトリーとよばれ，電流を時間で積分することで得られる電荷量から定量する手法である．定電位クーロメトリーは，一次，二次，間接クーロメトリーに分類されるが，ここではそれらの詳細は省略する．

J.2　クロノポテンショメトリー

クロノポテンショメトリーは，J.1節で述べたクロノアンペロメトリーとは逆の操作を行う，すなわち，系に対して一定の電流を一定時間だけ流し[*24]，電極電位の時間変化を調べる測定法である．この方法でもやはり，電流効率が 100% であれば定量を行うことが可能であり，こちらは定電流クーロメトリーとよばれている．一定電流での電解と同じ原理であるため，酸化・還元で消費された電荷量は，ファラデーの電気分解の法則より求められる．なお，定電流クーロメトリーは，直接法と間接法に分けられるが，詳細は省略する．

図 J.2 (a) に，電流をステップさせたときの典型的な電位応答を示している．図 J.2 (b) のような，電流のステップに対して得られた時間-応答電位曲線は，クロノポテンショグラムとよばれる．

測定結果として得られる情報は，酸化・還元種の濃度，拡散係数，遷移時間，四分波電位などがある．遷移時間とは，電流を一定値にステップさせてから，電

[*21] 図 J.1 (a) では電流値が正の値であるが，負の値をとる場合もある．したがって，『小さくなる』とは，正確には『ゼロに近づく』ことである．
[*22] ここでは，拡散支配となっていることが重要であり，この条件のもとでフィックの第一法則から導かれる．
[*23] n と c_0 がわかっていれば D_0 がわかり，n と D_0 がわかっていれば，c_0 が求められる．
[*24] この場合もステップ法とよばれる．

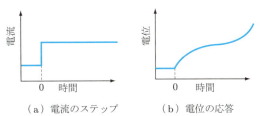

(a) 電流のステップ　　(b) 電位の応答

● 図 J.2 ●　印加電流に対する電位応答の時間変化

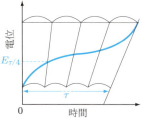

● 図 J.3 ●　クロノポテンショグラムにおける遷移時間 τ と四分波電位 $E_{\tau/4}$ との関係

極表面における反応種の濃度がゼロになるまでに要する時間のことである．この遷移時間（τ）は，式(J.1)の還元反応を例にすると，次のように表される．この式は，サンドの式とよばれている．

$$\frac{i\tau^{1/2}}{c_0} = -\frac{nFA\pi^{1/2}D_0^{1/2}}{2} \quad (J.3)$$

式(J.3)中の記号は，前節の式(J.2)と対応している．先に述べたことであるが，系に電流を流せば，その一部は電気二重層の充電に消費されているはずである．したがって，実験的に得られる遷移時間は，実際に電解液中に存在している化学種の物質量からの見積もりよりも長くなることに注意する必要がある．

四分波電位とは，化学種に固有の値[*25]であり，これを利用して，クロノポテンショメトリーにより定性分析を行うことも可能である．四分波電位（$E_{\tau/4}$）と遷移時間の関係は，図J.2 (b) を例にすると，図J.3で示したようになる．

クロノポテンショメトリーは，化学電池における放電あるいは充電時の電圧や電極電位の挙動を調べる目的にも用いられる．

K　コンダクトメトリー

溶液の電気伝導率は，溶液中に存在するイオン種とその濃度によって決まるので，溶媒の種類，液温，粘度，溶液に含まれるイオン種がわかれば，電気伝導率からイオン濃度を見積もることができる．また，酸-塩基滴定，沈殿滴定，錯滴定のようにイオン濃度や配位子の変化をともなう過程は，電気伝導率から追跡することも可能である．このような電気伝導率測定に基づく分析法をコンダクトメトリーとよぶ．ここでは，液体や固体のイオン伝導率測定法とコンダクトメトリーについて概説する．なお，交流信号を用いてインピーダンスの周波数依存性を調べる交流インピーダンス測定についてはLに譲る．

K.1　液体の電気伝導率測定

溶液の電気抵抗は，その液体中に電極を浸して通電し，その際のオーム損を利用して測定できる．通電と電圧降下測定を1組の電極で行う2端子法と，通電と電圧降下測定用に独立した電極の組を用いる4端子法があり，いずれの場合も液体中を流れる電流の通過面積と距離を規制して電圧降下を測定することで，その電気伝導率を求めることができる．

通常の電気回路の場合，銅Cuなどの金属製端子を抵抗体に接続して通電し，抵抗体でのオーム損から電気伝導率が測定されるが，溶液の電気伝導率測定では電極/液体における界面現象を考慮しなければならない．そこで，次に述べるように，必要な値を測定するためには，測定電源として直流だけでなく交流電源を使用するなど，測定系における電気化学的挙動を理解したうえで電極や測定法を選択する必要がある．

(1) 2端子による電気伝導率測定

図K.1，図K.2に示すような2枚の電極を有する電気伝導率測定セルを使用して，2枚の電極間に印加した電圧と流れた電流を測定すると，電気伝導率を測

[*25] ポーラログラフィーにおける半波電位に対応している．ポーラログラフィーについてはここでは解説しないため，詳しくは他の成書を参考にしてもらいたい．

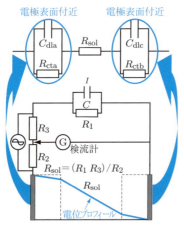

●図 K.1● 2電極式の電気電導率測定系と等価回路

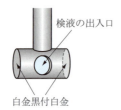

●図 K.2● 電気電導率測定用2電極式セルの構造

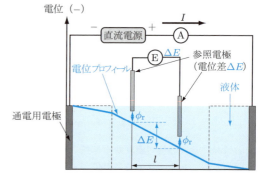

●図 K.3● 4端子法による電気電導率測定系の例

定することができる.この際,測定中に電極が溶解しないように,安定な金属を使用しなければならないことはいうまでもないが,図 K.1 に示すように,通電に使用する電極と液体との界面に生じる電荷移動抵抗や二重層容量などを考慮しなければならない.そこで,これらの影響をなくすために,白金黒付白金などの安定で活性化過電圧の小さな電極を用いて,数百から数千 Hz の交流電源(数 10 mV)でブリッジ回路[*26]などを利用して測定されることが多い.

市販の電気伝導率計では,図 K.2 に示すようなセル定数 C_{cell} (= 通電面積(S)/通電距離(l)) が既知の電気伝導率測定セルが用いられる.使用する電気伝導率測定セルの C_{cell} をあらかじめ装置に設定し,電気伝導率測定セルとサーミスター温度センサーを検液に浸すと 25℃ 換算の電気伝導率が表示される.

$$C_{cell} = \frac{S}{l} \tag{K.1}$$

(2) 4端子法による電気電導率測定

測定物の伝導率が大きくなったり,電極との接触抵抗が大きい場合,2端子法では,電荷移動抵抗や接触抵抗などが無視できなくなり,正確な電気伝導率測定が困難になる.そこで,図 K.3 に示すように,通電用の電極とは別に,液体の電位を測定するために 1 組の電極を液体に浸し,通電による液体内電位降下のみを測定して電気伝導率を求めるのが4端子法である.2本のルギン毛管を用いて,液体内で電位測定部を2箇所決定し,その電位差を銀 Ag/塩化銀 AgCl などの参照電極を用いて測定する.通電電流を i,セルの断面積を S,ルギン毛管の先端間距離を l とするとき,両参照電極間の電位差より,式(K.2)で溶液の電気伝導率を求めることができる.

$$\kappa = \frac{i}{\Delta E}\frac{S}{l} \tag{K.2}$$

なお,2端子法でも4端子法でも,液体内の電流分布を一様にするためにセル形状の工夫が必要であるが,とくに4端子法では,ルギン毛管による電流分布の乱れを抑えるために,ルギン毛管を細くするなど,イオンの流れを遮蔽しないような注意が必要である.また,4端子法では2端子法と比べて高い電圧を必要とすることが多いので,とくに直流電源を使用する場合は測定時間を短縮するなど,系への影響を低減する工夫が必要である.また,2端子法同様,交流電源の使用も効果的である.

K.2 固体の電気伝導率測定

(1) 固体電解質膜の電気伝導率測定

イオン交換膜のような厚さが δ の固体膜の電気伝導率を測定する場合,図 K.4 に示すように,膜をはさんで適当な電解液を満たしてセルを構成する(このときの通電面積を S とする).ルギン毛管の間隔 L を順次変えながら,4端子法で電解液と固体膜を合わせた

[*26] 基本回路としてホイートストンブリッジが使用されるが,電解質系と並列になるように抵抗とコンデンサーを組み込むことで,液体-電極界面に含まれるコンデンサー容量を加味した交流ブリッジ回路が使用される.

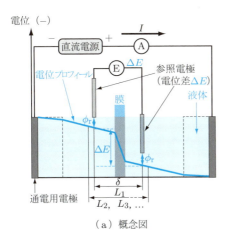
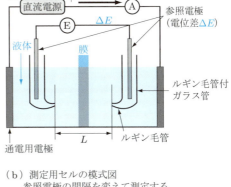

(a) 概念図

(b) 測定用セルの模式図
参照電極の間隔を変えて測定する．

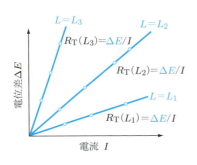
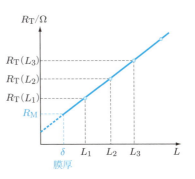

(c) 各Lでの電流と電位差の関係．
直線の傾きから抵抗を求める．

(d) (c)で求めた抵抗RをLに対して
直線プロットすると，$L=\delta$のところが
膜抵抗R_Mである．$(L-\delta)$に対して
直線プロットして切片から求めてもよい．

●図K.4● 電解質膜の電気電導率測定系の例

電気抵抗$R_T(L)$を測定し，Lに対してプロットすると，式(K.3)のような直線関係が得られる．この直線を$(L=\delta)$まで外挿して，膜抵抗R_Mを得，式(K.4)より膜の電気伝導率κ_Mを算出する．

$$R_T(L) = \frac{1}{S}\frac{(L-\delta)}{\kappa_L} + R_M \tag{K.3}$$

$$\kappa_M = \frac{1}{R_M}\frac{\delta}{S} \tag{K.4}$$

また，図K.5に示すように，四つの電極を固体電解質に貼り付けて測定する手法もある．電解質のバル

ク伝導だけでなく表面伝導が関与する場合や，酸化物材料のように粒界での抵抗や容量成分の影響も無視できない場合，さらには，試料が電子とイオンの混合導電性物質の場合もあるので，必要に応じて，後述するインピーダンス測定技術の利用を検討することも必要である．

K.3　電気伝導率測定の応用技術

(1) 電気伝導率滴定

着色された溶液のように，滴定の終点を指示薬の呈色によって判断することが困難な場合，電気伝導率をモニターすることで，滴定の終点を判定できる場合がある．酸-塩基滴定では中和点において，モル電気伝導率の大きなOH^-やH^+濃度の変化が顕著になるので，容易に終点を求めることができる．たとえば，強酸-強アルカリの場合，中和点において溶液の電気伝導率が最低になる（図K.6中の破線は，滴定段階における電解質の電気伝導率と，その電気伝導率に各イ

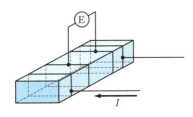

●図K.5● 固体電解質の電気電導率測定系の例

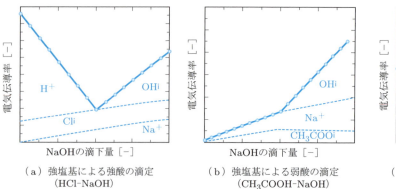
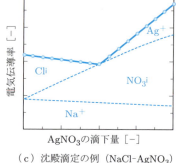

(a) 強塩基による強酸の滴定
(HCl-NaOH)

(b) 強塩基による弱酸の滴定
(CH₃COOH-NaOH)

(c) 沈殿滴定の例（NaCl-AgNO₃）

● 図 K.6 ● 電気電導率滴定における電気伝導率変化と各イオンの寄与

オンが寄与する程度を示している）．

滴定溶液の濃度を検液の濃度より 10 程倍程度高くすると，滴下量に対して電気伝導率は直線的に変化するので，容易に終点を求めることができる．また，弱酸や弱塩基試料の場合，強酸-強塩基のように中和点で電気伝導率は極小値をとらないが，変曲点が認められるので終点を判定できる．中和滴定だけでなく，沈殿滴定，酸化還元滴定，錯滴定への応用も可能である．いずれの場合も，終点においてイオン濃度の変化が急激に変化したり，錯形成によりイオンのモル電気伝導率が急激に変化するため，電気伝導率が変化する．

(2) 濃度測定

溶液内に含まれるイオン（あるいは塩）が既知の場合，電気伝導率からイオン（あるいは塩）濃度を求めることができる．一般的によく知られているのは塩分計である．電気伝導率から水溶液中の食塩濃度を 0.5 mg L^{-1}〜300 g L^{-1} の範囲で測定できる装置なども市販されている．

(3) その他の応用

電気伝導率は，溶液中のイオンだけでなく，溶媒の種類や溶液の粘性の影響も受けるため，電気伝導率の測定は，(1)，(2)以外にもさまざまな分野で使用できる．たとえば，液体クロマトグラフやイオンクロマトグラフの検出部分にも電気伝導率測定が利用されている．また，水酸化アルカリ MOH（M：アルカリ金属）による酢酸エチル CH$_3$COOC$_2$H$_5$ の加水分解反応のように，反応過程で強電解質である水酸化アルカリが消費されながら，非電解質であった酢酸エチルから弱酸を生じる反応の場合，反応が進行するとともに電気伝導率が減少するので，その反応速度を追跡することもできる．このように，系内で生じる反応があらかじめわかっている場合には，溶液内の物質濃度を電気伝導率から測定することができるので，さまざま応用が可能である．

L 交流インピーダンス測定

交流インピーダンスとは聞き慣れない言葉かもしれないが，簡単にいえば，注目している電気化学系がもつ，交流電流に対する抵抗のことである．では，なぜそれを測定する必要があるのだろうか．測定データはどのような意味をもつのであろうか．

L.1 交流インピーダンス測定の意義

交流インピーダンスとは，入力した交流信号に対する応答を用いて，電池などの内部抵抗の要因となりえる現象，すなわち，電極-電解質界面の現象や電解質中のイオン拡散挙動を議論するための概念である．

ある電極-電解質溶液系に対して交流電気信号を与えたとき，系からの応答は電気信号の周波数によって大きく違ってくる．この現象は，注目している系に抵抗やコンデンサーのはたらきを担う成分が含まれていると考えれば説明できることである．抵抗やコンデンサーといったインピーダンスとなる成分は，電極-電解質系のような電気化学系には必ず含まれており，その種類は系によって異なっている．交流インピーダンス測定では，各インピーダンス成分のパラメーターや配列を求めることができ，それらをもとに，電極反応

や電解質中における物質移動，電極-電解質界面で生じている現象に関する情報を得ることができる．この測定を通して得られる情報は，新しい電気・電子デバイスを設計するうえで，欠かすことができない重要な情報である．

L.2 電極-電解質溶液界面の構造と電気的等価回路

たとえば，水銀 Hg 電極[27]と硝酸ナトリウム $NaNO_3$ 水溶液からなる電極-電解質溶液系に注目してみよう．外部から電圧を印加して水銀試験極の表面を負に帯電させると，溶液中のナトリウムイオン Na^+ が試験電極表面に吸着して電気二重層が形成される（図 L.1 (a)）．この電気二重層は，Na^+ が電極表面でファラデー反応を起こさない限り[28]，電極表面と Na^+ 中心の間に溶媒分子をはさんだ，厚さ数Åのコンデンサーであると考えることができる．したがって，外部からの微少な交流信号に応じて電荷の貯蔵/放出が起こる．この容量が電気二重層容量である．この二重層容量は，電極表面におけるイオンの配列や吸着物質によって変化するため，この容量を調べることで界面の状態に関する情報が得られる．

ところで，もしこの電解質溶液中に Na^+ と比較して水銀電極と合金化（アマルガム化）しやすいカドミウムイオン Cd^{2+} が存在し，外部から電圧を印加した場合はどうであろうか．合金化が起こると，電気二重層を突き抜ける形で電荷移動が生じる[29]ことになるため，電気二重層によるコンデンサーと並列に，導電経路が存在することになる（図 L.1 (b)）．

ここで，電気二重層容量を C_{dl}，電極反応における電子授受の速度に対応する抵抗（電荷移動抵抗）を R_{ct} として回路図に示してみると，それぞれ図 L.2 (a) および (b) のようになる．

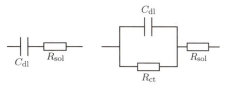

（a）理想分極性　　（b）電極反応をともなう系
● 図 L.2 ● 電極-電解質溶液界面モデルの等価回路

ただし，試験電極は電解質溶液に接しており，電気二重層から十分に離れた溶液の沖合には，溶液の導電率に起因する溶液抵抗（R_{sol}）が存在していることに注意しておきたい．

このように，注目している系がもっている電気的な性質を，コンデンサーや抵抗などを組み合わせた回路図で表記したものを，電気的等価回路とよぶ．これらの素子のパラメーターは，測定したインピーダンスから求められるので，インピーダンス測定では，対象となる系の等価回路を仮定して解析することになる．

L.3 インピーダンスの複素平面プロット

抵抗やコンデンサーのパラメーターは，どのようにして求めるのだろうか．すでに述べたように，系の中で抵抗成分やコンデンサー成分は，並列あるいは直列に配列して存在しているわけである．したがって，系全体のインピーダンスは，各成分を複雑に配列させた場合の全抵抗（もちろん交流電流に対する）というこ

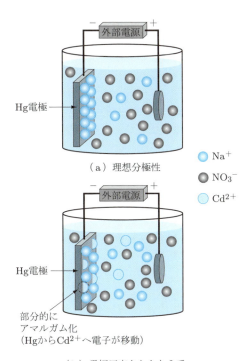

● 図 L.1 ● 電極-電解質溶液界面の模式図[30]

---

[27] 水銀電極は，あらゆる材料の中で表面がもっとも平滑で清浄な電極であるといってもよい．
[28] 理想分極性電極は，電圧をかけてもファラデー反応が起こらない（本文第3章の Step up 参照）．
[29] 電気二重層キャパシターにおける漏れ電流は，この現象にあたる．これについては，本文第11章の「電気化学キャパシター」の項を参照．
[30] 本来なら溶液中のイオン数は電気的に中性となるように表示するべきであるが，ここではわかりやすく表現するためにアンバランスにしている

とになる．そこで，まずもっとも単純な例として，コンデンサーと抵抗を直列および並列に配列した場合について解説する．

ある抵抗 R に交流電圧 E を印加した場合，角周波数 ω [rad s^{-1}] の交流電流の最大値を I_0 [A] とすると，時刻 t [s] における電流の瞬間値 I は，

$$I = I_0 \sin \omega t \qquad (\text{L}.1)$$

と表せる．ここで，$\omega = 2\pi f$ （f は交流の周波数）である．交流においても抵抗値はオームの法則を適用することができるので，

$$E = I_0 R \sin \omega t \qquad (\text{L}.2)$$

となる．交流抵抗であるインピーダンスは $Z = E/I$ なので，式(L.2)を式(L.1)で割ればよい．すなわち，$Z = R$ となる．

次に，コンデンサー（容量 C，蓄えられる電気量 Q）に交流電圧 E を印加した場合を考える．コンデンサーに蓄えられた電気量と印加された電圧，コンデンサー容量には，次のような関係がある．

$$Q = CE = \int I \, dt \qquad (\text{L}.3)$$

このコンデンサーに式(L.1)の交流電流が流れたとき，式(L.3)より，コンデンサーに印加される電圧 E は，

$$E = \frac{1}{C} \int I \, dt = \frac{I_0}{\omega C} \cos \omega t = \frac{I_0}{\omega C} \sin\left(\omega t - \frac{\pi}{2}\right) \qquad (\text{L}.4)$$

となり，電圧の位相が電流に対して $\pi/2$ だけ遅れることがわかる．ここで再び，$Z = E/I$ より，式(L.1)と式(L.4)から

$$Z = \frac{1}{\omega C} \frac{\sin\left(\omega t - \frac{\pi}{2}\right)}{\sin \omega t} \qquad (\text{L}.5)$$

となる．この式において，正弦項は位相が $\pi/2$ だけ遅れることを意味するベクトル成分である．したがって，$j = \sqrt{-1}$ としてコンデンサーのインピーダンスのみを表すと，

$$Z = -\frac{1}{\omega C} j \qquad (\text{L}.6)$$

したがって，もし，抵抗とコンデンサーが図L.2 (a) のように直列に接続されていたとしたら，全インピーダンスは，

$$Z = R - \frac{1}{\omega C} j \qquad (\text{L}.7)$$

となる．複素インピーダンスの一般式は $Z = Z' + jZ''$ であるが，ほとんどの電気化学反応では Z'' は負の値をとる．そこで，式(L.7)において周波数を変化させたときの挙動を，横軸を実数成分 Z'，縦軸を虚数成分 $-Z''$ とする平面（**複素平面**とよぶ）にプロットすると，図L.3[*31] のようになる．

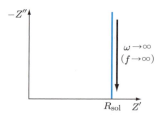

●図L.3● 抵抗とコンデンサーが直列になったときのインピーダンスの周波数依存性

一方，抵抗とコンデンサーが並列になっているときの全抵抗は，

$$Z = \frac{R}{1 + j\omega CR} \qquad (\text{L}.8)$$

となり，やはり複素数の一般式 $Z = Z' + jZ''$ の形になおすと，

$$Z = \frac{R}{1 + (\omega CR)^2} - \frac{\omega CR^2}{1 + (\omega CR)^2} j \qquad (\text{L}.9)$$

この式中の ω を消去して Z' と $-Z''$ でまとめると，

$$\left(Z' - \frac{R}{2}\right)^2 + Z''^2 = \frac{R^2}{4} \qquad (\text{L}.10)$$

この式は，複素平面上において中心 $(R/2, 0)$，半径 $R/2$ の半円を表している．これらを応用すると，図L.2 (b) の等価回路における各成分のパラメーターを求めることができる．すなわち，式(L.8)に溶液抵抗を加え，式を整理すると，式(L.11)の中心が $(R_{\text{sol}} + R_{\text{ct}}/2, 0)$ で半径が $R_{\text{ct}}/2$ の半円

$$\left(Z' - R_{\text{sol}} - \frac{R_{\text{ct}}}{2}\right)^2 + Z''^2 = \left(\frac{R_{\text{ct}}}{2}\right)^2 \qquad (\text{L}.11)$$

となる．これを複素平面にプロットすると図L.4のようになる．

このような図は**ナイキストプロット**とよばれ，インピーダンスの表示方法の一つである．さらに，式(L.11)より，$\omega \longrightarrow \infty$ のとき，R_{sol}，直径から R_{ct}，半円の頂点の周波数 $\omega_0 = 1/R_{\text{ct}}C_{\text{dl}}$ から C_{dl} を求めることができる．

[*31] 溶液抵抗（R_{sol}）は実軸上の高周波数側の収束点である．実際の測定では 10 kHz で十分である（図L.4，図L.5 同様）．

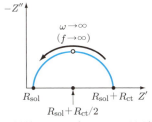

●図 L.4● 抵抗とコンデンサーの並列回路に溶液抵抗を加えたときのインピーダンスの周波数依存性

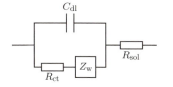

（a）ワールブルグインピーダンスを含めた等価回路

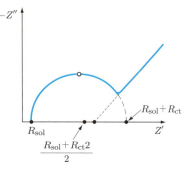

（b）ワールブルグインピーダンスのナイキストプロット

●図 L.5● ワールブルグインピーダンスを考慮した場合の等価回路とナイキストプロット

インピーダンス測定で得られたデータを複素平面にプロットしたとき，もしも図 L.3 や図 L.4 のようになったならば，測定した試料には，抵抗とコンデンサーが直列あるいは並列になった等価回路が存在すると推測[*32]することができる．それらのパラメーターは，上記のようにして求められる．

本章では，比較的よく使われているナイキストプロットで解説してきたが，インピーダンスの表示法は，このほかに，横軸に周波数 f の対数，縦軸にインピーダンスの振幅と位相差をとるボードプロット，そして，横軸に周波数の対数，縦軸に伝達関数の実数成分と虚数成分を表示する方法がある．

ここまでは，電極反応の律速段階が電荷移動過程であると過程して解説してきた．だが，このようなケースはあくまでも，交流信号による微少な電位変化に対し，Cd^{2+} の供給（拡散）速度が十分に速い場合の話である．交流信号に対して Cd^{2+} の供給が追随できない，すなわち拡散が比較的遅く，電極反応の律速段階となるような場合では，拡散自体がインピーダンス成分となる．この成分はワールブルグインピーダンス[*33]とよばれ，抵抗や容量からなる電気回路では表示できないインピーダンス成分である．ワールブルグインピーダンスを含めた等価回路は図 L.5（a）で示すように，電荷移動抵抗とワールブルグインピーダンスがコンデンサーと並列になった構成となる．また，ワールブルグインピーダンスはナイキストプロットにおいて，図 L.5（b）に示すような，半円の途中から低周波領域にかけて，傾き 45°の直線を描くことが知られている．

L.4　インピーダンス測定上の注意点

L.2 節で述べた電極/電解質界面およびそれに対応する等価回路は，インピーダンス法を理解するうえで，もっとも基本的なモデルと，それによって得られる理想的な挙動である．しかし，インピーダンス測定で得られるデータに関する解釈は，測定する対象によって変わってくることが多い．また，実際の測定においては，プロットの形状は複雑になる場合が多く，それらに対して適切に解釈するには，経験が必要になることもしばしばである．したがって，ある一つの電気化学系に対するインピーダンス測定の結果を解析するためには，測定する条件，たとえば周波数範囲や測定電位，あるいは電解質塩の濃度やその化学種などを変更させながら測定を繰り返すことが重要である．

[*32] 等価回路における抵抗，コンデンサーの実体が何であるのかは，一意に決まるものではないため，よく考える必要がある．二重層容量やファラデー反応抵抗は代表的なものであるが，他の解釈もあり得る．
[*33] ワールブルグインピーダンスから拡散係数を見積もることもできる．

演習問題解答

演習問題1

1. 式(1.6)より，セル定数は，
$$\frac{l}{A} = R \cdot \kappa = 130 \times 1.2853 = 167.1 \, \text{m}^{-1}$$
である．したがって，濃度 $0.2 \, \text{mol dm}^{-3}$ の臭化カリウム KBr 水溶液の比電気伝導率 κ は，次のようになる．
$$\kappa = \frac{167.1}{65.8} = 2.5 \, \text{S m}^{-1}$$
モル電気伝導率 Λ は，次のようになる．
$$\Lambda = \frac{\kappa}{c} = \frac{2.5}{200} = 125 \times 10^{-4} \, \text{S m}^2 \, \text{mol}^{-1}$$

2. 濃度 $0.1 \, \text{mol dm}^{-3}$ の酢酸 CH_3COOH 水溶液のモル電気伝導率 Λ は，次のようになる．
$$\Lambda = \frac{\kappa}{c} = \frac{5.2 \times 10^{-2}}{100} = 5.2 \times 10^{-4} \, \text{S m}^2 \, \text{mol}^{-1}$$
酢酸水溶液の無限希釈時のモル電気伝導率 Λ^∞ は
$$\Lambda^\infty = 349.82 \times 10^{-4} + 40.90 \times 10^{-4}$$
$$= 390.72 \times 10^{-4} \, \text{S m}^2 \, \text{mol}^{-1}$$
である．したがって，電離度は次のようになる．
$$\alpha = \frac{\Lambda}{\Lambda^\infty} = \frac{5.2 \times 10^{-4}}{390.72 \times 10^{-4}} = 0.013$$
平衡定数は，次のようになる．
$$K = \frac{\alpha^2 c}{1 - \alpha} = \frac{(0.013)^2 (0.1)}{1 - 0.013} = 1.71 \times 10^{-5} \, \text{mol dm}^{-3}$$

3. B_2A の初期濃度を c とすると，電離平衡に達したあとの電解質溶液中の各成分の濃度は以下のようになる．
$$[B_2A] = (1-\alpha)c$$
$$[B^+] = 2\alpha c$$
$$[A^{2-}] = \alpha c$$
したがって，
$$K = \frac{[B^+]^2[A^{2-}]}{[B_2A]} = \frac{(2\alpha c)^2(\alpha c)}{(1-\alpha)c} = \frac{4\alpha^3 c^2}{1-\alpha}$$

4. $\Lambda^\infty(\text{LiNO}_3) = \Lambda^\infty(\text{LiCl}) + \Lambda^\infty(\text{KNO}_3) - \Lambda^\infty(\text{KCl})$
$= \lambda^\infty(\text{Li}) + \lambda^\infty(\text{Cl}) + \lambda^\infty(\text{K}) + \lambda^\infty(\text{NO}_3)$
$\quad - \lambda^\infty(\text{K}) - \lambda^\infty(\text{Cl})$
$= \lambda^\infty(\text{Li}) + \lambda^\infty(\text{NO}_3)$

となるので，
$\Lambda^\infty(\text{LiNO}_3) = \Lambda^\infty(\text{LiCl}) + \Lambda^\infty(\text{KNO}_3) - \Lambda^\infty(\text{KCl})$
$\quad = (115.03 + 144.96 - 149.86) \times 10^{-4}$
$\quad = 110.13 \times 10^{-4} \, \text{S m}^2 \, \text{mol}^{-1}$
である．

5. 式(1.35)より，
$$u_+^\infty = \frac{\lambda_+^\infty}{Fz^+}$$
したがって，
$$u^\infty(\text{Li}^+) = \frac{38.7 \times 10^{-4}}{9.65 \times 10^4} = 4.01 \times 10^{-8} \, \text{m}^2 \, \text{V}^{-1} \, \text{s}^{-1}$$
$$u^\infty(\text{Na}^+) = \frac{50.1 \times 10^{-4}}{9.65 \times 10^4} = 5.19 \times 10^{-8} \, \text{m}^2 \, \text{V}^{-1} \, \text{s}^{-1}$$
$$u^\infty(\text{K}^+) = \frac{73.5 \times 10^{-4}}{9.65 \times 10^4} = 7.61 \times 10^{-8} \, \text{m}^2 \, \text{V}^{-1} \, \text{s}^{-1}$$

6. Ag^+ の輸率を t_+，NO_3^- の輸率を t_- とし，1 mol の電子が流れたときのアノード室，カソード室の Ag^+ の量的変化について考える．
アノードでは Ag^+ の関係する電極反応は起こらないので，
（アノード室での Ag^+ のモル数変化）=
（イオンの移動分）+（電極反応分）
$= (-t_+) + (0) = -t_+$ mol
カソードでは，$Ag^+ + e^- \rightarrow Ag$ の反応が起こるので，
（カソード室での Ag^+ のモル数変化）=
（イオンの移動分）+（電極反応分）
$= (t_+) + (-1) = -t_-$ mol
問題の条件において x [mol] の電子が流れたと考えると，アノード室での Ag^+ の濃度減少は，$xt_+ = 5.7/w_{Ag}$ となり，カソード室での Ag^+ の濃度減少は，$xt_- = 6.4/w_{Ag}$ となる．ここで w_{Ag} は，Ag のモル質量である．したがって，
$$\frac{xt_+}{xt_-} = \frac{t_+}{t_-} = \frac{t_+}{1-t_+} = \frac{5.7}{6.4}$$
これより，
$t_+ = 0.47$
$t_- = 1 - t_+ = 0.53$

7. $I = \frac{1}{2} \sum m_i z_i^2$
$= \frac{1}{2} [\{7.0 \times 10^{-4} \times 2^2 + 2 \times 7.0 \times 10^{-4} \times (-1)^2\}$
$\quad + \{2 \times 5.0 \times 10^{-4} \times 3^2 + 3 \times 5.0 \times 10^{-4} \times (-2)^2\}]$
$= 9.6 \times 10^{-3} \, \text{mol kg}^{-1}$

演習問題2

1. $Sn^{4+} + 2e^- \rightleftharpoons Sn^{2+}$
電極電位は次式で表される．
$$E = E^0 - \frac{RT}{2F} \ln \frac{a_{Sn^{2+}}}{a_{Sn^{4+}}}$$
Sn^{4+}，Sn^{2+} ともに単位濃度なので，第2項は0となり，電極電位は標準電極電位と同じ値の 0.15 V となる．

2. この反応に対応する酸化還元反応は，次式で表される．
（酸化） $Sn(s) \longrightarrow Sn^{2+}(aq) + 2e^-$
（還元） $Ni^{2+}(aq) + 2e^- \longrightarrow Ni(s)$
電池式で表すと，
$\ominus \, Sn | Sn^{2+} \| Ni^{2+} | Ni \, \oplus$

となる．この電池の起電力は，巻末の表を用いて，標準電極電位の差から次のように求められる．

$$\Delta E^0 = E^0(\text{Ni}^{2+}|\text{Ni}) - E^0(\text{Sn}^{2+}|\text{Sn})$$
$$= -0.25 - (-0.14) = -0.11 \text{ V}$$

負の値となるので，標準状態（単位濃度）のもとでは，この方向の反応は自発的には進まないことになる．また，ΔG^0 は次のようになる．

$$\Delta G^0 = -(2 \text{ mol})(96500 \text{ C mol}^{-1})(-0.11 \text{ V})$$
$$= 21230 \text{ J}$$

この値を式(2.33)に代入して，平衡定数 K が 2×10^{-4} と求められる．この値からもこの反応の右方向（正方向）の反応はほとんど進まないことがわかる．

3．(1) アノード反応：$\text{Fe} \longrightarrow \text{Fe}^{2+} + 2e^-$
　　　カソード反応：$2\text{Ag}^+ + 2e^- \longrightarrow 2\text{Ag}$
　　　全電池反応：$\text{Fe} + 2\text{Ag}^+ \longrightarrow \text{Fe}^{2+} + 2\text{Ag}$
　　　標準起電力，ΔG^0 および平衡定数は，前問と同様に巻末表の標準電極電位の値を用いて算出する．
　　　$\Delta E^0 = 1.24 \text{ V}$, $\Delta G^0 = -239 \text{ kJ}$
$$K = \exp\left(-\frac{\Delta G^0}{RT}\right) = \exp\left(\frac{239.1 \times 10^3}{8.314 \times 298.2}\right)$$
$$= 7.65 \times 10^{41}$$

(2) アノード反応：$\text{H}_2 \longrightarrow 2\text{H}^+ + 2e^-$
　　カソード反応：$\text{Cu}^{2+} + 2e^- \longrightarrow \text{Cu}$
　　全電池反応：$\text{H}_2 + \text{Cu}^{2+} \longrightarrow 2\text{H}^+ + \text{Cu}$
　　$\Delta E^0 = 0.34 \text{ V}$, $\Delta G^0 = -65.6 \text{ kJ}$
$$K = \exp\left(-\frac{\Delta G^0}{RT}\right) = \exp\left(\frac{65.6 \times 10^3}{8.31 \times 298}\right)$$
$$= 3.20 \times 10^{11}$$

4．アノード反応：$2\text{H}_2\text{O}(l) \longrightarrow \text{O}_2(g) + 4\text{H}^+(aq) + 4e^-$
　　カソード反応：$4\text{H}_2\text{O}(l) + 4e^- \longrightarrow 2\text{H}_2(g) + 4\text{OH}^-(aq)$
　　全反応：$2\text{H}_2\text{O}(l) \longrightarrow \text{O}_2(g) + 2\text{H}_2(g)$

5．$\text{Pt, H}_2(p_1)|\text{HCl}(\text{溶液})|\text{H}_2(p_2)$, Pt からなる気体電極からなる電極濃淡電池である．
　　アノード（左側）　$\text{H}_2(p_1) \rightleftharpoons 2\text{H}^+ + 2e^-$
　　カソード（右側）　$2\text{H}^+ + 2e^- \rightleftharpoons \text{H}_2(p_2)$
　　全電池反応：$\text{H}_2(p_1) \rightleftharpoons \text{H}_2(p_2)$
　　ネルンストの式に $\Delta E^0 = 0 \text{ V}$ を代入して，起電力が求められる．

$$\Delta E = -\frac{RT}{2F} \ln \frac{p_2}{p_1} = -\frac{8.31 \times 298}{2 \times 96500} \ln \frac{0.3}{0.9} = 0.014 \text{ V}$$

6．この電池反応は，式(2.35)で表され，ネルンストの式は，式(2.36)となる．ΔE が 0.48 V で，ΔE^0 は $+0.34 \text{ V}$，$[\text{Cu}^{2+}] = 1 \text{ mol dm}^{-3}$，$p_{\text{H}_2} = 1 \text{ atm}$ なので，$-\log[\text{H}^+] = 2.4$ となる．これは pH に相当し 2.4 となる．

7．二つの式を差し引いて，次式が得られる．
　　$\text{AgCl(s)} \longrightarrow \text{Ag}^+(aq) + \text{Cl}^-(aq)$
　　$\Delta E^0 = -0.58 \text{ V}$ (25 ℃)
　　式(2.25)と式(2.33)から，AgCl の溶解度積を K_{sp} とすれば，次の関係式が導かれる．
$$-nF\Delta E^0 = -RT \ln K_{sp}$$

この式に，問題に与えられた数値と，n に 1，R の値に 8.31 J mol^{-1} K^{-1} を代入して，次式が求められる．

$$K_{sp} = 1.5 \times 10^{-10}$$

演習問題 3

1．ヘルムホルツ：電極の電荷存在面から電解液中のイオン存在面にかけて電圧が直線的に変化する．
　　グイ-チャップマン：電解液中の電極近傍では電極表面の電荷と反対符号のイオンが多く存在するが，電極から遠ざかるにつれて同数の反対符号のイオンが存在する分布へと変化する．
　　シュテルン：電極近傍ではヘルムホルツのモデル，それより遠い電解液中ではグイ-チャップマンのモデルの特徴をもつ．

2．(図3.2と同様の図で示しても可とする)

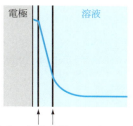

内部ヘルムホルツ面　外部ヘルムホルツ面

3．$C = \dfrac{C_H C_D}{(C_H + C_D)} = \dfrac{C_H \times 10 C_H}{(C_H + 10 C_H)} = \dfrac{10 C_H}{11} \approx C_H$

演習問題 4

1．水 1 mol を電気分解するには，2 mol の電子に相当する電気量が必要であり，次式が成り立つので電流 I を求めることができる．

$$I(10 \times 3600) = \frac{100}{18} \times 2 \times 96500 \quad \therefore I = 30 \text{ A}$$

2．水 1 mol から 2 mol の電子に相当する電気量で，酸素 1/2 mol と水素 1 mol を生成する．通電量と，発生した水素のモル数からの電気量は等しいので，

$$0.001 \times (10 \times 3600) = n \times 2 \times 96500$$

が成立する．この式から水素の生成量は 0.000187 mol である．1 mol の理想気体は 25 ℃，1 atm で 24.4 dm^3 を占めるので，4.6×10^{-3} dm^3 の水素を生成することになる．他方，酸素はその 1/2 で 2.3×10^{-3} dm^3 となる．

3．Fe のアノード溶解反応における交換電流密度が 10^{-4} A m^{-2} のときの過電圧は 0 V なので，式(4.23)のターフェルの式から，

$$a = -b \log|i_0| = -0.06 \log(1 \times 10^{-4}) = 0.24$$

となる．また，ターフェルプロットの直線領域の勾配は，ターフェルの b 係数に相当するので，ターフェルの式は次のようになる．

$$\eta = 0.24 + 0.06 \log|i|$$

4．式(4.27)と式(4.28)から，次式のように求められる．

$$i = nFD \frac{c_{\text{bulk}} - c_0}{\delta}$$
$$= 1 \times 96500 \times 1 \times 10^{-5} \times \frac{1 \times 10^{-3} \times 10^{-3}}{1 \times 10^{-4}}$$
$$= 9.65 \times 10^{-3} \text{ A cm}^{-2}$$

5．限界拡散電流密度は，式(4.29)で表されるので，数値

を代入して計算する．

$$i_{\lim} = nFJ_{\lim} = nFD\frac{c_{\text{bulk}}}{\delta}$$
$$= \frac{2 \times 96500 \times 6 \times 10^{-9} \times 0.1 \times 10^3}{5 \times 10^{-4}} = 232\ \text{A m}^{-2}$$

演習問題 5

1. アボガドロ定数が $6.02 \times 10^{23}\ \text{mol}^{-1}$ で，電子 1 mol の電荷量は，次のようになる．
$$-1.60 \times 10^{-19}\text{C} \times 6.02 \times 10^{23}\ \text{mol}^{-1}$$
$$= -9.63 \times 10^4\ \text{C mol}^{-1}$$

1 mol 相当の電荷量はファラデー定数とよばれ，通常 $9.65 \times 10^4\ \text{C mol}^{-1}$ で知られている．最後の桁の数字の違いは有効数字のまるめの誤差である．

2. $E = h\nu = \dfrac{hc}{\lambda}$
$$= \frac{6.63 \times 10^{-34}\ \text{J s} \times 3.00 \times 10^8\ \text{m s}^{-1}}{650 \times 10^{-9}\ \text{m}}$$
$$= 3.06 \times 10^{-19}\ \text{J}$$

3. 導体バルクの電位 $+0.5\ \text{V}$ から $-0.5\ \text{V}$ のフラットバンドポテンシャルまで，1.0 eV 上向きにバンドが曲がる．バンドギャップが 3.0 eV なので，半導体表面内部の電位は 2.5 V vs. SCE である．

4.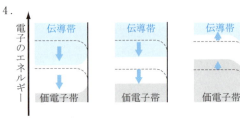
(a) アノード分極　(b) フラットバンド状態　(c) カソード分極

5. $\text{n-TiO}_2(\text{e}^-\text{h}^+) + h\nu$
$$\longrightarrow \text{e}^-(\text{伝導帯中}) + \text{h}^+(\text{価電子帯中})$$
負極反応：$\text{H}_2\text{O} + 2\text{h}^+ \longrightarrow \dfrac{1}{2}\text{O}_2 + 2\text{H}^+$
(n-TiO$_2$ 電極上)
正極反応：$2\text{H}^+ + 2\text{e}^- \longrightarrow \text{H}_2$ (Pt 電極上)
電池反応：$\text{H}_2\text{O} + 2h\nu \longrightarrow \dfrac{1}{2}\text{O}_2 + \text{H}_2$

演習問題 6

1. 電圧効率 (η_V) は，式(6.5)より $\dfrac{2.2}{3.15} \times 100 ≒ 70\%$ である．また，エネルギー効率 (η_{energy}) は，式(6.6)より電流効率 (η_{curr}) と電圧効率 (η_V) の積となるので，$0.96 \times 0.70 \times 100 = 67\%$ である．

2. 図 6.4 から，400 mA cm^{-2} の電流密度での槽電圧の内訳を算出すると，次のようになる．
理論分解電圧 1.19 V (46.3%)，電解液や隔膜などのオーム損 0.54 V (21.0%)，酸素過電圧 0.36 V (14.0%)，水素過電圧 0.36 V (14.0%)，電極のオーム損 0.12 V (4.7%) であり，槽電圧は 2.57 V となる．

3. アノード反応で生成する塩素ガスと，カソード反応で生成する水素ガスが，混合し点火すると爆発するおそれがあるので，両者を分離する必要がある．とくに，水素 2 容積と酸素 1 容積の混合ガスは，激しく爆発するので爆鳴気とよばれる．

演習問題 7

1. 式(7.4)に従い，マンガン酸カリウム K$_2$MnO$_4$ の電解酸化によって過マンガン酸カリウム KMnO$_4$ をつくる際に，無隔膜電解なのでカソードで生成物の再還元が起こる可能性がある．そのため，カソードの電極面積をアノードの 1/10 程度に抑えて，反応速度をできるかぎり小さくしている．

2. 酸化鉛（Ⅳ）PbO$_2$ アノード，水溶液中からの酸素，二酸化炭素 CO$_2$，メタノール CH$_3$OH，ホルムアルデヒド HCHO の生成は，下記の反応機構に従うものと推定される．
$$4\text{OH}^- \longrightarrow \text{O}_2 + 2\text{H}_2\text{O} + 4\text{e}^-,$$
$$\text{CH}_3\text{COO}^- + \text{OH}^- \longrightarrow \text{CH}_3\text{OH} + \text{CO}_2 + 2\text{e}^-,$$
$$\text{CH}_3\text{OH} + 2\text{OH}^- \longrightarrow \text{HCHO} + 2\text{H}_2\text{O} + 2\text{e}^-$$

一方，酸化鉛（Ⅳ）アノード，メタノール溶液中でのギ酸メチル HCOOCH$_3$ の生成機構については次のような反応機構が考えられる．
$$\text{CH}_3\text{OH} \longrightarrow \text{CH}_3\text{O}\cdot + \text{H}^+ + \text{e}^-,$$
$$2\text{CH}_3\text{O}\cdot \longrightarrow \text{HCHO} + \text{CH}_3\text{OH},$$
$$\text{CH}_3\text{O}\cdot + \text{HCHO} \longrightarrow \text{CH}_3\text{OH} + \cdot\text{CHO},$$
$$\text{CH}_3\text{COO}^- \longrightarrow \text{CH}_3\text{COO}\cdot + \text{e}^-,$$
$$\text{CH}_3\text{COO}\cdot + \text{HCHO} \longrightarrow \text{CH}_3\text{COOH} + \cdot\text{CHO},$$
$$\text{CH}_3\text{O}\cdot + \cdot\text{CHO} \longrightarrow \text{HCOOCH}_3$$

3. アノード反応を表す式(7.24)の両辺に 3/2 をかけ，カソード反応を表す式(7.25)の両辺に 2 をかければ，酸化アルミニウム Al$_2$O$_3$ 1 mol あたり，反応電子数が 6 であることがわかる．

4. ギブズエネルギーの減少分が，電解反応で消費されるエネルギーに相当するので，次の関係が成り立つ．
$$276.5\ \text{kJ mol}^{-1} \times 1000 = nF \times (\text{理論分解電圧})$$
この式から，理論分解電圧は 2.87 V と求められる．また，電解浴中で溶媒和などのためフッ化水素 HF の活量は小さく，過電圧もかかるので，溶融塩電解によるフッ素製造には大きな槽電圧を必要とする．

演習問題 8

1. 負極：$E_a = E^0 - \dfrac{RT}{2F}\ln\dfrac{[\text{Zn}]}{[\text{Zn}^{2+}]}$
正極：$E_c = E^0 - \dfrac{RT}{2F}\ln\dfrac{[\text{Cu}]}{[\text{Cu}^{2+}]}$

2. 負極：$E_a = E^0 - \dfrac{RT}{2F}\ln\dfrac{[\text{Zn}]}{[\text{Zn}^{2+}]}$
正極：$E_c = E^0 - \dfrac{RT}{2F}\ln\dfrac{P_{\text{O}_2}}{[\text{O}^{2-}]^2}$

3. 負極：$\text{Zn} + 2\text{OH}^- \longrightarrow \text{ZnO} + \text{H}_2\text{O} + 2\text{e}^-$
正極：$\text{HgO} + \text{H}_2\text{O} + 2\text{e}^- \longrightarrow \text{Hg} + 2\text{OH}^-$
全反応：$\text{HgO} + \text{Zn} \longrightarrow \text{Hg} + \text{ZnO}$

演習問題 9

1. 正極：$E_c = E^0_c - \dfrac{RT}{2F} \ln \dfrac{[Ni(OH)^2][OH^-]^2}{[NiOOH]^2[H_2O]^2}$

   負極：$E_a = E^0_a - \dfrac{RT}{2F} \ln \dfrac{[Cd][OH^-]^2}{[Cd(OH)_2]}$

2. 放電反応の進行にともなう水酸化物イオンOH^-の濃度変化だけに注目すればよい．すなわち，
   正極電位：対数項の数値が大きくなるため，結果としてE_cは小さくなる．
   負極電位：対数項の数値が小さくなるため，結果としてE_aは大きくなる．
   電池電圧$\Delta E =$正極電位$E_c -$負極電位E_aであるため，電池電圧は低下する．

3. カリウムK，バリウムBa，ストロンチウムSr，カルシウムCa，ナトリウムNa　など．

4. 安全性，長寿命（サイクル性），高エネルギー密度（小型・軽量），急速充放電性能　など．

演習問題 10

1. 熱機関による発電では，基本的に燃料を燃焼させて水を蒸気に変え，その蒸気の圧力でタービンを回転させることで発電している．したがって，発電効率は必ず$\eta = (T_h - T_l)/T_h \times 100$（記号の説明は脚注参照）の式に従うことになる．しかし，燃料電池では化学反応にともなう電子移動を電気エネルギーとして直接取り出しているため，熱機関より高い効率での発電が可能になる．

   また，固体酸化物型燃料電池（SOFC）は作動温度が高温であるため，余分な熱を給湯や暖房あるいは蒸気タービンに利用することが可能である．そのため，ほかの燃料電池よりも発電効率が高い．

2. メタノールCH_4Oを透過させないような電解質膜を使用する，あるいはメタノール以外のアルコール類（エタノールC_2H_6Oなど）を燃料として使用するなど，自由な発想で解答してほしい．

3. メタン
   負極反応：$CH_4 + 4O^{2-} \longrightarrow CO_2 + 2H_2O + 8e^-$
   全反応：$CH_4 + 2O_2 \longrightarrow CO_2 + 2H_2O$
   一酸化炭素
   負極反応：$CO + O^{2-} \longrightarrow CO_2 + 2e^-$
   全反応：$CO + \dfrac{1}{2}O_2 \longrightarrow CO_2$

演習問題 11

1. キャパシターは，二次電池と比べ出力密度が高く，サイクル寿命が長い．しかし，エネルギー密度の点では劣る．また，キャパシターの電圧は，蓄える（放出する）電荷量に比例するように変化するのに対し，二次電池は充電・放電ともにほぼ一定の電圧を示す．

2. 電動車いす用電源など．

3. 電気二重層キャパシター：ファラデー反応をともなうことがなく，あくまでも電極表面へのイオンの吸着のみである．
   擬似キャパシター：電極表面での電気二重層形成に加え，ファラデー反応も蓄電に寄与している．

4. エネルギーUは図の充放電曲線の面積（つまり，三角形の積分値）である．
   ここで，C（静電容量, F）$= QV^{-1}$であるため，
   $$U = \dfrac{1}{2}QV = \dfrac{1}{2}CV^2$$
   となる．

5. 水溶液系
   長所：安全性が高い．空気中での作製が可能である．イオン伝導性に優れている（急速充放電に有利）．安価である．
   短所：作動電圧が低い．作動温度領域が狭い．
   有機溶媒系
   長所：作動電圧が高い．作動温度領域が広い．
   短所：可燃性である．空気中で作製できない．イオン伝導性が水系に劣る（急速充放電に不利）．

演習問題 12

1. 光触媒の酸化分解力は，酸化チタンTiO_2表面上に生成した正孔と，$\cdot OH$や$\cdot O_2^-$などの活性種によっている．したがって，光触媒の酸化分解力を高めるのに必要な条件は，それらが生成するのに有利な条件と言い換えることができる．式(12.3)～(12.8)の反応スキームに深く関わるのは，光，酸素（あるいは空気），水なので，これら三つが条件としてあげられる．その他，助触媒も酸化分解力を高めるのに効果的である．

2. 有機・無機ハイブリッド材料や傾斜材料を接着層として用いると，有機層と無機層のそれぞれに接着層として作用し，かつ基材が酸化分解されるのを防ぐことができる．

3. TiO_2上に，磁性金属であるNiなどを部分的に析出させ，電磁石で回収を促進させる方法が考えられる．

演習問題 13

1. 電解質溶媒の揮発，基板が破損した場合の電解液の流出や溶液の熱膨張・収縮による封止材や電極膜へのダメージなどが問題になるおそれがある．

2. 光触媒では，湿式太陽電池の電極対になっている半導体電極と金属電極からリード線をなくして直接接合させた微粒子とみることができる．よって，半導体内の電荷分離から溶液内物質による正孔捕獲（酸化反応），電子捕獲（還元反応）まで，光触媒と湿式太陽電池の電子移動機構はほぼ同じである．詳しくは，第12章と本章の本文中にあるエネルギーダイアグラムを参照してほしい．

演習問題 14

1. 参照電極|試料溶液(c)|ガラス膜|内部液(c_0)|内部参照電極

   $$E = \dfrac{RT}{F} \ln \dfrac{c}{c_0} = \dfrac{RT}{F}(\ln c - \ln c_0)$$
   $$= \dfrac{RT}{F} \ln c - \dfrac{RT}{F} \ln c_0$$

   ここで，c_0は既知であるので，

$$\frac{RT}{F}\ln c_0 = \text{const}.$$

$$\begin{aligned}E &= \text{const} + \frac{RT}{F}\ln c_0 \\ &= \text{const} + \frac{(8.314)(298.15)}{96500}2.3\log c_0 \\ &= \text{const} + 0.059\log c_0\end{aligned}$$

である．ここで，$-\log c_0 = \text{pH}$ なので，次のようになる．
$$E = \text{const} - 0.059\,\text{pH}$$

2．使用するイオン選択性電極のイオン選択膜の感度と選択性および目的イオン以外の共存イオンの影響．

3．省略

4．高濃度側の酸素分圧を p_R，低濃度側の酸素分圧を p_S とすると，この反応におけるギブズエネルギー変化は，次のようになる．
$$\Delta G = RT\ln\frac{p_S}{p_R}$$

ここで，$\Delta E = -\dfrac{\Delta G}{nF}$

である．したがって，$\Delta E = \dfrac{RT}{4F}\ln\dfrac{p_S}{p_R}$ となる．

5．空気中の酸素分圧を p_R とすると，
$$p_R = 0.21 \times 1.013 \times 10^5 = 0.213 \times 10^5\,\text{Pa}$$
となる．式(14.4)より，
$$\begin{aligned}\Delta E &= \frac{RT}{4F}\ln\frac{p_S}{p_R} \\ p_S &= p_R\exp\left(\frac{4F\Delta E}{RT}\right) \\ &= 0.213\times 10^5\exp\left\{\frac{(4)(96500)(-100\times 10^{-3})}{(8.314)(273.15+700)}\right\} \\ &= 1.80\times 10^2\,\text{Pa}\end{aligned}$$

演習問題15

1．省略

2．⑦の直線は，
$$\text{Fe(OH)}_3 + e^- \rightleftharpoons \text{Fe(OH)}_2 + \text{OH}^-$$
の平衡を表している．この反応の平衡電極電位はネルンストの式により次のように示される．
$$\begin{aligned}E &= E^0 + \frac{RT}{F}\ln a_{\text{OH}^-} \\ &= E^0 + \frac{(8.314)(298.15)}{96500}2.3\log a_{\text{OH}^-} \\ &= E^0 - 0.059\log a_{\text{OH}^-} \\ &= E^0 - 0.059(\text{pH}-14) \\ &= -0.556 - 0.059\,\text{pH} + 0.826 \\ &= 0.27 - 0.059\,\text{pH}\end{aligned}$$

3．①の反応の平衡電極電位は，次のようになる．
$$\begin{aligned}E &= E^0 + \frac{RT}{2F}\ln a_{\text{Zn}^{2+}} \\ &= -0.173 + \frac{(8.314)(298.15)}{(2)(96500)}\ln(1) \\ &= -0.173\,\text{V}\end{aligned}$$

②の平衡定数は，次のようになる．

$$K = \frac{a_{\text{H}^+}^2}{a_{\text{Zn}^{2+}}} = 1.10 \times 10^{-11}$$

これより，$a_{\text{H}^+} = 3.32 \times 10^{-6}$ である．
したがって，pH＝5.48
③の反応の平衡電極電位は，
$$\begin{aligned}E &= E^0 - \frac{RT}{F}\ln a_{\text{OH}^-} \\ &= -1.246 - 0.059(\text{pH}-14) \\ &= 0.42 - 0.059\,\text{pH}\end{aligned}$$

である．これらの三つの式より作図する．図は省略．

4．省略

演習問題16

1．基板の平滑化や下地表面の前処理として，ニッケル Ni などの金属をあらかじめ析出させることが重要である．

　次に，光沢めっきの条件について考えると，一般には，無秩序で結晶方位性のないように面が成長するとよい．よって，過電圧を大きくして核生成を促進したり，結晶成長面に吸着しやすい添加剤を導入することで結晶成長の方位性を妨げるなどの工夫が必要である．なお，金属イオンの拡散が極端に遅くなると粉末状の析出物が得られるようになるので，とくに標準酸化還元電位が貴な貴金属の場合，析出速度の制御が重要である．

　金めっきを例にとると，シアノ錯体（アニオン）の利用によって，泳動・拡散を制限するとともに交換電流密度を低下させる（錯イオンからの還元反応のため）ことで，めっき過電圧の高い環境を構築する．また，シアン化物イオンの金属表面への吸着性を利用して結晶成長を妨害し，光沢めっき面を得ている．なお，金属表面に吸着しやすい N-，S- などを有する分極性基をもつ有機化合物（アミン，タンパク質など）を添加することも効果的である．

2．(1) 銅めっき浴

シアン化銅浴		
シアン化銅	100 g L^{-1}	銅源
シアン化ナトリウム	125 g L^{-1}	錯化剤
水酸化ナトリウム	30 g L^{-1}	pH調整剤
炭酸ナトリウム	15 g L^{-1}	pH緩衝剤
温度	60-80	
pH	12.5以上	
硫 酸 銅		
硫酸銅	060-100 g L^{-1}	銅源
硫酸	170-220 g L^{-1}	pH調整剤
塩化物イオン	40-100 g L^{-1}	陽極溶解促進剤
温度	2.5-4.5	
pH	強酸	

(2) クロムめっき浴，ニッケルめっき浴

サージェント浴		
無クロム酸	250 g L^{-1}	クロム源
硫酸	2.5 g L^{-1}	pH 調整剤
硫酸銀	1 %	触媒
温度	40-60	
pH	12.5 以上	
ワット浴		
硫酸ニッケル	240-350	ニッケル源
塩化ニッケル	30-60	陽極溶解促進剤
ホウ酸	30-45 mg/L	pH 緩衝剤
温度	40-65	
pH	2.5-4.5	

(3) 金めっき

アルカリ浴		
シアン化金カリウム	1-12 g L^{-1}	金源
シアン化カリウム	70-90 g L^{-1}	錯化剤
KH$_2$PO$_4$	10-40 g L^{-1}	pH 緩衝剤
酸 性 浴		
シアン化金カリウム	12 g L^{-1}	金源
クエン酸	110 g L^{-1}	pH 緩衝剤
水酸化カリウム	55 g L^{-1}	pH 緩衝剤
コバルト	0.1 g L^{-1}	硬質化

3．プラズマとは，分子，原子，イオンおよび電子が共存し，全体として中性を保っている気体状態のことである．

4．イオンの運動エネルギーが小さいと，イオンは固体上へ堆積する．エネルギーが高くなるにつれ，固体表面から固体を構成する原子，分子をはじき飛ばすスパッタリング現象が起こり，さらにエネルギーが高くなるとイオンは固体中に侵入する．

参 考 文 献　[URLは2015年現在]

■序　章
1）The Royal Society ホームページ：https://royalsociety.org/
2）小久見善八（編著）：新世代工学シリーズ 電気化学，オーム社（2000）
3）魚崎浩平・喜多英明：電気化学の基礎，技報堂出版（1983）

■第1章
1）電気化学会（編）：新しい電気化学，培風館（1989）
2）田村英雄・松田好春：現代電気化学，培風館（1991）
3）松田好晴・岩倉千秋：電気化学概論，丸善（1994）
4）大堺利行・加納健司・桑畑進：ベーシック電気化学，化学同人（2000）
5）電気化学会（編）：電気化学便覧 第5版，丸善（2002）

■第2章
1）J. E. Brady, G. E. Humiston, 若山信行・一国雅巳・大島泰郎（訳）：ブラディ 一般化学（下），東京化学同人（1996）
2）松田好晴・岩倉千秋：電気化学概論，丸善（1998）
3）田村英雄・松田好晴：現代電気化学，培風館（1991）
4）花井哲也：膜とイオン，化学同人（1980）

■第3章
1）大堺利行・加納健司・桑畑進：ベーシック電気化学，化学同人（2000）
2）直井勝彦・西野敦・森本剛：電気化学キャパシタ小辞典，NTS（2004）
3）小久見善八（編著）：新世代工学シリーズ 電気化学，オーム社（2003）

■第4章
1）田村英雄・松田好晴：現代電気化学，培風館（1991）
2）喜多英明・魚崎浩平：電気化学の基礎，技報堂出版（1995）
3）小久見善八（編著）：新世代工学シリーズ 電気化学，オーム社（2003）
4）松田好晴・岩倉千秋：電気化学概論，丸善（1998）
5）磯直道：基礎演習 物理化学，東京教学社（1989）

■第5章
1）藤嶋昭・橋本和仁・渡部俊也：光触媒のしくみ，日本実業出版（2002）
2）松田好晴・岩倉千秋：電気化学概論，丸善（1998）
3）小久見善八（編著）：新世代工学シリーズ 電気化学，オーム社（2003）
4）田村英雄・松田好晴：現代電気化学，培風館（1991）
5）尾崎裕・末岡一生・宮前博：基礎物理化学演習，三共出版（2003）

■第6章
1）松田好晴・岩倉千秋：電気化学概論，丸善（1998）
2）電気化学会（編）：電気化学便覧 第5版，丸善（2002）
3）電気化学協会（編）：先端電気化学，丸善（1994）
4）F. Beck, 杉野目浩：有機合成化学，第49巻，第9号，p.798，「ヨーロッパにおける有機電解合成工業」，有機合成化学協会（1991）

■第7章
1）電気化学会（編）：電気化学便覧 第5版，丸善（2002）
2）松田好晴・岩倉千秋：電気化学概論，丸善（1998）
3）淵上寿雄：有機電解合成の新展開，シーエムシー出版（2004）
4）淵上寿雄（監）：有機電解合成の基礎と可能性，シーエムシー出版（2009）

■第8章
1）電気化学会（編）：新しい電気化学，培風館（1984）
2）小久見善八（編著）：新世代工学シリーズ 電気化学，オーム社（2003）
3）トランジスタ技術編集部（編）：電池応用ハンドブック，CQ出版社（2005）
4）逢坂哲彌・太田健一郎・松永是：先端材料のための新化学11 材料電気化学，朝倉書店（1998）
5）松下電池工業（監）：図解入門 よくわかる最新電池の基本と仕組み，秀和システム（2005）

6）三洋電機（監）：入門ビジュアル・テクノロジー よくわかる電池，日本実業出版社（2006）
  7）内田隆裕：なるほどナットク！ 電池がわかる本，オーム社（2003）
  8）電池工業会ホームページ：http://www.baj.or.jp/
  9）電池便覧編集委員会（編）：第3版 電池便覧，丸善（2001）

■第9章
  1）電気化学会（編）：新しい電気化学，培風館（1984）
  2）松下電池工業（監）：図解入門 よくわかる最新電池の基本と仕組み，秀和システム（2005）
  3）逢坂哲彌・太田健一郎・松永是：先端材料のための新化学11 材料電気化学，朝倉書店（1998）
  4）大角泰章：水素吸蔵合金―その物性と応用，p.473-507，アグネ技術センター（1993）
  5）トランジスタ技術編集部（編）：電池応用ハンドブック，CQ出版社（2005）
  6）西美緒：リチウムイオン二次電池の話，裳華房（1997）
  7）堀江利夫・石田靖仁・藤岡秀彰：NTTファシリティーズ総研研究報告論文「電力貯蔵システムの最新動向」，http://www.ntt-fsoken.co.jp/research/pdf/2004_hori.pdf
  8）三洋電機（監）：入門ビジュアル・テクノロジー よくわかる電池，日本実業出版社（2006）
  9）内田隆裕：なるほどナットク！ 電池がわかる本，オーム社（2003）
 10）（社）電池工業会ホームページ：http://www.baj.or.jp/
 11）電池便覧編集委員会（編）：第3版 電池便覧，丸善（2001）

■第10章
  1）本間琢也（監）：図解 燃料電池のすべて，工業調査会（2005）
  2）トランジスタ技術編集部（編）：電池応用ハンドブック，CQ出版社（2005）
  3）逢坂哲彌・太田健一郎・松永是：先端材料のための新化学11 材料電気化学，朝倉書店（1998）
  4）松下電池工業（監）：図解入門 よくわかる最新電池の基本と仕組み，秀和システム（2005）
  5）三洋電機（監）：入門ビジュアル・テクノロジー よくわかる電池，日本実業出版社（2006）
  6）内田隆裕：なるほどナットク！ 電池がわかる本，オーム社（2003）
  7）小久見善八（編）：新世代工学シリーズ 電気化学，オーム社（2000）

■第11章
  1）岡村廸夫：電気二重層キャパシタと蓄電システム，日刊工業新聞社（2005）
  2）直井勝彦・西野敦・森本剛（監）：電気化学キャパシタ小辞典，NTS（2004）
  3）西野敦・直井勝彦（監）：電気化学キャパシタの開発と応用，シーエムシー出版（2004）
  4）日本化学会（編）：第五版 実験化学講座25 触媒化学・電気化学，丸善（2006）
  5）吉野勝美（監）：ナノ・IT時代の分子機能材料と素子開発，NTS（2004）

■第12章
  1）藤嶋昭・橋本和仁・渡部俊也：光触媒のしくみ，日本実業出版（2002）
  2）新無機膜研究会（編）：新機能薄膜技術の最新動向に関する調査報告書（V）（2002）
  3）宮内雅浩・橋本和仁：電気化学および工業物理化学，第81巻，第5号，p.93，「界面の光励起プロセスにおける可視光応答型光触媒の開発」，電気化学会（2013）
  4）熊谷啓・久富隆史・堂免一成：電気化学および工業物理化学，第82巻，第6号，p.486，「可視光応答性光触媒を用いた水分解反応による水素生成」，電気化学会（2014）

■第13章
  1）佐藤しんり：光触媒とはなにか―21世紀のキーテクノロジーを基本から理解する，講談社（2004）
  2）小久見善八（編著）：新世代工学シリーズ 電気化学，オーム社（2003）
  3）電気化学会（編）：電気化学便覧 第5版，丸善（2002）
  4）新無機膜研究会（編）：新機能薄膜技術の最新動向に関する調査報告書（V）（2002）

■第14章
  1）電気化学会（編）：新しい電気化学，培風館（1989）
  2）大堺利行・加納健司・桑畑進：ベーシック電気化学，化学同人（2000）
  3）南任靖雄：センサと基礎技術，工学図書（1994）
  4）電気化学会（編）：電気化学便覧，丸善（2000）

■第15章
  1）電気化学会（編）：新しい電気化学，培風館（1989）
  2）大堺利行・加納健司・桑畑進：ベーシック電気化学，化学同人（2000）
  3）田村英雄・松田好春：現代電気化学，培風館（1991）
  4）松田好晴・岩倉千秋：電気化学概論，丸善（1994）
  5）渡辺正・中村誠一郎：電子移動の化学―電気化学入門，朝倉書店（1996）

■第 16 章
1) 小久見善八（編著）：新世代工学シリーズ 電気化学，オーム社（2003）
2) 特許庁ホームページ：http://www.jpo.go.jp/shiryou/s_sonota/map/kagaku05/1/1-1.htm
3) 魚崎浩平・喜多英明：電気化学の基礎，技報堂出版（1983）
4) 松田好晴・岩倉千秋：電気化学概論，丸善（1994）
5) J. M. West，岡本剛・石川達雄・柴田俊夫（訳）：電析と腐食，産業図書（1977）
6) 電池工業会ホームページ：http://www.baj.or.jp/
7) 林忠夫：Denki Kagaku, Vol. 53, No. 10, pp. 768-771（1985）
8) 本間英夫・小山田仁子・小岩一郎：Electrochemistry, Vol. 74, 1, pp. 2-11（2006）
9) Kazuo Kondo et al.: J. Eelctrochemical Soc., Vol. 152（11）H173-177（2005）
10) 土井正：ぶんせき 第 5 巻, pp. 210-212, 日本分析化学会（2006）
11) 白木靖寛・吉田貞史（編著）：薄膜工学，丸善（2003）
12) 山田公：イオンビームによる薄膜設計，共立出版（1991）
13) 長田義仁（編著）：低温プラズマ材料化学，産業図書（1994）
14) 岸本昭：Denki Kagaku, イオン伝導・電子伝導の計り方, Vol. 61, No. 11（1993）

■実験・測定編
1) 電気化学協会（編）：先端電気化学，丸善（1994）
2) 藤嶋昭・相澤益男・井上徹：電気化学測定法（上），技報堂出版（1985）
3) 逢坂哲彌・小山昇・大坂武男：電気化学法，講談社サイエンティフィク（1992）
4) 電気化学会（編）：電気化学測定マニュアル 基礎編，丸善（2002）
5) 馬飼野信一：電気化学および工業物理化学，第 67 巻，第 11 号，p. 1084,「クロノポテンショメトリー」，電気化学会（1999）
6) 大坂武男・岡島武義・北村房男：電気化学および工業物理化学，第 73 巻，第 9 号，p. 851,「ステップ法およびパルス法（1）」，電気化学会（2005）
7) 北村房男・岡島武義・大坂武男：電気化学および工業物理化学，第 73 巻，第 10 号，p. 921,「ステップ法およびパルス法（2）クロノポテンシオメトリー」，電気化学会（2005）
8) 大堺利行・加納健司・桑畑進：ベーシック電気化学，化学同人（2000）
9) 門間聰之：電気化学および工業物理化学，第 68 巻，第 4 号，p. 298,「交流インピーダンス法（電池系）」，電気化学会（2000）

さくいん

英数字

acceptor 43
activated carbon 91
activity 12
activity coefficient 13
AFC 83
alkaline fuel cell 83
anatase 98
anode 17
anode effect 63
anode slime 65
band gap 42
Bockris-Devanathan-Müller 29
brine electrolysis 54
brookite 98
Butler-Volmer equation 37
β-アルミナ 78
capacitance 90
capacity 84
cathode 17
cell 68
cell voltage 50
charge-discharge 74
charge transfer process 36
chemically synthesized manganese dioxide 57
CMD 57
cogeneration 83
concentration overpotential 39
concentration polarization 39
conductance 5
conduction band 42
corrosion 115
current efficiency 34
CV 142
cyclic voltammetry 142
Daniell cell 17, 66
diffusion layer 35
dimensionary stable anode 55
direct methanol fuel cell 85
dissociation 4
DMFC 85
Donnan potential 24
donor 43
dry cell 67
DSA 55
dye sensitization 104
dye-sensitized solar cell 104

edge 123
EDLC 29, 89
electric double layer 27, 90
electric double layer capacitor 29, 89
electrochemical cell 15
electrochemical photocell 48, 103
electrode material 53
electrodialysis 55
electroless plating 121
electrolysis 16
electrolyte 4
electrolytic cell 16, 50
electrolytic manganese dioxide 57
electrolytic refining 65
electrolytic winning 64
electromotive force 17, 137
electronic conduction 15
electroosmosis 30
electrophoresis 31
electroplating 121
EMD 57
energy density 73, 89
energy efficiency 51
energy level 41
exchange current density 35
Faraday 2, 33
Faraday constant 20, 33
Faraday's law 33, 51
Fermi level 43
Fick's first law of diffusion 39
fine chemicals 60
flat-band potential 45
forbidden band 42
fuel cell 82
fused salt electrolysis 63
galvanic cell 16
generation efficiency 82
Gibbs energy 20
glass electrode 108
Gouy-Chapman 28
Grätzel cell 105
half cell 19
Hall-Heroult process 63
Helmholtz 28
HOMO 104
hybrid capacitor 93
hydration 4
interface 27
ion-selective electrode 109

ion-sensitive field effect transistor 110
ionic conduction 15
ionic strength 13
ionization 4
IR損 51
IRドロップ 90
ISFET 110
kink 123
Kolbe reaction 61
leakage current 91
limiting current density 39
local cell 115
Luggin capillary 141
LUMO 104
mass transport process 38
MCFC 84
membrane potential 109
memory effect 74
metal fog 62
metal oxide semiconductor FET 110
molten carbonate fuel cell 84
MOSFET 110
Mott-Schottky plots 45
Nernst equation 21
Nernst-Plank equation 24
normal hydrogen electrode 17
nucleation 123
n型半導体 43
n型半導体電極 103
OHP 35
operation temperature 82
outer Helmholtz plane 35
overpotential 36
oxide semiconductor 106
PAFC 84
paired electrosynthesis 60
passive state 119
PEFC 86
PEMFC 86
phosphoric acid fuel cell 84
photocatalyst 95
photocurrent 48
photo-induced super-hydrophilicity 99
photosensitized electrolytic oxidation 48, 103
photosensitized electrolytic reduction 48

pH センサー 108
pH 測定 129
plating bath 121
polarization 66
polarization resistance 38
polymer electrolyte fuel cell 86
positive hole 95
Pourbaix diagram 117
power density 89
protection 119
proton exchange membrane fuel cell 86
pseudocapacitor 89, 92
p 型半導体 43
redox capacitor 92
Red-Ox couple 95, 105
redox flow 78
reforming 82
rutile 98
Schottky barrier 44
self discharge 67, 90
self-cleaning effect 101
semiconductor electrode 103
SOFC 86
sol-gel method 100
solid electrolyte 2, 78, 111
solid oxide fuel cell 86
solid polymer electrolyte 54
solvation 4, 29
space-charge layer 44, 96
SPE 54
SPE 水電解法 54
specific conductance 5
specific resistance 5
specific surface area 91
sputtering 126
sputtering method 100
standard electrode potential 17
standard hydrogen electrode 17
step 123
Stern 29
surface treatment 125
Tafel equation 38
terrace 123
theoretical decomposition voltage 50
titanium dioxide 95, 103
transport number 9
valence band 42
Volta 1, 66
voltage 67
voltage efficiency 51
wet-type solar cell 103
work function 44
YSZ 86
zeta potential 31

2 端子法 145
4 端子法 145

あ行

亜鉛-臭素二次電池 79
アクリロニトリルの電解還元二量化 60
アジポニトリルの電解合成 60
アクセプター 43
アナターゼ型 98
アノード 17
アノード効果 63
アノードスライム 65
アノードバッグ 124
アマルガム 121
アマルガム化 69, 149
アルカリ-マンガン乾電池 68
アルカリ乾電池 68
アルカリ電解質形燃料電池 83
アルミニウム二次電池 80
アレニウス 2
アレニウスの電離説 131
安定化ジルコニア 111
硫黄正極 80
イオン 4
イオンアシストエッチング 127
イオン液体 80
イオン感応性電界効果トランジスター 110
イオン感応膜 110
イオン強度 13
イオン交換膜法食塩電解 55
イオンセンサー 108, 110
イオン選択性電極 109
イオン注入 126, 127
イオン伝導 15
イオン伝導性固体 77
イオン伝導体 111
イットリア安定化ジルコニア 86
移動度 11
インサイドアウト 69
インターカレーション 76
インピーダンス成分 148
泳動 38
液間起電力 23
液間電位差 25
エッジ 123
エネルギー効率 51
エネルギー準位 41
エネルギー変換効率 107
エネルギー密度 73, 89
エレクトロフォーミング 124
塩化亜鉛型電池 67
塩化アンモニウム型電池 67
塩化チオニル正極 70

塩橋 23
塩素酸ナトリウムの電解合成 58
エンタルピー 20
円筒縦縞形 86
エントロピー 20
オキシ水酸化ニッケル 71
オゾンの電解合成 59
オーム損 51, 53
温室効果ガス 3

か行

改質 82
海水濃縮による製塩法 55
外部ヘルムホルツ面 29, 35
界面 27
界面動電現象 30
界面動電電位 31
解離 4
過塩素酸ナトリウムの電解合成 59
化学合成二酸化マンガン 57
化学センサー 3
化学的エッチング 127
拡散 38
拡散係数 144
拡散層 35
拡散層の厚さ 39
拡散定数 39
拡散電位差 25
拡散二重層 29
拡散律速 123
核生成 123
核生成速度 123
隔膜法 55
可視光応答性光触媒 101
可視光増感 104
過充電 75
カソード 17
カソード分極 36
活性炭 91
活量 12
活量係数 13
過電圧 36, 123
価電子 41
価電子帯 42
荷電粒子 31
過放電 75
カーボンナノチューブ 81
過マンガン酸カリウムの電解合成 58
カーライズ 1
ガラスシール 70
ガラス電極 108
カルノーサイクル 3
ガルバニ 1, 66
ガルバニ電池 16
環境浄化技術 101

還元性ガス　113
還元電位　18
乾式表面処理技術　125
乾電池　67
感応処理　124
気相系成膜技術　100
擬似キャパシター　89, 92
擬似容量　92
犠牲アノード法　119
起電力　17, 137
機能性めっき技術　124
基盤技術　3
ギブズエネルギー　20
キャパシタンス　28
吸着水　97
強制通電法　119
強電解質　7
局部電池機構　115, 119
キンク　123
禁制帯　42
金属霧　62
金属酸化物半導体　113
金属酸化物複合体電極　106
グイ-チャップマンのモデル　28
空間電荷層　44, 96
空気-亜鉛電池　69
空気二次電池　81
グラフェン　81
グレッツェル・セル　105, 106
グローブ卿　2
グロー放電　127
クロノアンペログラム　144
クロノアンペロメトリー　143
クロノポテンショグラム　144
クロノポテンショメトリー　144
クーロンメーター　141
傾斜材料　100
携帯電話　76
結晶成長過程　123
ゲート電圧　110
ゲル電解質　107
限界拡散電流密度　39
限界電流密度　39
減極剤　138
コイン型リチウム二次電池　78
交換電流密度　35, 139
交流インピーダンス　148
合金めっき　124
公称電圧　67
コージェネレーション　83
固体高分子形燃料電池　86
固体高分子型水電解法　54
固体高分子電解質　54
固体酸化物形燃料電池　83, 86
固体電解質　2, 78, 107, 111

固体電解質ガスセンサー　111
コットレルの式　144
コットレルプロット　144
固定化技術　100
コバルト酸リチウム　76
ゴールドマンの式　25
コルベ反応　61
コールラウシュのイオン独立移動の法則　7
コールラウシュの平方根則　7
コールラウシュブリッジ　6
コロイド　31
コンデンサー　89

さ行

サイクリックボルタモグラム　142
サイクリックボルタンメトリー　142
最高被占軌道　104
最高被占準位　42
最低空軌道　104
最低空準位　42
材料加工技術　125
錯化　124
作動温度　82
さび　116
作用電極　142
酸-塩基中和滴定　129
酸化還元対　95, 105
酸化銀-亜鉛二次電池　78
酸化銀電池　69
三角波の電位走査　142
酸化水銀電池　69
酸化性ガス　113
酸化チタン　47, 95, 103
酸化銅正極　71
酸化皮膜　118
酸化物半導体　104, 106
酸化分解力　101
酸素センサー　111
酸素濃淡電池　112
サンドの式　145
時間-応答電位曲線　144
時間-応答電流曲線　144
色素増感　104
色素増感太陽電池　104
色素分子　104
仕事関数　44
自己放電　67, 90
示差曲線　129
支持電解質　38, 141
静電容量　28
湿式太陽電池　103
湿式光電池　48
湿式表面処理技術　125
湿電池　67

自動車用バッテリー　73
四分波電位　144
弱電解質　7
集電体　91
自由電子　42
充放電反応　74
出力密度　89
シュテルンのモデル　29
シュードキャパシター　92
消極剤　138
食塩電解　54
触媒　95
触媒型めっき　124
触媒析出　124
植物の光合成　95
助触媒　96
ショットキー障壁　44, 96
シリコン　79
シリコン太陽電池　47
真空の誘電率　30
人工光合成　95
親水性　99
真性半導体　42
水銀電池　69
水銀法　55
水系成膜技術　100
水素エネルギーシステム　52
水素ガス負極　76
水素過電圧　69
水素吸蔵合金　75
水素ステーション　88
水素生成　100
水素電極反応　140
水和　4
スズ　79
スタック　83
ステップ　123
ステップ法　143
ステンレス鋼　119
スーパーオキサイドアニオン　97
スパッタ法　100
スパッタリング　126
スパッタリング法　100
スピンコーティング　100
すべり面　31
寸法安定性アノード　55
正孔　95
正電荷吸着　113
静電容量　28
成膜技術　100
積層電池　68
セグメント運動　77
ゼータ電位　31
絶縁体　42
接触角　99

セル定数　6
セルフクリーニング効果　101
ゼロギャップセル　55
遷移時間　144
全固体電池　80
層間化合物　77
増感色素　106
槽電圧　50, 53
疎水性　99
ゾル-ゲル法　100

た行

第一世代の燃料電池　84
第二世代の燃料電池　84
多価イオン二次電池　80
多層めっき　124
脱インターカレーション　76
脱塩　56
ダニエル電池　17, 66, 138
ターフェル係数　38
ターフェルの式　38
ターフェルプロット　116, 139
単セル　68
置換型めっき　124
中和点　130
中和の指示薬　130
超親水性　99
超はっ水性　99
直接メタノール形燃料電池　85
低温プラズマ　126
抵抗率　5
定電位クーロメトリー　144
定電位電解　141
定電位電解装置　141
定電流クーロメトリー　144
定電流電解　140
滴定曲線　129
鉄の溶解反応　115
デバイ-ヒュッケルの極限式　13
デービー　1, 34
テラス　123
電圧降下　90
電圧効率　51
電位差滴定　133
電位ステップ　144
電位走査速度　142
電位-pH図　117
電解液　107
電解オゾン　59
電解合成　51
電解採取　64
電解質　4
電解質溶液　4
電解精製　65
電解セル　16, 50

電荷移動過程　36, 123, 140
電荷移動係数　36
電荷移動抵抗　149, 151
電荷移動律速　123
電解二酸化マンガン　57
電荷分離　47, 104
電荷密度　30
電気泳動　31
電気化学キャパシター　89
電気化学セル　15
電気化学当量　136
電気化学反応次数　139, 140
電気化学光電池　48, 96, 103
電気化学ポテンシャル　24
電気自動車　86
電気浸透　30
電気浸透流　31
電気的等価回路　149
電気伝導率　5, 145
電気伝導率測定セル　5, 146
電気透析法　55
電気二重層　27, 90
電気二重層キャパシター　29, 89
電気二重層の形成　143
電気二重層容量　149
電気分解　1, 16
電気めっき　121
電極材料　53
電子供与性の不純物　43
電子受容性の不純物　43
電子伝導　15
電析　122
電池式　18
電着塗装　125
電鋳　124
伝導帯　42
電離　4
電離定数　130
電離度　5, 8, 130
電流-電位曲線　135, 142
電流効率　34, 51, 136, 141
電量計　33
電力貯蔵システム　78
銅の電解精製　65
透明電極　106
特異吸着　29
ドナー　43
ドナー濃度　44
ドナン電位　24
ドライエッチング　127
ドレイン電流　110

な行

ナイキストプロット　150
内部ヘルムホルツ面　29

ナトリウム-硫黄二次電池　78
ナトリウムイオン伝導性　78
ナトリウムイオン二次電池　80
ナノカーボン材料　81
ナフィオン　86
鉛蓄電池　73
ニコルソン　1
二酸化マンガン正極　70
二酸化マンガンの電解合成　57
ニッケル-カドミウム蓄電池　74
ニッケル乾電池　71
ニッケル-金属水素化物二次電池　75
ニッケル系電池　71
ニッケル-マンガン乾電池　71
濡れやすさ　99
熱力学第二法則　20
ネルンスト　2
ネルンスト-アインシュタイン式　24
ネルンストの拡散電位式　23
ネルンストの式　21, 50, 143
ネルンスト-プランク式　24
燃料電池　2, 82
燃料電池自動車　87
濃淡電池　137
濃度過電圧　39
濃度分極　39

は行

バイオセンサー　113
ハイブリッドキャパシター　93
ハイブリッド自動車　75
パウリの原理　41
はっ水性　99
発電効率　82
バトラー-ボルマーの式　37
半電池　19
半導体ガスセンサー　111, 112
半導体のエネルギーバンド　97
半導体の光吸収　47
バンドギャップ　42
バンドの曲がり　46
反応の可逆性　143
ピーク電流　143
光エネルギー変換効率　105
光起電力　47
光吸収　47
光触媒　2, 95
光触媒技術　101
光増感電解還元　48
光増感電解酸化　48, 103
光電池　47, 96
光電流　48
光半導体触媒電極　3
光誘起超親水性　99
微細加工　122

非水電解質　2
ヒットルフ法　9
比抵抗　5
比電気伝導率　5
被毒　86
ヒドラジン　87
ヒドロキシラジカル　97
比表面積　91
非プロトン性極性溶媒　141
非平衡プラズマ　126
比誘電率　30
標準ギブズエネルギー　134
標準水素電極　17
標準電極電位　19
表面処理　125
表面濃度　143
ファインケミカルズ　60
ファラデー　2, 33
ファラデー定数　20, 33, 136, 144
ファラデーの法則　33, 51, 136
ファラデー反応　143
ファンクションジェネレーター　142
フィックの拡散の第一法則　39
プールベイダイアグラム　117
フェルミ準位　43
フェルミ分布関数　43
賦活　91
複合めっき　124
複素平面　150
複素平面プロット　149
不純物準位　43
不純物半導体　43
腐食　115
腐食速度　116
腐食電位　116
腐食電流　116
フッ化黒鉛正極　70
物質移動過程　38, 123
フッ素　64
物理的エッチング　127
負電荷吸着　113
不動態　119
プラズマ　2, 125
プラズマ状態　126
プラズマスパッタリング法　126
フラットバンド電位　45
フラーレン　81
プランクの式　46

プランテ　73
ブリッジ回路　146
ブルッカイト型　98
プロトンジャンプ機構　12
プロトン性溶媒　141
分解電圧　134
分極　66
分極抵抗　38
平均活量　13
平均活量係数　13
平衡電位　139
平衡プラズマ　126
ペーパーラインド方式　67
ヘルムホルツ　28
ヘルムホルツのモデル　28
ヘルムホルツ二重層　29
ヘンダーソンの式　25
防食　119
防食法　119
ボクリス-デバナサン-ミュラーのモデル　29
ポストリチウム二次電池　80
ボタン型電池　69
ポテンショスタット　141, 142
ボードプロット　151
ホモ　104
ホール-エルー法　63
ボルタ　1, 66
ボルタ電池　1, 66, 138
ボルタ列　1

ま行

膜電位　109
マグネシウム二次電池　80
マクロ電解　140
マンガン乾電池　67
マンガン酸リチウム　76
水電解　52
水の電気分解　136
水分解のエネルギー変換効率　54
密閉型鉛蓄電池　74
無隔膜電解　58, 60
無機固体電解質　80
無機電解合成　57
無限希釈におけるモル電気伝導率　7
無電解めっき　121
無配向性結晶　123
メタノールのクロスオーバー　86

めっき技術　121
めっき金属の析出過程　124
めっき浴　121
メモリー効果　74
メモリーバックアップ用電池　76
モジュール　83
モット-ショットキープロット　45
モル電気伝導率　6, 131
漏れ電流　91

や行

有機・無機ハイブリッド材料　100
有機電解合成　59
輸率　9
溶液抵抗　149
容器定数　132
ヨウ素正極　70
溶媒和　4, 29
溶融塩電解　62, 63
溶融食塩　17
溶融炭酸塩形燃料電池　83, 84
容量（キャパシターの場合）　90
容量（燃料電池の場合）　84
四級アンモニウム塩　92

ら行

ランタンガレート系酸化物　86
リチウムイオン二次電池　3, 76
リチウムイオンポリマー電池　77
リチウム電池　69
律速段階　151
硫化鉄正極　70
流動電位　31
両極電解合成　60
理論稼動電圧　53
理論分解電圧　50, 134
リン酸水溶液形燃料電池　83, 84
ルギン毛管　141, 146
ルクランシェ電池　67
ルチル型　98
ルテニウム錯体色素　105
ルモ　104
レドックスキャパシター　92
レドックス対　78
レドックスフロー二次電池　78

わ行

ワールブルグインピーダンス　151

著者略歴

泉　生一郎（いずみ・いくいちろう）
1971 年　大阪市立大学大学院工学研究科博士課程修了
現　在　奈良工業高等専門学校名誉教授
　　　　工学博士

石川　正司（いしかわ・まさし）
1987 年　大阪大学大学院工学研究科博士前期課程修了
現　在　関西大学化学生命工学部化学・物質工学科教授
　　　　工学博士

片倉　勝己（かたくら・かつみ）
1980 年　奈良工業高等専門学校化学工学科卒業
現　在　奈良工業高等専門学校物質化学工学科教授
　　　　博士（工学）

青井　芳史（あおい・よしふみ）
1997 年　神戸大学大学院自然科学研究科物質科学専攻修了
現　在　龍谷大学理工学部物質化学科教授
　　　　博士（工学）

長尾　恭孝（ながお・やすたか）
2005 年　鳥取大学大学院工学研究科博士後期課程物質生産工学専攻修了
現　在　ダイハツ工業（株）開発部先端技術開発チーム
　　　　博士（工学）

編集担当　大橋貞夫（森北出版）
編集責任　石田昇司（森北出版）
組　　版　創栄図書印刷
印　　刷　同
製　　本　同

物質工学入門シリーズ
基礎からわかる電気化学（第2版）　©　泉 生一郎・石川正司・片倉勝己・青井芳史・長尾恭孝　2015

2009 年 5 月 27 日　第 1 版第 1 刷発行　　【本書の無断転載を禁ず】
2013 年 8 月 8 日　第 1 版第 4 刷発行
2015 年 12 月 11 日　第 2 版第 1 刷発行
2023 年 2 月 20 日　第 2 版第 7 刷発行

著　者　泉 生一郎・石川正司・片倉勝己・
　　　　青井芳史・長尾恭孝
発行者　森北博巳
発行所　森北出版株式会社
　　　　東京都千代田区富士見 1-4-11（〒102-0071）
　　　　電話 03-3265-8341／FAX 03-3264-8709
　　　　https://www.morikita.co.jp/
　　　　日本書籍出版協会・自然科学書協会　会員
　　　　JCOPY ＜（一社）出版者著作権管理機構　委託出版物＞

落丁・乱丁本はお取替えいたします．

Printed in Japan／ISBN978-4-627-24542-6

SI 基本単位の名称と記号

物理量	SI 単位の名称	SI 単位の記号
長さ	メートル meter	m
質量	キログラム kilogram	kg
時間	秒 second	s
電流	アンペア ampere	A
熱力学的温度	ケルビン kelvin	K
物質量	モル mole	mol
光度	カンデラ candela	cd

特別の名称をもつ SI 誘導単位と記号

物理量	SI 単位の名称	SI 単位の記号	SI 単位の定義
力	ニュートン newton	N	$m\,kg\,s^{-2}$
圧力, 応力	パスカル pascal	Pa	$m^{-1}kg\,s^{-2}$ $(=Nm^{-2})$
エネルギー	ジュール joule	J	$m^2 kg\,s^{-2}$ $(=Nm)$
仕事率	ワット watt	W	$m^2 kg\,s^{-3}$ $(=Nms^{-2})$
電荷	クーロン coulomb	C	$s\,A$
電位差	ボルト volt	V	$m^2 kg\,s^{-3}A^{-1}$ $(=J\,A^{-1}s^{-1})$
電気抵抗	オーム ohm	Ω	$m^2 kg\,s^{-3}A^{-2}$ $(=VA^{-1})$
電導度	ジーメンス siemens	S	$m^{-2}kg^{-1}s^3 A^2$ $(=AV^{-1}=\Omega^{-1})$
電気容量	ファラッド farad	F	$m^{-2}kg^{-1}s^4 A^2$ $(=A\,s\,V^{-1})$
周波数	ヘルツ hertz	Hz	s^{-1}

その他の単位

物理量	単位	単位の記号	単位の定義
長さ	オングストローム	Å	10^{-10} m
	ナノメートル	nm	10^{-9} m
	ピコメートル	pm	10^{-12} m
体積	リットル	L	10^{-3} m^3
濃度	モル/リットル	mol L^{-1}	10^3 mol m^{-3}
圧力	気圧	atm	1.01325×10^5 N m^{-2}
	ミリメートル水銀柱	mmHg	$13.5951\times980.665\times10^{-2}$ N m^{-2}
エネルギー	電子ボルト	eV	1.6021773×10^{-19} J
	カロリー	cal	4.184 J

エネルギー換算表

	kJ mol^{-1}	kcal mol^{-1}	J molecule^{-1}	eV	cm^{-1}
1 kJ mol^{-1}	1	0.23901	1.6605×10^{-21}	0.010363	83.591
1 kcal mol^{-1}	4.1840	1	6.9478×10^{-21}	0.043360	349.73
1 J molecule^{-1}	6.0220×10^{20}	1.4393×10^{20}	1	6.2414×10^{18}	5.034×10^{22}
1 eV	96.490	23.062	1.6022×10^{-19}	1	8066
1 cm^{-1}	0.011963	2.8594×10^{-3}	1.9865×10^{-23}	1.2396×10^{-4}	1